郑铮　贾浩梅◎主编

清華大學出版社
北　京

内 容 简 介

本书以Photoshop CC 2017为平台，从零开始讲解Photoshop软件的各种知识和操作方法，同时在讲解过程中安排不同的实例，实例的难易程度随着内容的深入逐渐加深。全书共分12章，前两章主要介绍一些必备的图像知识及基本操作等；第3～12章主要介绍Photoshop CC软件的常用功能，具体内容主要有：选区的使用、绘图工具的应用、修图工具的应用、色彩及色彩调整、图层的使用、路径与形状 的应用、文字的处理、通道和蒙版的应用、滤镜的应用等。

本书可作为本科及高职院校学生图像处理(Photoshop软件)公共基础课的教材，同时也适用于专业从事Photoshop设计的初学者使用。

图书在版编目(CIP)数据

Photoshop CC中文版平面设计教程：微课版/郑铮，贾浩梅主编. —北京：清华大学出版社，2020.12（2022.8 重印）
高等院校计算机教育系列教材
ISBN 978-7-302-56868-1

Ⅰ. ①P… Ⅱ. ①郑… ②贾… Ⅲ. ①平面设计—图像处理软件—高等学校—教材 Ⅳ. ①TP391.413

中国版本图书馆CIP数据核字(2020)第226276号

责任编辑：魏 莹
封面设计：杨玉兰
责任校对：周剑云
责任印制：朱雨萌
出版发行：清华大学出版社
网 址：http://www.tup.com.cn, http://www.wqbook.com
地 址：北京清华大学学研大厦A座 **邮 编：**100084
社 总 机：010-83470000 **邮 购：**010-62786544
投稿与读者服务：010-62776969, c-service@tup.tsinghua.edu.cn
质量反馈：010-62772015, zhiliang@tup.tsinghua.edu.cn
印 装 者：三河市龙大印装有限公司
经 销：全国新华书店
开 本：185mm×260mm **印 张：**17.75 **字 数：**437千字
版 次：2020年12月第1版 **印 次：**2022年8月第3次印刷
定 价：79.00元

产品编号：089092-01

前言

Adobe 公司开发的平面设计与制作软件 Photoshop，是目前公认的、最好的平面设计软件。自推出之日起，Photoshop 一直受到广大平面设计人员的青睐。最新推出的 Photoshop CC，保持了在图像编辑处理方面的超强功能，还针对设计人员的工作特点，提供了更多人性化的操作，如增强的文件浏览器、自定义键盘快捷键等；除此之外，Photoshop 还具有极强的图形图像创意设计功能，以及极佳的图像润饰能力。

为了帮助从未接触 Photoshop 的初学者在短时间内成为熟练掌握动画制作的设计师，并应用到实际工作中，我们编写了本书。

全书共分 12 章，前两章主要介绍一些必备图像知识及基本操作等；第 3 ~ 12 章主要介绍 Photoshop CC 2017 软件常用功能，具体内容如下：选区的使用、绘图工具的应用、修图工具的应用、色彩及色彩调整、图层的使用、路径与形状的应用、文字的处理、通道和蒙版的应用、滤镜的应用等。全书除基本知识的讲解外，还更加注重图像处理的艺术性，系统全面地示范了一些鲜活有趣的实践案例，让最终的制作效果更加符合时代审美要求。

本书特色为：

(1) 突出重点，理论与实践相结合，使读者在学习理论后，及时在实例中尽快理解掌握。

(2) 实用性强，本书中列举了特别常见的图像处理例子，使读者容易理解并掌握。

(3) 内容丰富、实例典型、步骤详细，即使读者对 Photoshop 的了解很少，只要按照本书各绘图实例给出的步骤进行操作，就能绘出对应的图形，从而逐渐掌握 Photoshop CC。

(4) 与时俱进。书中多以当下流行案例为主要制作对象，如图标制作、汽车海报制作等，具有较高的学习价值与艺术价值。

本书由唐山师范学院郑铮、贾浩梅老师主编，参与本书编写的还有李海成、刘玉宾、张珺老师。

本书适合专业从事 Photoshop 设计的初学者，也可以作为本科院校师生学习 Photoshop CC 软件的教材，同时也适用于具有一定 Photoshop 基础的爱好者使用。

编　者

目录 CONTENTS

第 1 章

Photoshop CC 系统使用

本章内容主要包括 Photoshop CC 的工作界面、参数设置，以及图像文件的一些基本操作流程。

学习目标

- 了解 Photoshop CC 的工作界面和参数设置
- 了解图像文件的基本操作

1.1 Photoshop CC 系统界面

本节主要讲解 Photoshop CC 的界面调整，在学习调整的方法之前，需要对 Photoshop CC 界面的组成部分有一个大概的了解。

1.1.1 界面组成部分

在进入 Photoshop CC 后，将会出现如图 1-1 所示的界面，与其他图形处理软件的操作界面基本相同，它主要包括 1. 菜单栏、2. 工具箱、3. 图像窗口、4. 工具选项栏、5. 控制面板等。

图 1-1 Photoshop CC 工作界面

1. 菜单栏

菜单栏中包含有各类操作命令，同一类操作命令包含在同一下拉菜单中。下拉菜单中的命令如果显示为黑色，表示此命令目前可用；如果显示为灰色，则表示此命令目前不可用。Photoshop CC 根据图像处理的各种要求，将所有的功能分类后，分别放在 10 个菜单（除帮助菜单外）中。它们分别为文件、编辑、图像、图层、文字、选择、滤镜、3D、视图、窗口及帮助菜单。

在每个菜单名称下方，都包括相关的命令，因此菜单中包含了 Photoshop CC 的大部分操作命令，大部分的功能可以在菜单的使用中得以实现。一般情况下，一个菜单中的命令是固定不变的，但是，有些菜单可以根据当前环境的变化适当添加或减少某些命令。

2. 工具箱

工具箱是 Photoshop CC 中非常有用的一个部分，也是 Adobe 开发软件的独特之处，在工具箱中除了包含有各种操作工具外，还可以对文件窗口进行控制、设置在线帮助，以及切换到 Imageready 等，工具箱位于操作界面的左侧。

对于工具箱中的工具，直接单击该工具按钮即可使用。如果工具按钮右下方有一个黑色小三角，则表示该工具按钮中还有隐藏的工具，用鼠标右击工具按钮，就可以和弹出工具组中的其他工具进行切换。将鼠标指针移动到工具按钮上并稍停片刻，就会显示工具的名称，右边的字母即为该工具的快捷键，如图 1-2 所示。

套索工具

画笔工具

图 1-2　工具箱中的工具

注意

按住 Alt 键的同时单击工具按钮，也可以直接实现工具的切换。或者在工具按钮上按住鼠标左键不放，也可弹出其他工具。

3. 图像窗口

图像窗口是指显示图像的区域，也是编辑和处理图像的区域，在这个窗口中可以对图像进行选择、改变图像大小等。

4. 工具选项栏

工具选项栏位于菜单的下方，主要用于设置各工具的参数。工具选项栏的选项会根据操作工具的不同而有所不同。

5. 控制面板

控制面板是 Photoshop 中最灵活、最好用的工具，它们能够控制各种参数的设置，而且操作起来非常直观，同时颜色的选择以及显示图像处理的过程和信息也在控制面板中进行体现。控制面板左侧的按钮是一些隐藏的控制面板，单击后即可显示出来，如图 1-3 所示。

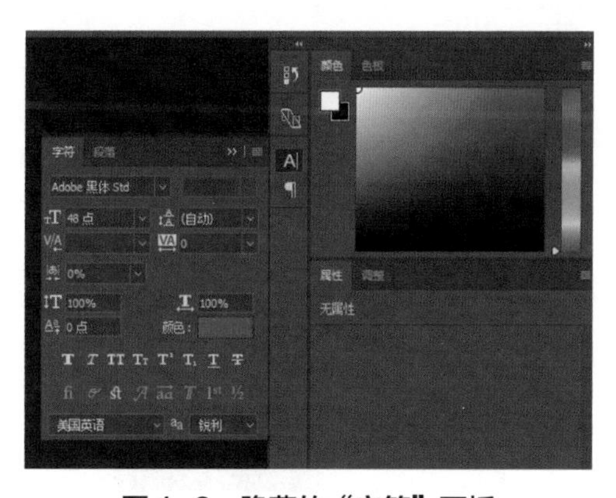

图 1-3　隐藏的“字符”面板

第一组控制面板有“颜色”和“色板”两个；第二组控制面板中有“调整”和“样式”两个；第三组控制面板中有“图层”“通道”和“路径”3 个；其他的面板则隐藏在左侧的按钮中。

控制面板并不是一成不变的，它可以单个显示，也可以若干个组成一组，只要使用鼠标左键拖动即可更改。

扫码观看案例讲解

例 1.1 移动工具箱

将工具箱移到图像窗口右边，操作方法如下。

用鼠标左键拖动工具箱的标签，将其拖到控制面板右侧，释放鼠标，如图 1-4 所示。

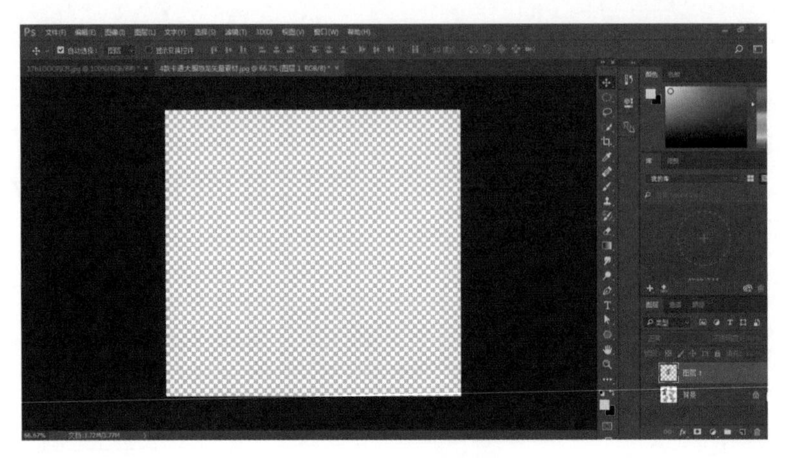

图 1-4　移动工具箱

1.1.2　调整界面

使用熟悉的工作界面，对于提高图像处理的效率无疑有很大的帮助；而有时进行不同的操作，又需要不同的工作界面，因此 Photoshop CC 新增了自定义工作区的功能。执行“窗口→工作区”命令，如图 1-5 所示，可以看到自定义工作区的命令，分别是“复位基本功能”“新建工作区”和“删除工作区”。

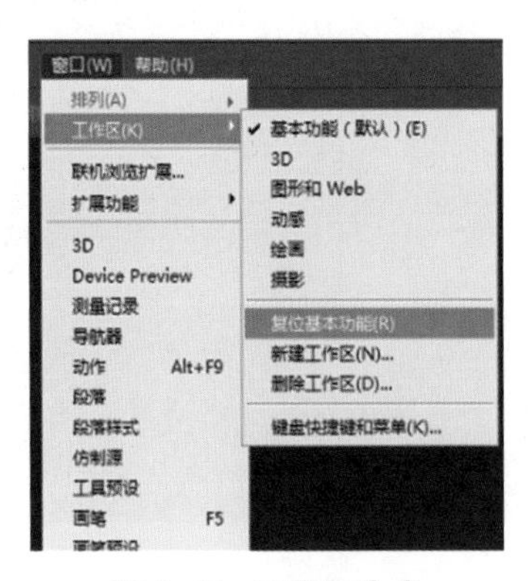

图 1-5　工作区命令

也可直接使用鼠标左键拖动面板、工具箱等，释放鼠标后即可将其移到指定的位置。

1.1.3　设置工作区

Photoshop CC 提供了适合不同任务的预设工作区，如我们绘画时，选择“绘画”工作区，就会显示与画笔、色彩等有关的各种面板。我们也可以创建适合自己使用习惯的工作区。

(1) 首先在“窗口”菜单中将需要的面板打开，将不需要的面板关闭，再将打开的面板分类组合，如图 1-6 所示。

(2) 依次执行“窗口→工作区→新建工作区”命令，如图 1-7 所示。在打开的对话框中输入工作区的名称，如“新建工作区”，如图 1-8 所示。默认情况下只存储面板的位置，也可以选择将键盘快捷键和菜单的当前状态保存到自定义的工作区中。单击“存储”按钮关闭对话框。

(3) 调用新建工作区。打开 “窗口→工作区”下拉菜单，如图 1-9 所示，可以看到我们创建的工作区就在菜单中，选择它即可切换为该工作区。

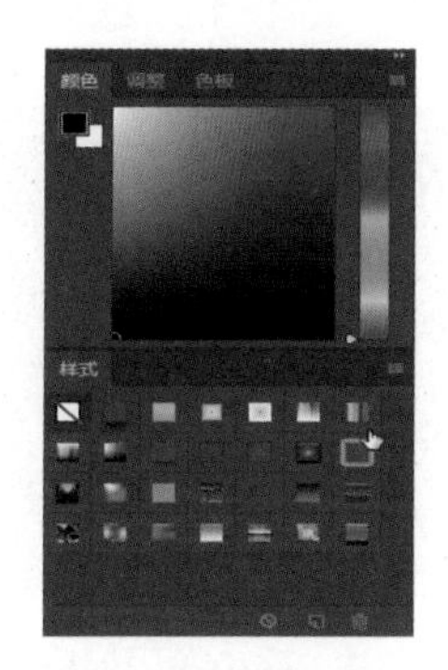

图 1-6　调整面板

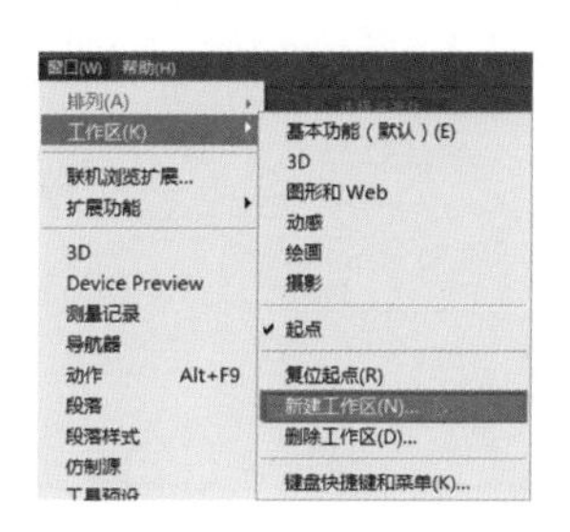

图 1-7　新建工作区

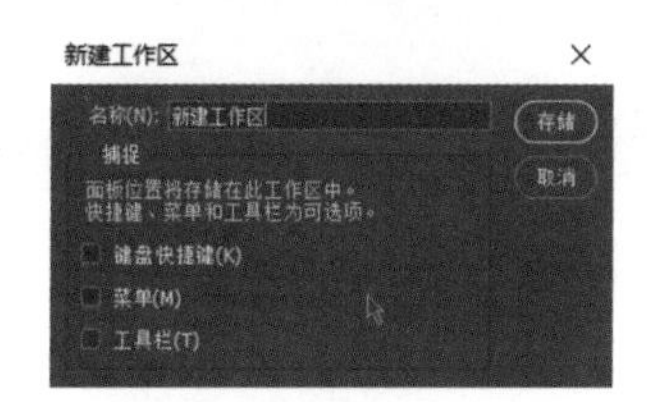

图 1-8　存储工作区

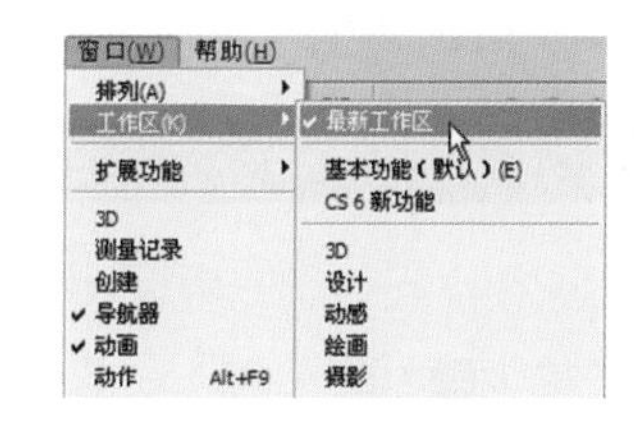

图 1-9　切换工作区

1.2　查看与调整图像窗口

1.2.1　使用缩放工具

在编辑和处理图像文件时，可以通过放大或缩小操作来调整显示图像的比例，以利于图像的编辑或观察。

(1) 打开一个文件 (按 Ctrl+O 快捷键可打开文件)，如图 1-10 所示。

(2) 选择缩放工具，将光标放在画面中 (光标会变为状)，单击可以放大窗口的显示比例，如图 1-11 所示。按住 Alt 键单击 (或单击工具选项栏中的按钮) 可缩小窗口的显示比例，如图 1-12 所示。

(3) 在工具选项栏中选择“细微缩放”选项 细微缩放，单击并向右侧拖动鼠标，能够以平滑的方式快速放大窗口，如图 1-13 所示；向左侧拖动鼠标，则会快速缩小窗口比例，如图 1-14 所示。

图 1-10　打开文件

图 1-11　放大窗口显示比例

图 1-12　缩小窗口显示比例

图 1-13　放大窗口显示比例

图 1-14　缩小窗口显示比例

如图 1-15 所示为缩放工具选项栏。

图 1-15　缩放工具选项栏

- “放大 / 缩小”：按下按钮后，单击鼠标可以放大窗口。按下按钮后，单击鼠标可以缩小窗口。
- “调整窗口大小以满屏显示”：在缩放窗口的同时自动调整窗口的大小。
- “缩放所有窗口”：同时缩放所有打开的文档窗口。
- “细微缩放”：勾选该项后，在画面中单击并向左侧或右侧拖动鼠标，能够以平滑的方式快速放大或缩小窗口；取消勾选时，在画面中单击并拖动鼠标，可以绘出一个矩形选框，放开鼠标左键后，矩形框内的图像会放大至整个窗口。按住 Alt 键操作，可以缩小矩形选框内的图像。
- “实际像素”：单击该按钮，图像以实际像素即 100% 的比例显示，也可以双击缩放工具来进行同样的调整。
- “适合屏幕”：单击该按钮，可以在窗口中最大化显示完整的图像，也可以双击抓手工具来进行同样的调整。
- “填充屏幕”：单击该按钮，当前图像窗口和图像将填充整个屏幕。与“适合屏幕”不同的是，适合屏幕会在屏幕中以最大化的形式显示图像所有的部分，而填充屏幕为了布满屏幕，不一定能显示出所有的图像。适合屏幕和填充屏幕的对比如图 1-16 和图 1-17 所示。

图1-16　适合屏幕

图1-17　填充屏幕

注意

在使用除缩放、抓手以外的其他工具时，按住 Alt 键并滚动鼠标中间的滚轮也可以缩放窗口。

1.2.2　使用抓手工具

当图像尺寸较大，或者由于放大窗口的显示比例而不能显示全部图像时，可以使用抓手工具移动画面，查看图像的不同区域。

如图1-18所示为抓手工具选项栏。如果同时打开了多个图像文件，勾选“滚动所有窗口”选项，移动画面的操作将用于所有不能完整显示的图像。其他选项与缩放工具相同。

图1-18　抓手工具选项栏

注意

用户可以按住 Alt 键（或 Ctrl 键）和鼠标左键不放，以平滑的方式逐渐缩放窗口。

1.3　辅助工具的使用

1.3.1　使用参考线与标尺

1. 参考线

参考线可以很方便地帮助确定图像中元素的位置，但因参考线是通过与标尺的对照而建立，所以一定要确保标尺是打开的。另外，参考线不会被打印出来，用户可以移动、删除、隐藏或锁定参考线。

(1) 打开一个文件并按 Ctrl+R 快捷键显示标尺，如图 1-19 所示。将光标放在水平标尺上，单击并向下拖动鼠标可拖出水平参考线，如图 1-20 所示。

(2) 采用同样方法可以在垂直标尺上拖出垂直参考线，如图 1-21 所示。如果要移动参考线，可选择移动工具，将光标放在参考线上，光标会变为，单击并拖动鼠标即可移动参考线，如图 1-22 所示。创建或者移动参考线时如果按住 Shift 键，可以使参考线与标尺上的刻度对齐。

(3) 将参考线拖回标尺，可将其删除，如图 1-23、图 1-24 所示。如果要删除所有参考线，可执行“视图→清除参考线”命令。

图 1-19　显示标尺

图 1-20　水平参考线

图 1-21　垂直参考线

图 1-22　移动参考线

图 1-23　删除参考线

图 1-24　删除效果

执行“视图→锁定参考线”命令可以锁定参考线的位置，以防止参考线被移动，取消该命令前的勾选即可取消锁定。

2. 标尺

标尺的作用就是可以让参考线定位准确，也可以用来度量图片的大小，确定图像或元素的位置。

(1) 标尺的显示与隐藏。打开一个文件，如图 1-25 所示。执行“视图→标尺”命令，或按 Ctrl+R 快捷键，标尺会出现在窗口顶部和左侧，如图 1-26 所示。如果此时移动光标，标尺内的标记会显示光标的精确位置。如果要隐藏标尺，可执行“视图→标尺”命令，或按 Ctrl+R 快捷键。

(2) 标尺原点的设置。默认情况下，标尺的原点位于窗口的左上角 (0,0) 处，修改原点的位置，可以从图像上的特定点开始进行测量。将光标放在原点上，单击并向右下方拖动，画面中会显示出“十”字线，如图 1-27 所示；将它拖放到需要的位置，该处便成为原点的新位置，如图 1-28 所示。

图 1-25　打开文件

图 1-26　显示标尺

图 1-27　“十”字线

图 1-28　拖曳后

注意

在定位原点的过程中，按住 Shift 键可以使标尺原点与标尺刻度记号对齐。此外，标尺的原点也是网格的原点，因此，调整标尺的原点也就同时调整了网格的原点。

(3) 标尺原点位置的恢复。如果要将原点恢复为默认的位置，可在窗口的左上角双击，如图 1-29 所示。如果要修改标尺的测量单位，可以双击标尺，在打开的“首选项”对话框中设定，如图 1-30 所示。

图 1-29　恢复原点默认位置

图 1-30　“首选项”对话框

(4) 更改标尺单位。根据工作的需要，可以自由地更改标尺的单位。例如，在设计网页图像时，可以使用“像素”作为标尺单位；而在设计印刷作品时，采用“厘米”或“毫米”单位会更加方便。移动光标至标尺上方单击鼠标右键，弹出如图 1-31 所示快捷菜单，可选择标尺单位。

图 1-31　快捷菜单

1.3.2　使用智能参考线

智能参考线是一种智能化参考线，它仅在需要时出现。我们使用移动工具进行移动操作时，通过智能参考线可以对齐形状、切片和选区。

执行“视图→显示→智能参考线”命令可以启用智能参考线，如图 1-32、图 1-33 所示为移动对象时显示的智能参考线。

图 1-32　移动前

图 1-33　移动中

1.3.3　使用网格

网格对于对称地布置对象非常有用。打开一个文件，如图 1-34 所示，执行“视图→显示→网格”命令，可以显示网格，如图 1-35 所示。显示网格后，可执行“视图→对齐→网格”命令启用对齐功能，此后在进行创建选区和移动图像等操作时，对象会自动对齐到网格上。

图 1-34　打开文件

图 1-35　显示网格

1.4 图形图像文件的基本操作

启动程序之后，图形图像文件的操作主要有新建图像文件、保存新文件、打开和关闭图像文件、置入图像等。

1.4.1 创建新图像文件

启动程序后，若要编辑一个图像文件，首先需要创建一个符合目标应用领域的新图像文件，其操作步骤如下。

(1) 执行“文件→新建”命令或按 Ctrl+N 快捷键。

注意

按住 Ctrl 键的同时双击 Photoshop 工作区，也可以打开“新建文档”对话框。

(2) 打开如图 1-36 所示的“新建文档”对话框，设置以下各项参数。

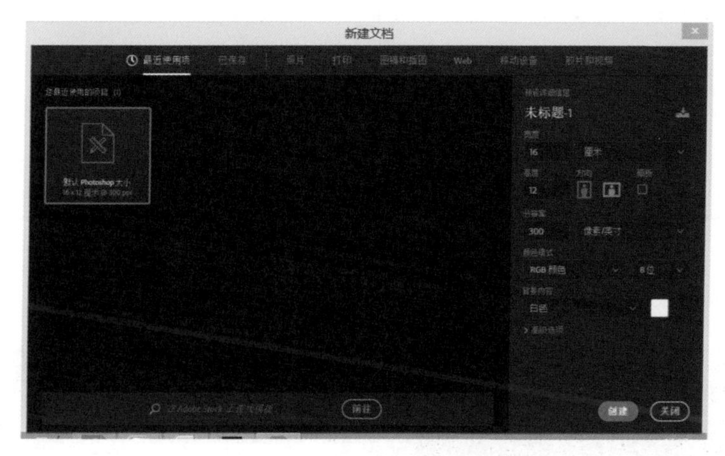

图 1-36 “新建文档”对话框

①“预设详细信息”：输入新文件的名称。不输入，系统默认文件名为“未标题 -1”。

②“宽度”：设置新文件的宽度。

③“高度”：设置新文件的高度。

④“分辨率”：设置新文件的分辨率。

注意

输入前要确定文件尺寸的单位。表示图像大小的单位有“像素”“英寸”“厘米”“毫米”“磅”和“派卡”。表示分辨率的单位有“像素 / 英寸”和“像素 / 厘米”。

⑤“颜色模式”：设置新文件的色彩模式；指定位深度，确定可使用颜色的最大数量。通常采用 RGB 色彩模式，8 位 / 通道。

⑥“背景内容”：设置新文件的背景层颜色，可以选择“白色”“背景色”和“透明”

三种方式。当选择“背景色”选项时，新文件的颜色与工具箱中背景颜色框中的颜色相同。

1.4.2 打开和置入图像文件

1. 打开和关闭图像文件

在使用 Photoshop 编辑已有文件时，需要打开文件，方法主要包括以下两种。

(1) 执行“文件→打开”命令或按 Ctrl+O 快捷键，弹出“打开”对话框，找到要打开的文件，选择文件，再单击“打开”按钮 (或双击所要打开的文件)，即可打开图像文件，如图 1-37 所示。

图 1-37 “打开”对话框

(2) 找到要打开的文件，单击文件并拖动到 Photoshop 界面处，如图 1-38 所示。

图 1-38 拖动并打开文件

若要同时打开多个文件，可按住 Ctrl 键用鼠标依次单击需打开的文件，然后单击“打开”按钮或拖动到界面处即可。

若要关闭文件，单击文档窗口选项卡左边的☒按钮即可，如图 1-39 所示。

图 1-39　关闭文件

2. 置入图像文件

“置入”命令可以将照片、图片或任何 Photoshop 支持的文件作为智能对象添加到文档中。智能对象可以被缩放、定位、斜切、旋转或变形等，而图片质量不受影响。

- 置入嵌入的智能对象：子文件包含于母文件中，保存的母文件中包含置入的文件。子文件依然为子文件，两者互不相干。
- 置入链接的智能对象：保存时两者独立保存，使用母文件时子文件不可缺，子文件改变时置入的对象随之改变。

Photoshop 是一个位图软件，但它也支持矢量图的导入，可以将矢量图软件制作的图形文件（如 Adobe Illustrator 软件制作的 *.ai 图形文件，*.pdf 和 *.eps 等格式文件）导入 Photoshop 中，其操作步骤如下。

(1) 打开或创建一个要导入的图像文件，如图 1-40 所示。

图 1-40　打开文件

(2) 执行“文件→置入嵌入对象”命令，打开“置入嵌入对象”对话框，如图 1-41 所示。选中要置入的文件后单击“置入”按钮，矢量图形就被插入到图像文件中，同时在“图层”

面板中将增加一个新图层，如图 1-42 所示。

图 1-41　“置入嵌入对象”对话框

图 1-42　置入的图像

1.4.3　存储图像文件

存储文件的命令包括存储、存储为、存储为 Web 所用格式等，每个命令可以保存成不同的文件。

(1)“存储”命令。

执行“文件→存储”命令，或按 Ctrl+S 快捷键。如果当前文件从未保存过，将打开如图 1-43 所示的“另存为”对话框；对于至少保存过一次的文件，则直接保存当前文件修改后的信息，而不会出现如图 1-43 所示的对话框。

(2)“存储为”命令。

执行“文件→存储为”命令，或按 Ctrl+Shift+S 快捷键，也会弹出“另存为”对话框，在此对话框中可以不同位置、不同文件名或不同格式存储原来的图像文件，可用选项根据所选取的具体格式而有所改变。

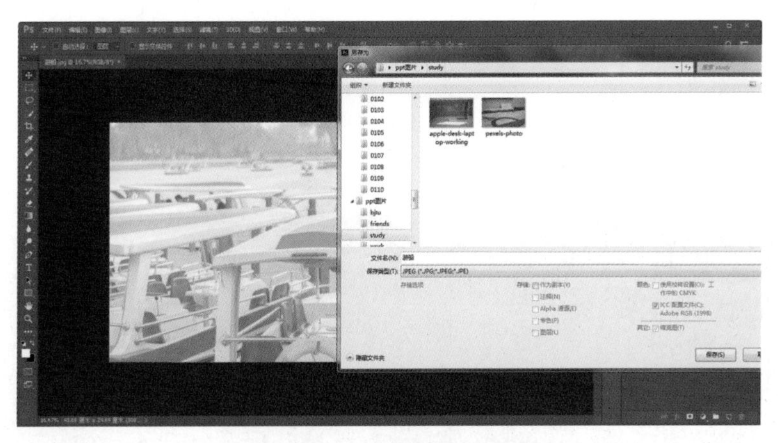

图 1-43 “另存为”对话框

注意

在 Photoshop 中，如果选取的格式不支持文件的所有功能，对话框底部将出现一个警告。如果看到了此警告，建议以 Photoshop 格式或以支持所有图像数据的另一种格式存储文件的副本。

在 Photoshop 的各种对话框中，按 Alt 键，“取消”按钮将变为“复位”按钮，单击“复位”按钮可以将各种设置还原为系统默认值。

(3) 存储为 Web 所用格式。

执行“文件→导出→存储为 Web 所用格式”命令或按 Ctrl+Alt+Shift+S 快捷键，将打开如图 1-44 所示的“存储为 Web 所用格式”对话框，可以直接将当前文件保存成 HTML 格式的网页文件。

图 1-44 “存储为 Web 所用格式”对话框

例 1.2 新建并生成名为“广告设计 .psd”文件

扫码观看案例讲解

新建并生成名为“广告设计 .psd”文件，操作步骤如下。

(1) 启动程序，执行“文件→新建”命令，弹出“新建文档”对话框，输入名称“广告设计”，如图 1-45 所示。

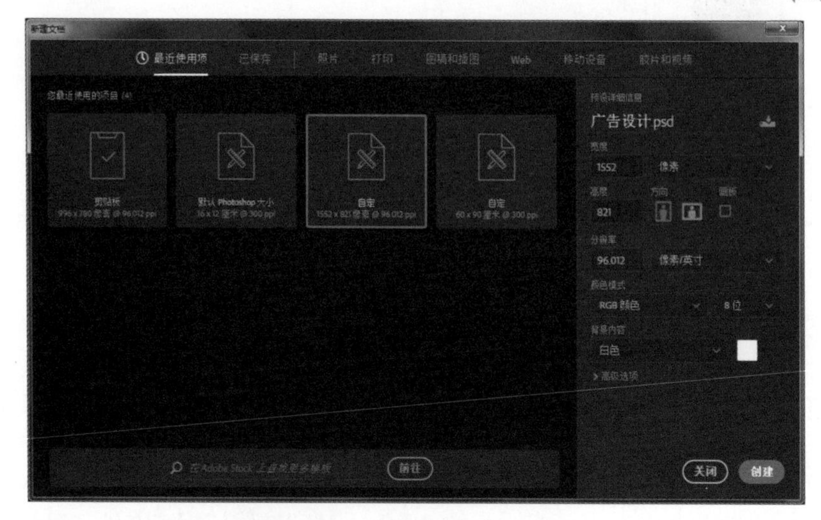

图 1-45 “新建文档”对话框

(2) 在“宽度”和“高度”下拉列表中选择“像素”，然后在文本框中输入宽度及高度值，在“分辨率”文本框中输入分辨率，如图 1-46 所示。

(3) 在“背景内容”下拉列表中选择“白色”选项，单击“创建”按钮，即可创建一个背景色为白色的文档，如图 1-47 所示。

(4) 弹出“另存为”对话框，指定保存位置，输入文件名称，文件类型默认为 PSD 格式，单击“保存”按钮即可，如图 1-48 所示。

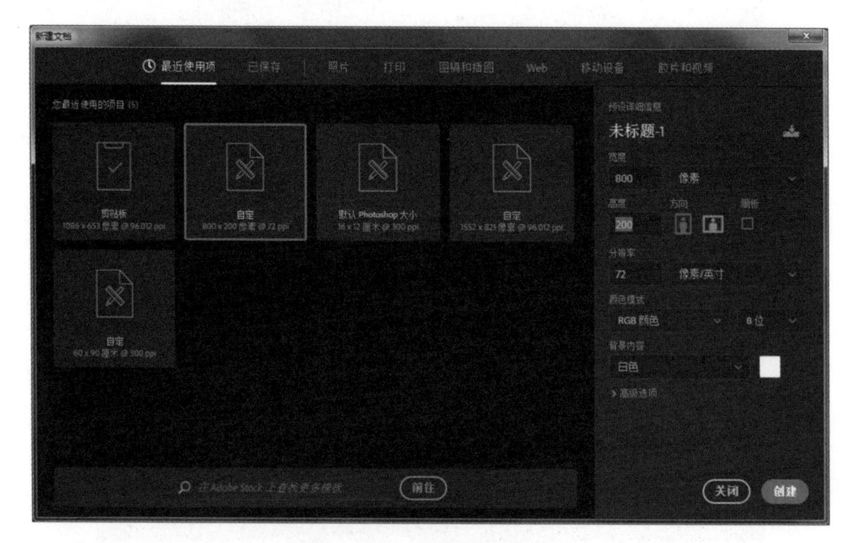

图 1-46 设置页面大小

图 1-47　新文档

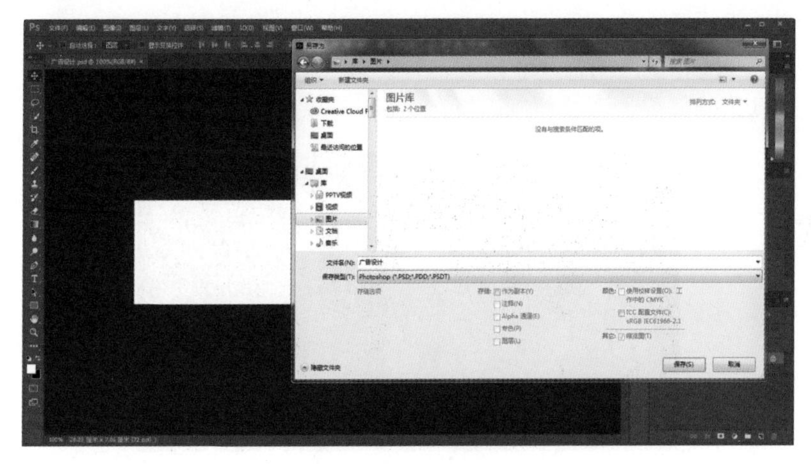

图 1-48　保存文件

1.5　本章小结

本章详细介绍了中文版 Adobe Photoshop CC 系统工作界面和参数设置，以及图像文件的一些基本操作。通过本章的学习，可以对 Photoshop 相关基础知识有一个比较清楚的了解，对 Photoshop 的系统界面及功能有一个初步认识，为以后的学习奠定扎实的基础。

1.6　课后习题

一、选择题

1. 在 Photoshop 中，按（　　）快捷键即可保存图像文件。

   A. Ctrl+S　　B. Alt+S　　C. Shift+S　　D. Ctrl+D

2. 下面不是菜单栏中的名称的是（　　）。

   A. 文件　　B. 表格　　C. 图像　　D. 图层

3. 下面关闭图像文件的操作，(　　) 是错误的。

A. Ctrl+W　　B. Ctrl+F4

C. 执行“文件→关闭”命令　　D. 单击窗口标题栏左侧的图标

二、填空题

1. Photoshop 与其他的图形处理软件的操作界面基本相同，主要包括 (　　)、(　　)、(　　)、(　　)、(　　) 等部分。

2. Photoshop 分为 10 个菜单，它们分别为 (　　)、(　　)、(　　)、(　　)、(　　)、(　　)、(　　)、(　　)、(　　) 及 (　　) 菜单。

3. 打开“(　　) → (　　)”菜单，可以看到自定义工作区的命令，分别是 (　　)、(　　) 和 (　　)。

三、上机操作题

1. 在计算机中安装 Photoshop CC，打开程序并新建一个图像文件，图像的文件名为“招贴设计 .psd”，高度和宽度均为 800 像素，背景为白色。

2. 更改工具箱的位置，调整控制面板在界面中的位置，如图 1-49 所示。

图 1-49　更改面板位置

第 2 章

图像处理和编辑基础知识

Photoshop 是当今流行的图形图像处理软件，应用十分广泛。如今 Adobe 公司推出了 Photoshop CC 版本，此版本不但保持了原版本中图像编辑处理的超强功能，还增加了应用程序内搜索、增强的属性面板、支持 SVG OpenType 字体等新功能，也提高了整体性能。这些新做出的调整可以更好地提高使用者的工作效率，帮助他们设计并打印出高品质的图像。

在学习 Photoshop CC 之前，有必要了解一些最常用的图像处理概念与基本理论，如像素、分辨率、图像类型和常用图像文件格式等。

学习目标

- 了解像素、分辨率的概念
- 了解有哪些图像类型
- 了解常用图像文件格式

2.1 图像基础知识

2.1.1 像素

在图像处理中经常会遇到“像素”这个词，在指定图像的大小时也通常以像素为单位，下面讲解什么是像素。

像素 (pixel) 实际上是投影光学上的名词，在计算机显示器和电视机的屏幕上都会使用像素作为它们的基本度量单位，同样它也是组成图像的基本单位。换句话说，可以将每个像素都看作是一个极小的颜色方块。一幅位图图像通常由许许多多的像素组成，它们全部以行与列的方式分布，当图像放大到足够大的倍数时，就可以很明显地看到图像是由一个个不同颜色的方块排列而成 (也就是通常所说的马赛克效果)，每个颜色方块分别代表一个像素，其效果如图 2-1 所示。文件包含的像素越多，所存储的信息就越多，文件就越大，图像也就越清晰。

图 2-1　像素的概念

2.1.2 分辨率

分辨率是用于量度位图图像内数据量多少的一个参数，通常表示成 ppi(每英寸像素)，包含的数据越多，图像文件的长度就越大，越能表现更丰富的细节，但更大的文件也需要耗用更多的计算机资源。在另一方面，假如图像包含的数据不够充分 (图像分辨率较低)，就会显得相当粗糙，特别是把图像放大到一个较大尺寸观看的时候。

注意

在图片创建期间，我们必须根据图像最终的用途决定正确的分辨率。这里的技巧是要首先保证图像包含足够多的数据，能满足最终输出的需要。同时大小也要适量，尽量少占用一些计算机资源。

在使用 Photoshop 进行图形图像设计时，通常将分辨率的概念分为图像分辨率和输出分辨率两种。

1. 图像分辨率

图像分辨率是指图像在一个单位长度内所包含的像素个数，一般是以每英寸(1英寸=2.54厘米)包含的像素数量来计算(像素/英寸)，例如，图像的分辨率是72ppi，也就是在1平方英寸的图像中有5184(72×72)个像素。分辨率越高，输出的结果越清晰；相反则越模糊；另外，分辨率的高低还决定了图像容量的大小，分辨率越高，信息容量越大，文件越大，可以通过下面的公式来计算：

图像尺寸＝像素数/分辨率

如果像素固定，那么提高分辨率虽然可以使图像比较清晰，但尺寸却会变小；反之，降低分辨率图像会变大，但画质比较粗糙。

2. 输出分辨率

输出分辨率是指图形或图像输出设备的分辨率，一般以每英寸含多少点来计算(点/英寸)，简称dpi(dots per inch)。在实际设计工作中，一定要注意保证图形或图像在输出之前的分辨率，而不要依赖输出设备的高分辨率输出来提高图形或图像的质量。因为分辨率还与图像打印的大小有关，如图2-2所示。

(a) 分辨率 200ppi

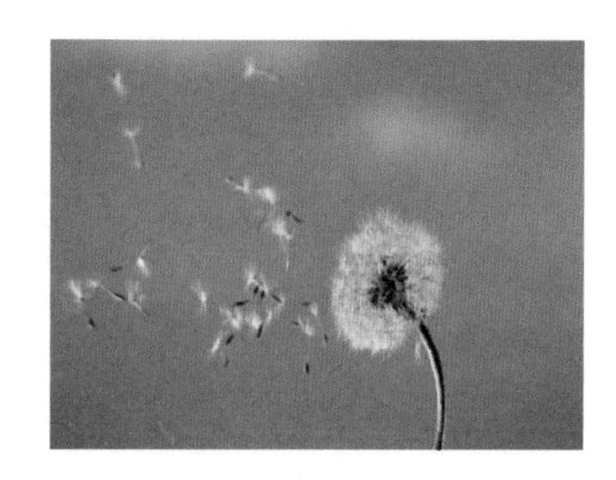

(b) 分辨率 400ppi

图2-2 分辨率不同打印的效果不同

> **注意**
>
> ppi与dpi都可以用来表示分辨率，它们的区别在于:dpi指的是在每一英寸中表达出的打印点数，而ppi指的是在每一英寸中包含的像素。大多数用户都以打印出来的单位来度量图像的分辨率，因此通常以dpi作为分辨率的度量单位。

在打印输入图像时，一定要认真调整分辨率，因为分辨率的高低直接影响图像的效果，分辨率太低，会导致图像粗糙，在打印输出时图像模糊；但使用较高的分辨率会增大图像文件的大小，并且降低图像的打印速度。在日常工作中，经常需要设置图像的分辨率，常用的分辨率参考标准如下。

- 在Photoshop软件中，系统默认的显示分辨率为72 ppi。
- 发布于网络上的图像，分辨率通常为72 ppi或96 ppi。
- 报纸杂志图像，分辨率通常为120 ppi或150 ppi。

- 彩版印刷图像，分辨率通常为 300 ppi。
- 大型灯箱图像，一般分辨率不低于 30 ppi。
- 一些特大的墙面广告等，可设定在 30 ppi 以下。

ppi 和 dpi(每英寸点数) 经常会出现混用的现象。从技术角度说，像素 (p) 只存在于计算机显示领域，而点 (d) 只出现于打印或印刷领域，请读者注意分辨。

2.1.3 图像类型

在使用 Photoshop 对图像进行处理之前，需要首先分析图像的类型。图像类型可以分为矢量图和位图两种。这两种类型的图像各有特点，在进行处理时，通常将这两种图像交叉使用。

1. 矢量图

矢量图，也称为向量图，也就是使用直线和曲线来描述的图像。组成矢量图的图形元素称为对象。每个对象都是一个自成一体的实体，这个实体具有颜色、形状、轮廓、大小和屏幕位置等属性。

既然每个组成对象都是一个自成一体的实体，就可以在维持原有清晰度和弯曲度的同时，多次移动和改变属性，而不会影响图像中的其他对象。这些特征使基于矢量的程序特别适用于图例和三维建模，因为这两者通常要求能创建和操作单个对象。基于矢量的绘图同分辨率无关。这意味着矢量图可以按最高分辨率显示到输出设备上。

矢量图的基本组成单元是锚点和路径，适用于制作企业徽标、招贴广告、书籍插图、工程制图等。矢量图一般是直接在计算机上绘制而成的，可以制作或编辑矢量图的软件有 Illustrator、Freehand、AutoCAD、CorelDRAW、Microsoft Visio 等。

2. 位图

位图，也称为点阵图。位图使用带颜色的小点 (也就是“像素”) 描述图像，位图创建的方式类似于马赛克拼图，当用户编辑点阵图像时，修改的是像素而不是直线和曲线，位图图像和分辨率有关。位图的优点是图像很精细 (精细程度取决于图像的分辨率)，且处理也较简单和方便。但最大的缺点是不能任意放大显示或印刷，否则会出现锯齿边缘和类似马赛克的效果，如图 2-3 所示。

在前面我们提到了绘制矢量图的程序，而 Photoshop 这样的图像编辑程序则用于处理位图图像。当处理位图图像时，可以优化微小细节来增强效果。

一般情况下，位图都是通过扫描仪或数码相机得到的图片。由于位图是由一连串排列的像素组合而成，而并不是独立的图形对象，所以不能个别地编辑图像里的对象。如果要编辑其中部分区域的图像，就要精确地选取需要编辑的像素，然后再进行编辑。能够处理这类图像的软件有 Photoshop、PhotoImpact、Windows 的“画图”程序、Painter 和 CorelDRAW 软件包内的 Corel PhotoPaint 等。

图 2-3　位图的马赛克效果

注意

(1) 位图的特点：由于位图是利用许多颜色以及色彩间的差异来表现图像的，所以，可以很细致地表现出色彩的差异性。

(2) 位图与矢量图的区别：位图所编辑的对象是像素，而矢量图编辑的对象是记载颜色、形状、位置等属性的物体。

(3) 由于计算机显示器只能在网格中显示图像，因此矢量图形和位图图像在屏幕上均显示为像素。

2.1.4 图像的常用格式

图像的文件格式是指计算机中存储图像文件的形式，它们代表不同的图像信息(图像类型、色彩数和压缩程度等)，对于图像最终的应用领域起着决定性的作用。文件格式是通过文件的扩展名来区分的，主要用于标识文件的类型。如基于 Web 应用的图像，文件格式一般是 *.jpg 格式和 *.gif 格式等，而基于桌面出版应用的文件，格式一般是 *.tif 格式和 *.eps 格式等。Photoshop 能支持二十多种格式的图像文件，这就意味着 Photoshop 可以直接打开多种格式的图像文件并对其进行编辑、存储等操作。

在 Photoshop 中，可以执行“文件→存储”命令(按 Ctrl+S 快捷键)，或执行“文件→存储为”命令(按 Shift+Ctrl+S 快捷键)，打开“另存为”对话框，在“保存类型”下拉列表中，可以选择文件格式，如图 2-4 所示。

1. Photoshop 文件格式(简称 PSD/PDD 格式)

对于新建的图像文件，PSD 格式是 Photoshop 默认的文件格式，而且是除大型文档格式 (PSB) 之外支持大多数 Photoshop 功能的唯一格式，可以支持 Alpha 通道、专色通道、多种图层、剪贴路径、任何一种色彩深度和任何一种色彩模式，可以存储图像文件中的所有信息，可随时进行编辑和修改，是一种无损失的存储格式。

以 *.psd 或 *.pdd 文件格式保存的图像没有经过压缩，特别是当图层较多时，会占用很大的硬盘空间。

2. Photoshop EPS 文件格式

EPS 文件格式是一种压缩的 PostScript(EPS) 语言文件格式，可以同时包含矢量图形和位图图形，几乎被所有的图形、图表和页面排版程序所支持。EPS 格式用于在应用程序之间传递 PostScript 语言图片，当要将图像置入 CorelDRAW、Illustrator、PageMaker 等软件中时，可以先把图像存储成 EPS 格式。当打开包含矢量图形的 EPS 文件时，Photoshop 会对图像进行栅格化处理，并将矢量图形转换为像素图形。

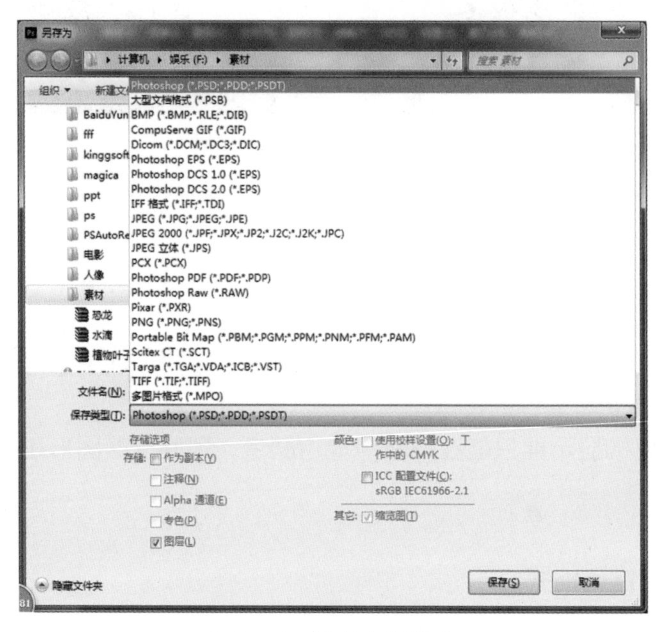

图 2-4　选择文件格式

EPS 文件格式是一种通用的行业标准格式，可同时包含像素信息和矢量信息。它支持剪贴路径（在排版软件中可产生镂空或蒙版效果），但不支持 Alpha 通道。

3. TIFF 文件格式

TIFF 文件格式是一种灵活的位图图像格式，几乎被所有的绘画、图像编辑和页面排版应用程序支持，而且几乎所有桌面扫描仪都可以生成 TIFF 图像。TIFF 文件最大可以达到 4GB 或更多。Photoshop CS 支持以 TIFF 格式存储的大型文件。但是，大多数其他应用程序和旧版本的 Photoshop 不支持大小超过 2GB 的文件。

TIFF 格式是一种无损压缩格式，可以支持 Alpha 通道信息、多种 Photoshop 的图像颜色模式、图层和剪贴路径。

4. BMP 文件格式

BMP 是 Microsoft 公司软件的专用格式。此格式兼容于大多数 Windows 和 OS/2 平台的应用程序。此格式可支持除了双色调以及索引颜色以外的许多色彩模式，在 Windows 操作系统中可以制作桌面图案。以 BMP 格式存储时，使用 RLE 压缩格式，可以节省空间而不会破坏图像的任何细节，唯一的缺点就是存储及打开时的速度较慢。

BMP 是最普遍的位图格式图像文件，也是 Windows 系统下的标准格式。

5. GIF 文件格式

GIF 是在 World Wide Web 及其他联机服务上常用的一种文件格式，用于显示超文本标记语言(HTML)文档中的索引颜色图形和图像。GIF是一种用LZW压缩的格式，目的在于把文件大小和传输时间压缩到最小。GIF格式保留索引颜色图像中的透明度，但不支持Alpha通道。GIF文件格式对于颜色少的图像是不错的选择，它最多只能容纳256种颜色，常用于网络传输，并且可以制作GIF动画。当前GIF格式仍只能达到256色，但它的GIF89a格式能储存成背景透明化的形式，并且可以将数张图存成一个文档，形成动画效果。

6. JPEG(JPG)文件格式

JPEG格式是一种有损压缩格式，是在World Wide Web及其他联机服务上常用的一种格式，用于显示超文本标记语言(HTML)文档中的照片和其他连续色调图像。JPEG格式支持CMYK、RGB和灰度颜色模式，但不支持Alpha通道。与GIF格式不同，JPEG保留RGB图像中的所有颜色信息，但通过有选择地扔掉数据来压缩文件大小。

JPEG图像在打开时自动解压缩，压缩级别越高，得到的图像品质越低；压缩级别越低，得到的图像品质越高。在大多数情况下，选择“最佳”品质选项产生的结果与原图像几乎无分别。

7. PNG文件格式

PNG格式是由Adobe公司针对网络用图像新开发的文件格式，企图取代现今被广泛使用的GIF格式及JPEG格式。PNG格式结合了GIF与JPEG的特性，使用破坏较少的压缩方式，并可利用Alpha通道去除背景，是功能非常强大的网络用文件格式，但是，某些Web浏览器不支持PNG图像。

目前最常使用PNG的情况就是将去背景的图像保存成此格式，然后置入Flash中来制作Flash文件。

8. PSB文件格式

大型文件格式PSB支持宽度或高度最大为300 000像素的文件。PSB格式支持所有Photoshop功能(如图层、效果和滤镜等)。目前，以PSB格式存储的文件，则只有在Photoshop CS和Photoshop CC中才能打开，其他应用程序和旧版本的Photoshop都无法打开以PSB格式存储的文件。

(1)其他大多数应用程序和旧版本的Photoshop无法支持大小超过2GB的文件。

(2)必须先执行“编辑→预设→文件处理”命令，在“文件处理”对话框中选中“启用大型文档格式(.psb)”选项，然后才能以PSB格式存储文档。

2.2 图像的尺寸和分辨率

扫描或导入图像以后，可能会需要调整其大小。在Photoshop CC中，可以使用“图像大小”对话框来调整图像的像素大小、打印尺寸和分辨率。

注意

在调整图像大小时，位图数据和矢量数据会产生不同的结果。位图数据与分辨率有关，因此，更改位图图像的像素大小可能导致图像品质和锐化程度损失。相反，矢量数据与分辨率无关，可以调整其大小而不会降低边缘的清晰度。

2.2.1 修改图像打印尺寸和分辨率

位图图像在高度和宽度方向上的像素总量称为图像的像素大小。图像的分辨率由打印在纸上的每英寸像素 (ppi) 的数量决定。更改图像打印尺寸和分辨率的步骤如下。

(1) 执行“图像→图像大小”命令，打开如图 2-5 所示的“图像大小”对话框。

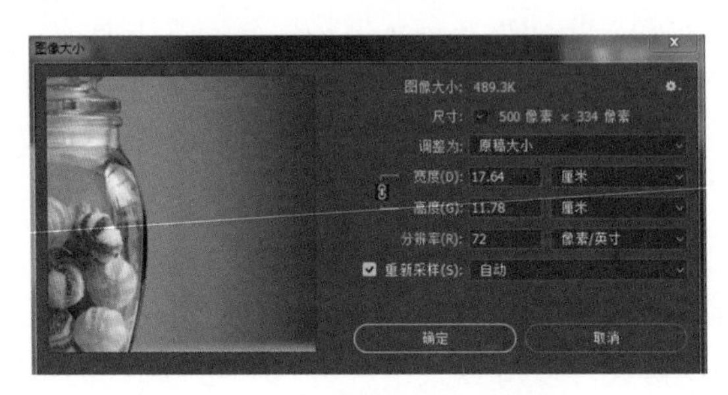

图 2–5 “图像大小”对话框

(2) 在“高度”“宽度”文本框中输入新的高度值和宽度值，也可以选取一个新的度量单位。

(3) 在“分辨率”文本框中输入一个新值。如果需要，选取一个新的度量单位。

(4)“重新采样”各选项参数的具体含义如下。

- “邻近”方法速度快但精度低。
- 对于中等品质方法，使用“两次线性”插值。
- “两次立方 (平滑渐变)”方法速度慢但精度高，可得到最平滑的色调层次。
- 放大图像时，建议使用“两次立方 (较平滑)”。
- 缩小图像时，建议使用“两次立方 (较锐利)”。

如果要恢复“图像大小”对话框中显示的原始值，按住 Alt 快捷键，然后单击“复位”按钮 (原“取消”按钮所在位置)。

2.2.2 修改画布大小

“画布大小”命令可用于添加或移去现有图像周围的工作区。该命令还可用于通过减小画布区域来裁切图像。操作步骤如下。

(1) 执行“图像→画布大小”命令，打开如图 2-6 所示的“画布大小”对话框。

(2) 在“宽度”和“高度”文本框中输入想设置的画布尺寸。从“宽度”和“高度”旁边的下拉列表选择所需的度量单位。选择“相对”复选框并输入希望画布增加或减少的数量 (输入负数将减小画布大小)。

(3) 在“定位”处，单击其中某个方块以指示现有图像在新画布上的位置，如图 2-7 所示。

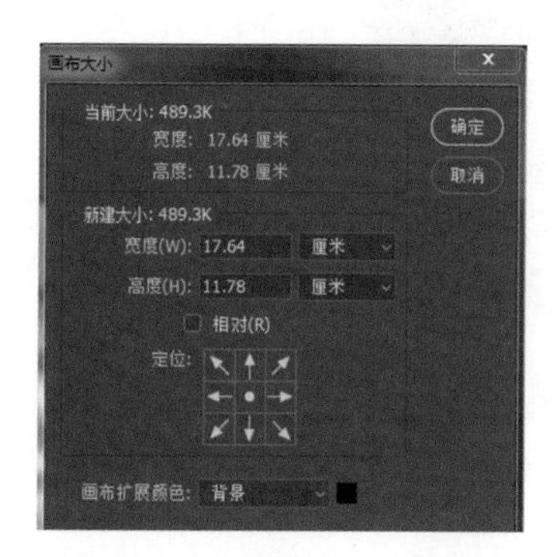

图 2-6 “画布大小”对话框

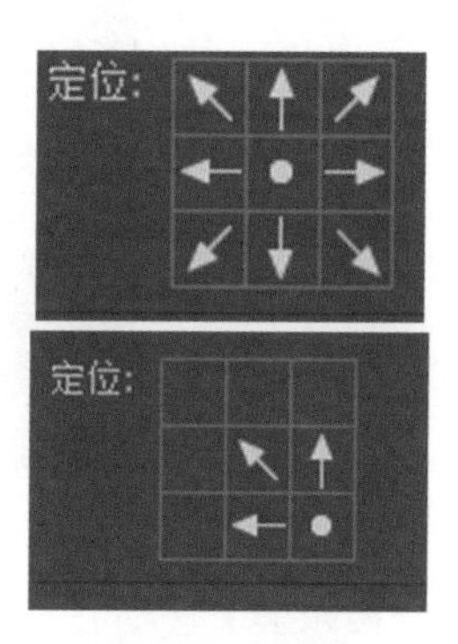

图 2-7 定位

(4) 从“画布扩展颜色”下拉列表中选取一个选项，其中各选项参数的具体含义如下所示。

- “前景”：用当前的前景颜色填充新画布。
- “背景”：用当前的背景颜色填充新画布。
- “白色”“黑色”或“灰色”：用指定颜色填充新画布。
- “其他”：使用拾色器选择新画布颜色。

(5) 单击“确定”按钮确认修改。

2.2.3 裁剪图像

裁剪是移去部分图像以形成突出效果或加强构图效果的过程，可以使用裁剪工具或执行“裁剪”命令来裁切图像。

1. 使用“裁剪”命令裁剪图像

(1) 创建一个选区，选取要保留的图像部分。如果未创建选区，则无法进行下一步操作。

(2) 执行“图像→裁剪”命令，即可对选区以外的部分进行裁切，如图 2-8 所示。

图 2-8 使用“裁剪”命令裁切图像

2. 使用裁剪工具

(1) 选择裁剪工具，在图像中要保留的部分上拖动，以便创建一个选框。选框不必十分精确，以后可以进一步调整，如图 2-9 所示。

图 2-9　创建选框

(2) 可以调整选框，将鼠标指针移到选框上即可进行调整。

- 如要将选框移动到其他位置，将指针放于框内并拖曳。
- 如果要改变选框大小，移动鼠标使指针指向选框边界处，指针样式改变后，拖动至合适位置。如果要在改变选框大小的同时约束比例，在拖动鼠标的同时按住 Shift 键。
- 如果要旋转选框，将指针放在选框边界外（待指针变为弯曲的箭头）并拖动。

(3) 按 Enter 键，单击工具选项栏中的“提交”按钮，或在裁切选框内双击，即可完成裁剪，如图 2-10 所示。若要取消裁切操作，可按 Esc 键，或单击工具选项栏中的（取消）按钮；也可在待处理图像上右击，选择（取消）命令。

图 2-10　调整并裁剪图像

2.2.4　裁切图像

Photoshop 还提供了一种较为特殊的裁切图像的方法，即裁切图像的空白边缘。当要切除图像四周的空白内容时，直接用“裁切”命令完成即可。操作步骤如下。

(1) 打开要裁切的图像，执行“图像→裁切”命令，打开“裁切”对话框，设置各选项参数，如图 2-11 所示。

(2) 在“基于”区域选择基于以下某个位置进行裁切。

- “透明像素”：修整掉图像边缘的透明区域，留下包含非透明像素的最小图像。
- “左上角像素颜色”：以图像左上角位置为基准进行裁切。

- “右下角像素颜色”：以图像右下角位置为基准进行裁切。

(3) 在“裁切”区域选择一个或多个要修整的图像区域。若选择所有复选框，则裁切四周空白边缘。

(4) 单击“确定”按钮完成裁切操作，效果如图 2-12 所示。

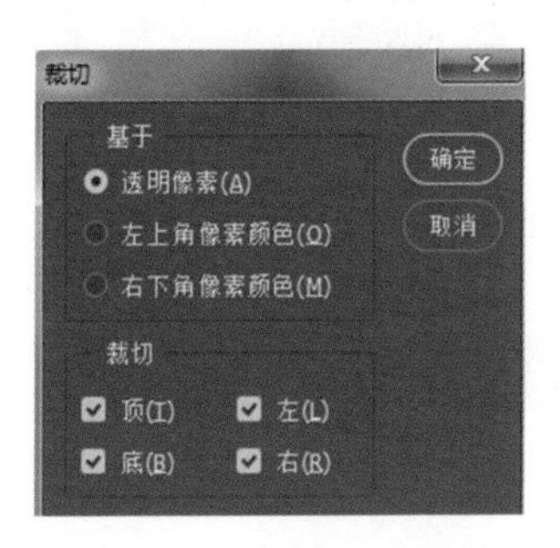

图 2-11 “裁切”对话框

图 2-12 裁切效果

2.2.5 课程实例

例 2.1 将自己的照片设为电脑桌面

在很多时候，我们想将自己的生活照放到电脑桌面上，但是拍摄的照片却不符合电脑桌面的大小，这时我们就可利用 Photoshop CC 来修改照片的尺寸和比例，下面我们以如图 2-13 所示的照片为例，介绍一下如何制作电脑桌面壁纸。

(1) 在桌面上右击，执行“显示设置”命令，找出“分辨率”设置选项，如图 2-14 所示 (本实例中的电脑为 Windows 10 系统)，并记录下其数值 (本实例尺寸为 1920 × 1080)。

图 2-13 示例图片

图 2-14 显示设置 - 分辨率

(2) 在 Photoshop CC 中，执行“新建”命令，或者按 Ctrl+N 快捷键，打开“新建文档”对话框，在“名称”文本框内输入“桌面背景”，在“宽度”和“高度”文本框内输入电脑屏幕的分辨率数值，并且将文档的“分辨率”设置为 72 像素 / 英寸，如图 2-15 所示，这样我们就创建了一个与电脑桌面大小相同的文档。

(3) 执行“打开”命令，或者按 Ctrl+O 快捷键打开所需照片，并使用移动工具将它拖入到新建的文档中，如图 2-16 所示。

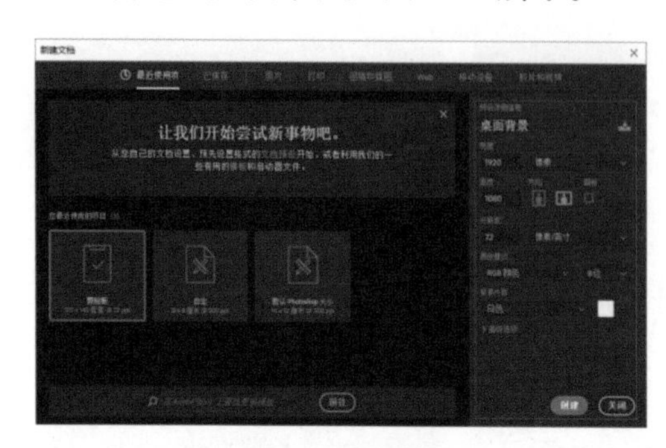

图 2-15　新建项目

图 2-16　打开项目

(4) 按 Ctrl+T 快捷键，然后按住 Shift 键拖动控制点，成比例地调整照片大小，如图 2-17 所示。

(5) 调整完成后，双击图像退出自由变换，按 Ctrl+E 快捷键合并图层，再选择裁剪工具，就会显示如图 2-18 所示的定界框，直接双击图像即可完成对图像的裁切。最后单击“保存”按钮或者按 Ctrl+S 快捷键，将文件存储为 JPG 格式，效果如图 2-19 所示。

图 2-17　调整图片大小

图 2-18　定界框

图 2-19　效果图

(6) 在桌面上右击，执行“个性化”命令，弹出如图 2-20 所示的对话框。

(7) 单击“浏览”按钮找出我们刚处理后的照片，如图 2-21 所示。

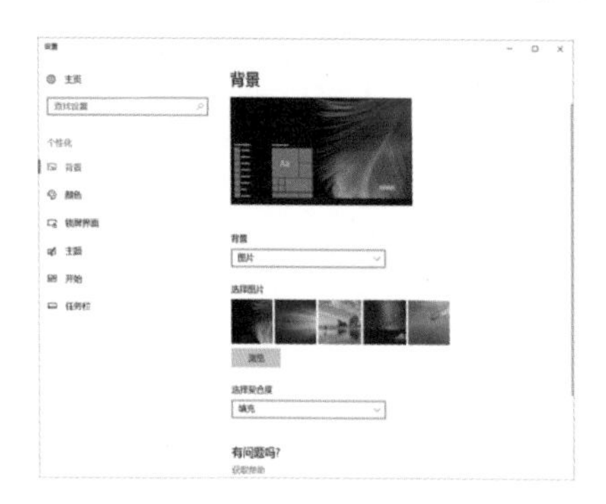

图 2-20　“个性化”窗口

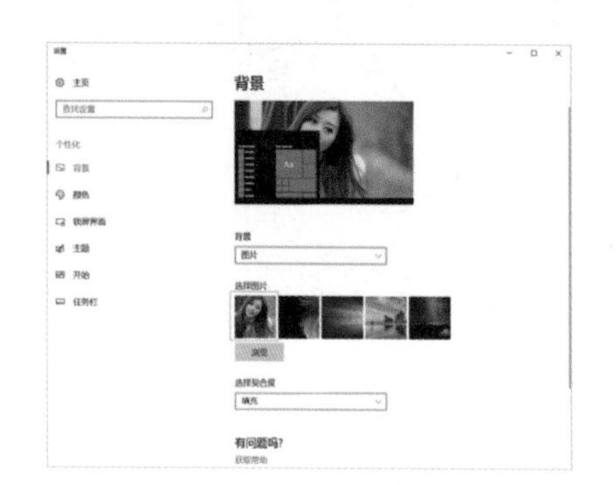

图 2-21　寻找图片

(8) 单击照片，这样就成功地将照片设置为自己的桌面背景了，如图 2-22 所示。

图 2-22　桌面背景

2.3　基本编辑命令

在 Photoshop 中处理图像时，经常会需要对选取的图像进行复制、剪切、粘贴、移动等基本编辑操作。因为 Photoshop 中的大部分图像编辑命令只对当前选区有效，所以在对图像使用编辑命令之前，应先确定选区。

2.3.1　复制、剪切和粘贴图像

在 Photoshop 中，复制、剪切和粘贴命令，与在 Windows 操作系统中的对应操作命令基本一致。当在图像中创建了一个选区时，如果执行“编辑→复制”命令，可将选中的区域复制到剪贴板上，然后利用剪贴板进行数据交换，该操作对原始图像没有任何影响。

如果执行“编辑→剪切”命令，则同样可以将选中的图像复制到剪贴板上，但选中的图像区域会从原图像中切掉并以背景色填充，如图 2-23 所示。

图 2-23　剪切图像

在执行了“复制”或“剪切”命令之后，执行“编辑→粘贴”命令可将剪贴板中的内容粘贴到当前图像上，并形成一个新的图层。

注意

“复制”的快捷键是 Ctrl+C，“剪切”的快捷键是 Ctrl+X，“粘贴”的快捷键是 Ctrl+V。

2.3.2 合并拷贝和贴入图像

在 Photoshop CC 的图像中，可以拥有多个图层，但是只能有一个图层作为当前图层。在编辑命令中，“复制”和“剪切”都只能应用于当前图层。如果希望将多个可见图层中的内容一起复制到剪贴板，可以使用“编辑→选择性拷贝→合并拷贝”菜单命令，如图 2-24 和图 2-25 所示。

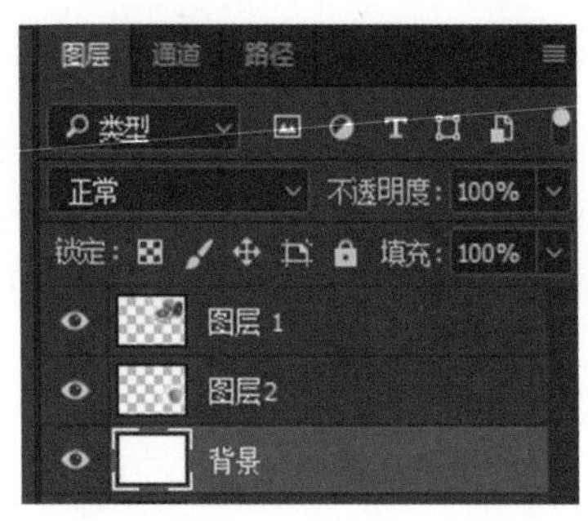

图 2-24　分层显示的图像

(a) 指定合并复制区域

(b) 合并拷贝的图像

图 2-25　合并拷贝操作

注意

该命令仅对可见层有效，对于不可见层（在“图层”面板中，最左边方框内未显示眼睛图标的层）该命令无效。

在进行粘贴操作时，如果希望将剪贴板中的图像复制到指定的选区中，而选区之外的图像不受影响，可以执行“贴入”命令。该命令将复制或剪切的选区粘贴到同一图像或不同图像的指定选区中。操作步骤如下。

(1) 选择复制或剪切的选区，如图 2-26 所示。

(2) 创建目标选区，如图 2-27 所示。

(3) 执行“编辑→选择性粘贴→贴入”命令，原选区的内容会被目标选区覆盖，且只有目标选区可以显示原选区的内容，如图 2-28 所示。

图 2-26 指定复制的选区

图 2-27 创建目标选区

图 2-28 贴入的效果

2.3.3 移动图像

在图像的处理过程中，图像的位置有时不一定合适，特别是由粘贴得到的图像，新粘贴的图像位置是不固定的。为了调整图像的位置，可以使用工具箱中的移动工具将图像移动到一个新位置。操作步骤如下。

(1) 在打开的图像中选择需要移动的对象。

(2) 在工具箱中选择移动工具，将光标移动到选区内，此时的光标将会呈移动形状，如图 2-29 所示。

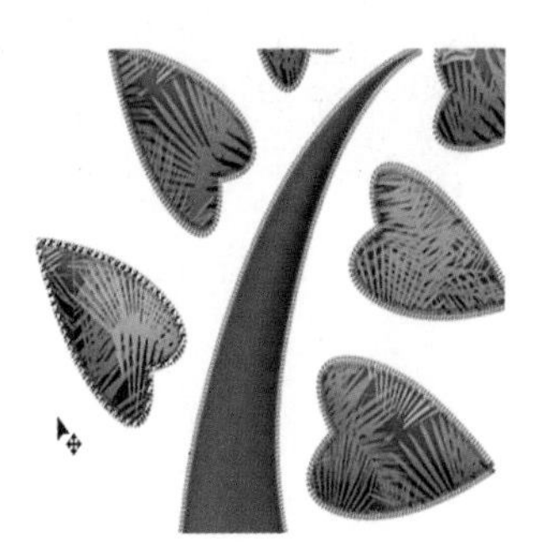

图 2-29 光标形状

(3) 拖动即可将选中对象移动到其他位置。

若是在两个打开的图像之间进行移动操作，在上述步骤 (3) 中，将移动对象拖动到目标图像位置，光标将变成如图 2-30 所示的形状。释放鼠标左键后，即完成一次两个图像之间的移动操作，如图 2-31 所示。

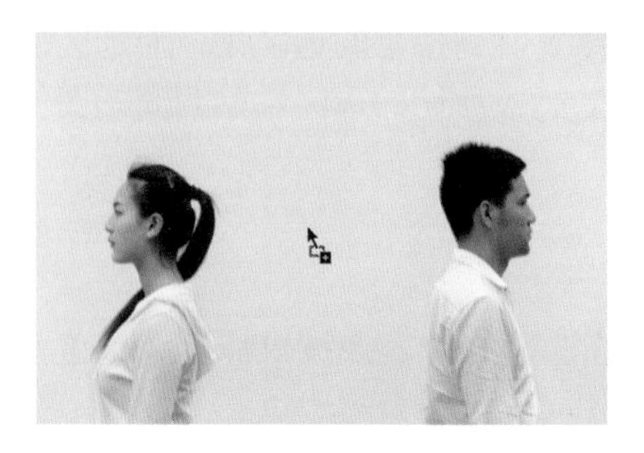

图 2-30　光标形状

图 2-31　完成移动

注意

在完成移动操作后，原图像中被移动部分仍然存在，而目标图像中多了一个被移动的部分。

2.3.4　删除图像

在图像文档中创建好需要清除图像的区域，如图 2-32 所示，执行“编辑→清除”命令，或者按 Delete 键，便可清除选区中的图像。

在清除图像时，若清除的图像为背景图像，则被清除区域的填充色将为背景色，如图 2-33 所示；若清除的图像不是背景图像，而是一般图层，则会删除选区中当前图层的图像，如图 2-34 所示。

图 2-32　创建选区

图 2-33　背景色填充

图 2-34　删除选区

2.4　图像的旋转、变形和变换

本节将对图像的旋转与变换进行讲解，除此之外，Photoshop 还提供了专门用于旋转和变换图像的命令。

2.4.1　旋转和翻转整个图像

使用“图像旋转”子菜单中的命令可以旋转或翻转整个图像。这些命令不适用于单个图层或图层的一部分、路径以及选区边框。

执行“图像→图像旋转”命令，并从子菜单中选择下列命令之一，如图 2-35 所示。

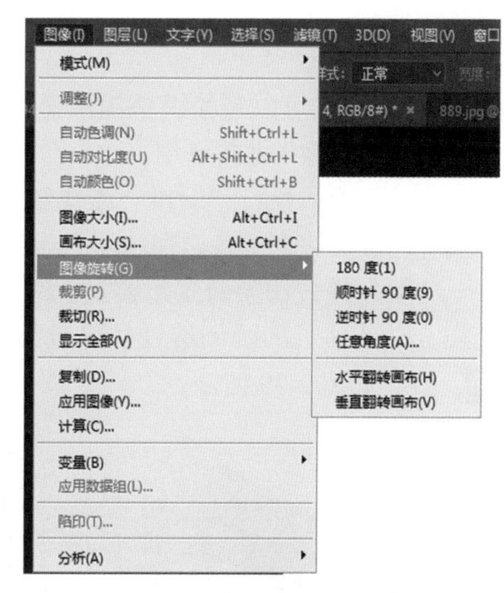

图 2-35 “图像旋转”子菜单

- “180 度”：将图像旋转半圈。
- “顺时针 90 度”：按顺时针方向将图像旋转 1/4 圈。
- “逆时针 90 度”：按逆时针方向将图像旋转 1/4 圈。
- “任意角度”：按指定的角度旋转图像。如果选取该选项，在角度文本框中输入一个介于 -360 度～ 360 度之间的角度 (可以选择“顺时针”或“逆时针”以指定旋转方向) 即可，然后单击“确定”按钮。
- “水平翻转画布”：将图像沿垂直轴水平翻转。
- “垂直翻转画布”：将图像沿水平轴垂直翻转。

如图 2-36 所示，这是对图像旋转 180 度的效果。

图 2-36 旋转 180 度

2.4.2 自由变换

在对图像进行变换之前，需要使用工具在图像中选取变换的部分，然后执行“编辑→变换”或“自由变换”命令，对图像进行变换，如图 2-37 所示。

图 2-37 变换图像

2.4.3 透视变形

Photoshop 可以轻松调整图像透视，此功能对于包含直线和平面的图像（例如，建筑图像和房屋图像）尤其有用。

打开图像，执行“编辑→透视变形”命令，沿图像结构的平面绘制四边形。在绘制四边形时，让四边形的各边保持平行于结构中的直线，如图 2-38 所示。

从版面模式切换到变形模式，适当地在四边形（图钉）的角周围移动，调整此图像的透视，以使建筑的两侧透视按等量缩小。完成透视调整后，单击“提交透视变形”按钮 ，效果如图 2-39 所示。

图 2-38　透视变形

图 2-39　效果图

2.4.4 操纵变形

操纵变形是一种可视网格，借助该网格可以随意地扭曲特定图像区域，并保持其他区域不变。

选择需要处理的图层，执行“编辑→操纵变形”命令，人物会布满网格，在网格交汇的位置单击添加控制点，如图 2-40 所示。

控制点添加完成后，按住鼠标左键拖曳控制点位置，图像就会产生变形效果。变形完成后按 Enter 键确定变形操作，效果如图 2-41 所示。

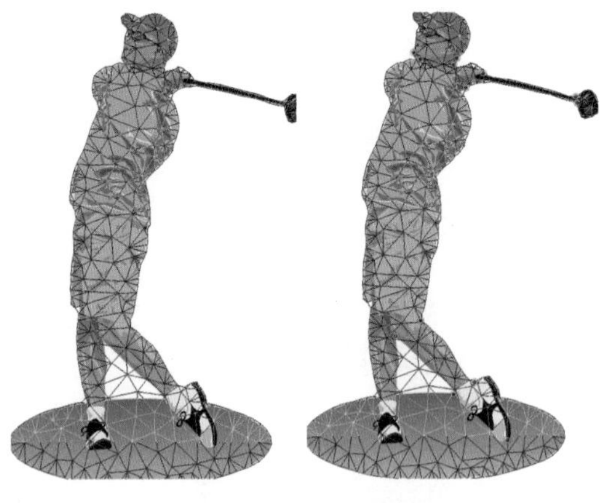

图 2-40　操纵变形

图 2-41　效果图

2.4.5 课程实例

例 2.2 把相片放入相框

(1) 执行“文件→打开”命令，弹出“打开”对话框，选择需要打开的相框素材，单击“打开”按钮，如图 2-42 所示。

(2) 将相片拖入到相框素材之中，如图 2-43 所示。

图 2-42 打开相框素材

图 2-43 拖入相片

(3) 拖动相片角标，将相片等比放大，如图 2-44 所示。

(4) 旋转相片，并拖动相片四个角，使相片与内框重合，如图 2-45 所示。

(5) 按 Enter 键完成变形，最终效果如图 2-46 所示。

图 2-44 放大相片

图 2-45 调整位置

图 2-46 效果图

2.5 本章小结

本章详细介绍了图像处理的相关概念与基本理论，如像素、分辨率、图像类型和常用图像文件格式等，为以后的学习奠定扎实的基础。

2.6 课后习题

一、选择题

1. 下面的 (　　) 功能不属于 Photoshop 的基本功能。

A. 处理图像尺寸和分辨率　　　B. 绘画功能
C. 色调和色彩功能　　　　　　D. 文字处理和排版

2. Photoshop 默认的图像文件格式的扩展名为（　　）。

A. PSD　　B. BMP　　C. PDF　　D. TIF

3. 以下描述正确的选项有（　　）。

A. 位图放大到一定的倍数后将出现马赛克效果
B. 矢量图不管放大多少倍都不会失真
C. RGB 模式与 CMYK 模式包含的颜色数量基本相等
D. 参考线与网格主要用于定位图像对象的位置

4. 可以在 Photoshop CC 中直接打开并编辑的文件格式有（　　）。

A. JPG　　B. GIF　　C. EPS　　D. DOC

二、填空题

1. 像素实际上是（　　）上的名词，在计算机显示器和电视机的屏幕上都使用到（　　）作为它们的基本度量单位。

2. 分辨率用于（　　），通常表示成（　　）。

3. 矢量图，也称为（　　），也就是使用直线和曲线来描述的图像，组成矢量图中的图形元素称为对象。

三、上机操作题

利用自由变换功能制作飞舞的蝴蝶，效果如图 2-47 所示。

扫码观看案例讲解

图 2-47　效果图

第3章 选区的使用

选区，是指在处理图像之前用选择工具选取图像上的一定范围。在Photoshop 中，可以通过创建选区，对所选区域内的图像进行操作，而不影响其他区域的内容。Photoshop 中选区的创建可以通过选区工具来完成，也可以通过菜单命令来完成，在后面的章节里还会看到利用路径和蒙版等可以创建更加复杂的选区。 本章主要介绍选区的使用方法。

学习目标

- 了解如何选择不同形状的选取范围
- 了解如何对选区范围进行缩放、旋转、翻转和自由变换
- 了解如何安装和保存选取范围

3.1 选区的基本概念

当用户需要对图像进行局部操作时，都要先为此局部创建一个选区，指定操作所作用的范围，选区外的图像不会受到影响。与选区有关的命令都可在“选择”菜单中找到，如图 3-1 所示，其中，几个常用的选择命令的功能和操作介绍如下。

(1) 全部：此命令的功能是将图像全部选中，快捷键为 Ctrl+A。

(2) 取消选择：此命令的功能是取消已选取的范围，快捷键为 Ctrl+D。

(3) 重新选择：此命令用于重复上一次操作中的范围选取，快捷键为 Ctrl+Shift+D。

(4) 反选：此命令用于将当前范围反转，快捷键为 Ctrl+Shift+I。

另外，还可以使用鼠标右键的快捷菜单对选区进行操作，如图 3-2 所示。

图 3-1 “选择”菜单

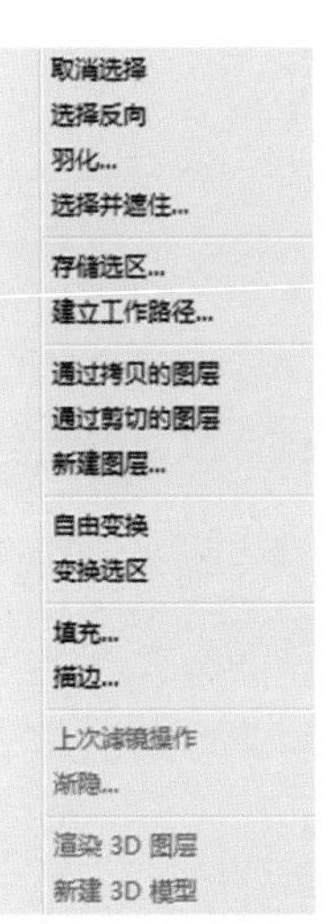

图 3-2 鼠标右键快捷菜单

3.2 选框工具

选框工具是 Photoshop 中最基本、最简单的选择工具，主要用于创建简单的选区以及图形的拼接、剪裁等。使用该工具，可以选择四种形状的范围：矩形、椭圆、单行和单列。默认情况下，选框工具组中的矩形选框工具为当前的工具。要选取不同的选框工具，首先在(矩形选框工具)按钮上按住鼠标左键不放，并稍停一小段时间，弹出“选框工具”菜单，如图 3-3 所示。

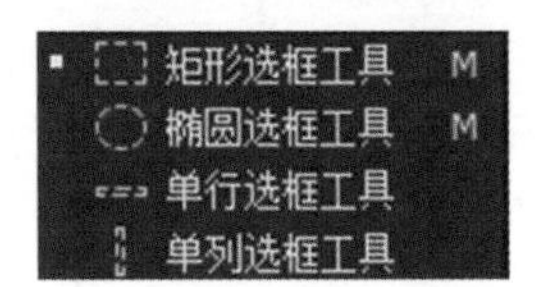

图 3-3 选框工具

3.2.1 矩形选框工具

矩形选框工具用于创建矩形的选区，选区以虚线的形式显示，在默认状态下只要拖动鼠标即可创建矩形选区，除此之外还可以创建固定比例和固定大小的选区。

1. 创建正常样式的矩形选区

单击工具箱中的▣(矩形选框工具)按钮后，在图像中按住鼠标左键并拖动创建矩形选区，如图 3-4 所示。

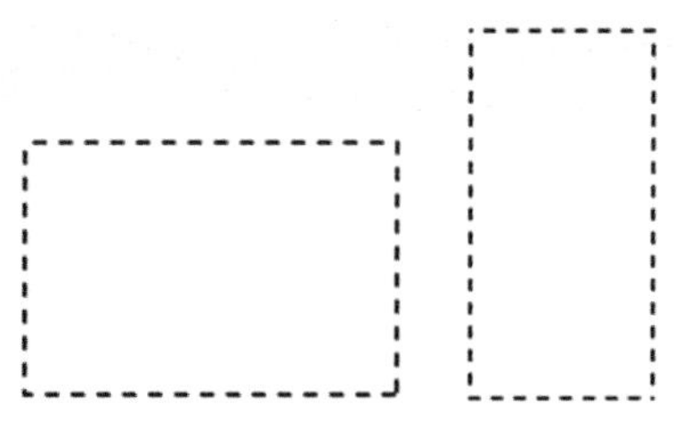

图 3-4 矩形选区

2. 创建固定比例的矩形选区

创建固定比例的矩形选区是指创建宽度和高度预先设置比例的选区，单击矩形选框工具后，在工具选项栏的“样式”下拉列表中选择“固定比例”选项，如图 3-5 所示。

在“宽度”和“高度”文本框中输入比例值，此时在图像文件中拖动鼠标，绘制的矩形选区高度和宽度均为设定的比例，如图 3-6 所示。

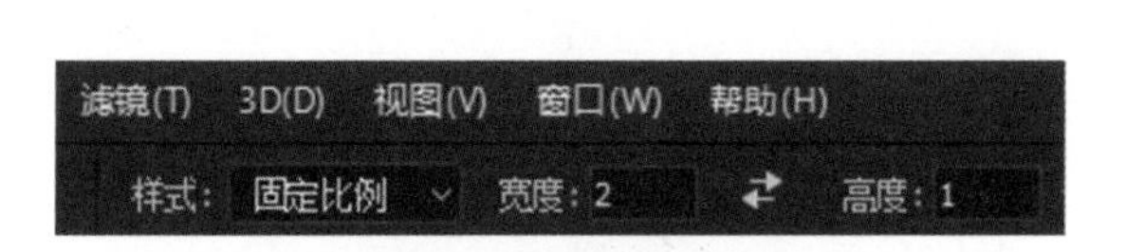

图 3-5 调整固定比例

图 3-6 绘制宽高比例为 2：1 的选区

3. 创建固定大小的矩形选区

创建固定大小的矩形选区是指创建固定高度和宽度的矩形选区，同样单击矩形选框工具后，在工具选项栏的“样式”下拉列表中选择“固定大小”选项，此时在后面的“宽度”和“高度”文本框中输入像素值，如图 3-7 所示。

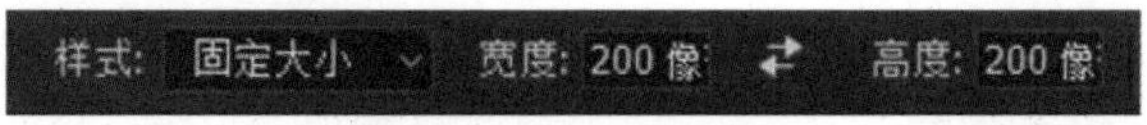

样式: 固定大小 宽度: 200 像 高度: 200 像

图 3-7 固定选区大小

然后直接在图像中单击鼠标即可生成固定大小的选区，如图 3-8 所示。

注意

若要选取正方形的选区，按住 Shift 键再拖动鼠标即可；若要选取一个以起点为中心的矩形范围，可按住 Alt 键拖动鼠标。

图 3-8 单击鼠标生成选区

4. 设置参数属性

除了可以设置样式外，还可以在工具选项栏中设置其他的参数属性，如图 3-9 所示。其中各项参数的含义如下。

羽化：0 像素　消除锯齿　样式：固定比例　宽度：1　高度：1　选择并遮住…

图 3-9　矩形工具选项栏

(1) ■（新选区）：选中此按钮即可选取新的范围，通常此项为默认状态。

(2) ■（添加到选区）：此按钮的功能是将新的选取范围添加到当前选区中。

(3) ■（从选区减去）：分为两种情况，即若新选区和旧选区无重叠部分，则选区无变化；若两者有重叠部分，则新生成的选区将减去两选区的重叠区域。

(4) ■（与选区交叉）：产生一个包含新选区和旧选区的重叠区域的选区。

(5) 羽化：设置了该项功能后，会在选取范围的边缘产生渐变的柔和效果，取值范围在 0 ～ 250 像素之间，例如，羽化值为 0 和 10 的对比效果如图 3-10 所示。

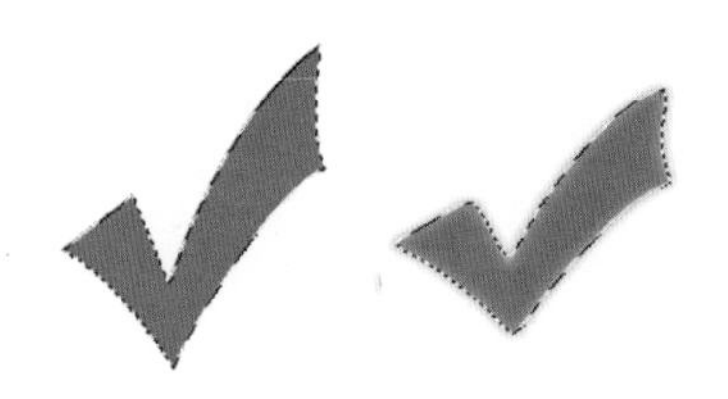

图 3-10　羽化效果对比

(6) 消除锯齿：选中该项后，对选区范围内的图像作处理时，可使边缘较平顺。此项在使用矩形选框工具的情况下是不可选的，在使用椭圆选框工具的情况下变为可选。

(7) 选择并遮住：单击该按钮，即可弹出“选择并遮住”对话框，从中可以对选区的边缘进行修改，如图 3-11 所示。

图 3-11　“选择并遮住”对话框

例 3.1　给照片增加边框效果

扫码观看案例讲解

下面通过举例，来具体说明如何使用矩形选框工具给照片增加边框效果，操作步骤如下。

(1) 打开 Photoshop CC 软件界面，如图 3-12 所示。

图 3-12　软件界面

(2) 执行“文件→打开”命令，弹出“打开”对话框，将准备的素材图片置入操作界面中，如图 3-13 所示。

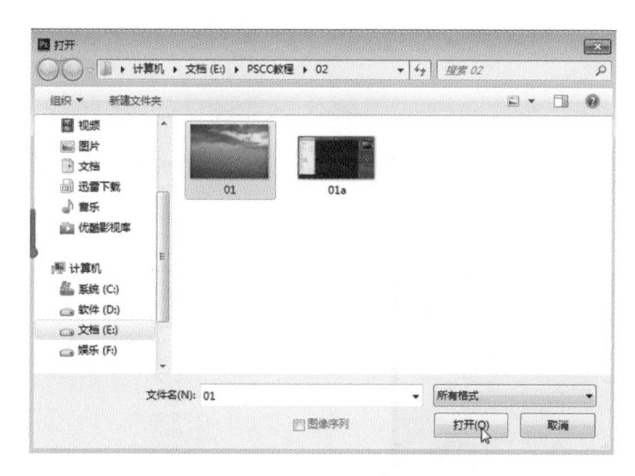

图 3-13　“打开”对话框

(3) 选择背景图层 (素材图片图层)，按 Ctrl+J 快捷键，将该图层复制，如图 3-14 所示。

(4) 在工具箱中，长按选区图标，右侧出现多个选框工具，选择“矩形选框工具”，或按 M 键，如图 3-15 所示。

(5) 用矩形选框工具在图片中心位置绘制矩形，调整好位置与比例，如图 3-16 所示。

图 3-14　复制图层

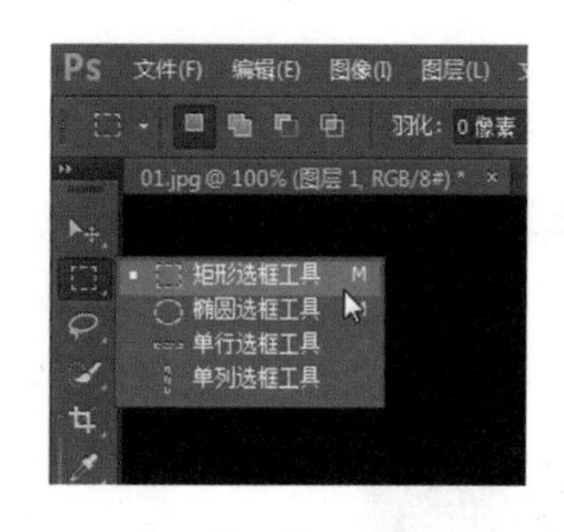

图 3-15　选择“矩形选框工具”

图 3-16　绘制矩形

(6) 执行“编辑→描边”命令，如图 3-17 所示。

(7) 在“描边”对话框中，将描边“宽度”设置为 1 像素，“颜色”设置为白色，如图 3-18 所示。

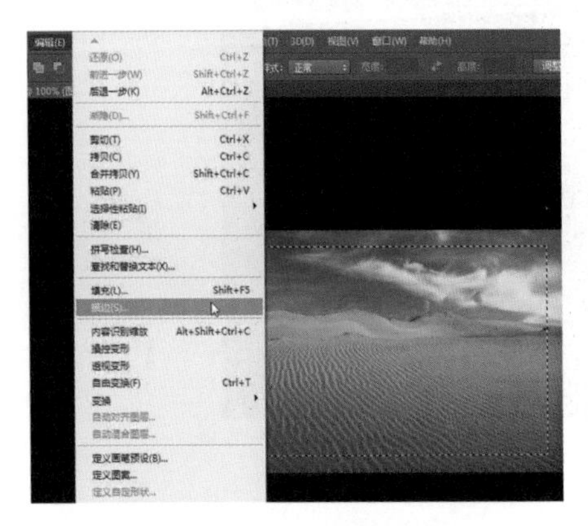

图 3-17　选择“描边”命令

图 3-18　“描边”对话框

(8) 在菜单栏中，执行“选择→反选”命令，或者按 Shift+Ctrl+I 快捷键，选中选区以外的部分，如图 3-19 所示。

(9) 执行“图像→调整→亮度对比度”命令，如图 3-20 所示。

图 3-19　反选

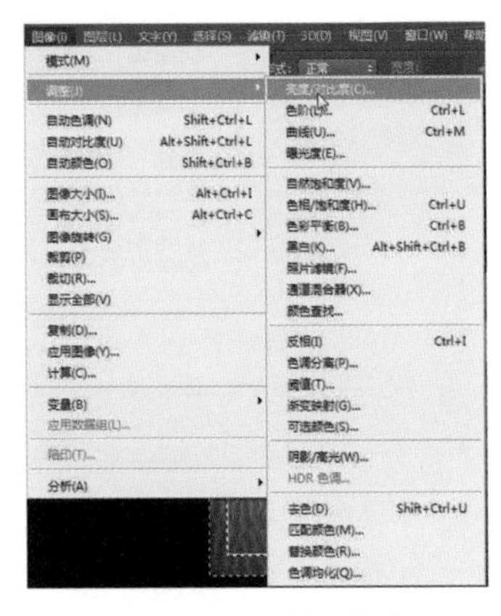

图 3-20　选择命令

(10) 将亮度与对比度的值均向低调整，如图 3-21 所示。

(11) 按 Ctrl+D 快捷键退出选区状态，将图片存储即可。用照片本身的画面边缘做暗化及半透明处理，里面再画一圈细细的白线，效果即简洁又非常精致，如图 3-22 所示。

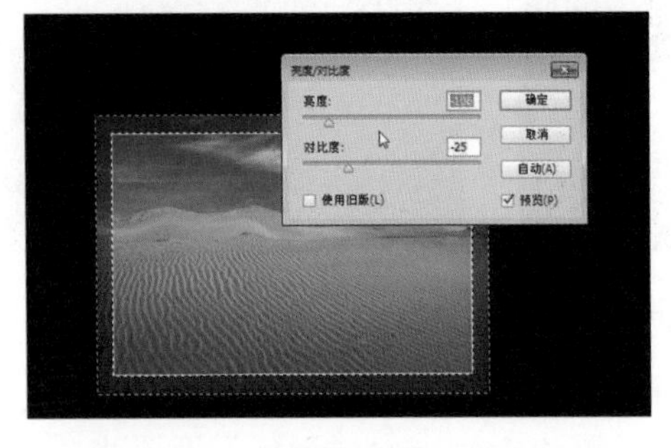

图 3-21　向低调整亮度、对比度

图 3-22　添加效果

3.2.2 椭圆选框工具

椭圆选框工具是用于选取圆形或椭圆形选区的工具，操作方法与矩形选框工具类似，具体步骤如下。

(1) 在工具箱中单击“椭圆选框工具”，在工具选项栏中设置工具的各项参数，这与矩形选框工具的参数基本相同。

(2) 在图像中拖动鼠标绘制椭圆形的选区。

注意

不管是设定羽化功能，还是设定消除锯齿功能，都必须在选取范围之前设定它们，否则这两项功能不能实现。其中，消除锯齿功能仅在椭圆选框工具的工具选项栏中可以使用，在另外 3 种选框工具中则不可以使用。

3.2.3 单行、单列选框工具

单行选框工具和单列选框工具可以创建高度或宽度为 1 像素的选区，经常用于对齐图像或描边，只需在工具箱中选取单行选框工具或单列选框工具，然后在图像窗口中单击即可，主要参数有新选区、添加到选区、从选区中减去、与选区交叉、羽化等，效果如图 3-23、图 3-24 所示。

图 3-23　单行选框工具

图 3-24　单列选框工具

3.2.4 课程案例

例 3.2　给照片中的模特增大眼睛

扫码观看案例讲解

下面使用选框工具对图像中人物的眼睛进行自然放大，操作步骤如下。

(1) 执行“文件→打开”命令，将需要调整的图片置入文档，如图 3-25 所示。

(2) 选择左侧工具箱中的椭圆框选工具，将一只眼睛框选住，如图 3-26 所示。

(3) 按快捷键 Ctrl+J 将选区内的图形复制到新的图层中。按 Ctrl+T 快捷键对选区进行变形，将上下距离微微加大，然后将眼睛调整到适宜的位置，使眼睛间距看起来自然，按 Enter 键确认，如图 3-27 所示。

(4) 使用上述方法将另一只眼睛也变大。使用椭圆框选工具将左侧眼睛框选，按 Ctrl+J

快捷键复制选区，如图 3-28 所示。

(5) 按 Ctrl+T 快捷键对选区进行变形，增加眼睛上下距离，并将眼睛的位置调整到适宜的位置，按 Enter 键确认，如图 3-29 所示。

(6) 最终效果图与原图如图 3-30、图 3-31 所示。

图 3-25　置入图片

图 3-26　框选眼睛

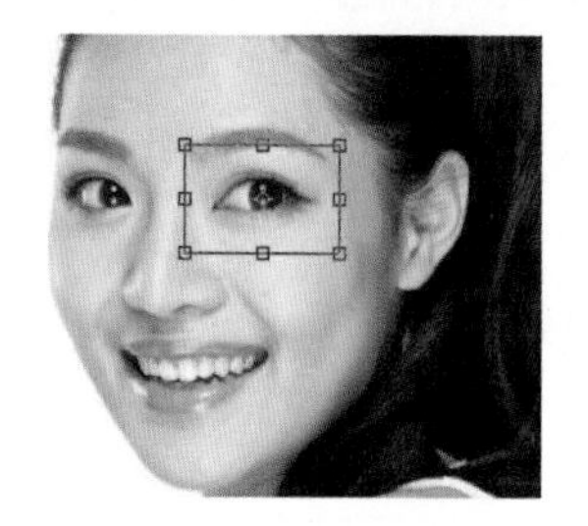

图 3-27　调整眼睛

图 3-28　框选另一只眼睛

图 3-29　调整另一只眼睛

图 3-30　效果图

图 3-31　原图

3.3　套索工具

套索工具也是常用选择工具中的一种，它与选框工具不同的是，套索工具用于不规则图像及手绘线段的选择，它包括 3 种工具：“套索工具”“多边形套索工具”和“磁性套索工具”，如图 3-32 所示。

图 3-32　套索工具

3.3.1 套索工具

使用套索工具可以选取不规则形状的曲线区域，其方法如下。

(1) 在工具箱中单击 (套索工具) 按钮，也可在工具选项栏中设置参数。

(2) 在图像窗口中，拖动鼠标选取需要选定的范围，当鼠标指针回到选取的起点位置时释放鼠标，如图 3-33 所示。

图 3-33 使用套索工具

3.3.2 多边形套索工具

使用多边形套索工具可以选择不规则形状的多边形区域，该工具的操作方法与套索工具有所不同，其方法如下。

(1) 在工具箱中单击 (多边形套索工具) 按钮。如果工具箱中没有显示多边形套索工具，鼠标右击"套索工具"按钮，这时会出现"套索工具"的工具框，选择"多边形套索工具"即可。将鼠标指针移到图像窗口中单击，来确定开始点。

(2) 移动鼠标指针至下一转折点单击。当确定好全部的选取范围并回到开始点时，光标右下角出现一个小圆圈，然后单击即可完成选取操作，如图 3-34 所示。

图 3-34 使用多边形套索工具

用多边形套索工具选择工具，也可以使用消除锯齿和羽化边缘功能，其工具选项栏设置与套索工具相同。

3.3.3 磁性套索工具

磁性套索工具是最精确的套索工具，进行选择时方便快捷，具有自动识别图像边缘的功能，是根据选取边缘在特定宽度内不同像素值的反差来确定选区的。下面介绍其使用方法。

(1) 在工具箱中单击（磁性套索工具）按钮，如果工具箱中没有显示磁性套索工具，鼠标右击“套索工具”，这时会出现工具框，选择“磁性套索工具”即可。

(2) 移动鼠标指针至图像窗口中，单击确定选取的起点，然后沿着要选取的物体边缘移动鼠标指针。当选取终点回到起点时，光标右下角会出现一个小圆圈，此时单击即可完成选取操作，如图 3-35 所示。

图 3-35　使用磁性套索工具

另外，还可以在选项栏中设置以下相关参数，如图 3-36 所示。

(1)“羽化”和“消除锯齿”：这两项功能与选框工具选项栏中的功能一样。

(2)“宽度”：用于设置磁性套索工具选取时的探查距离，数值越大探查范围越大。

图 3-36　磁性套索工具的选项

(3)“对比度”：用来设置套索的敏感度，其数值在 1% ~ 100% 之间，数值大可用来探查对比锐利的边缘，数值小可用来探查对比较低的边缘。

(4)“频率”：是用来设置锚点的数量，其数值在 1 ~ 100 之间，数值越大生成的锚点越多，捕捉的边缘越精确，但是可能造成选区不够平滑。

(5)“光笔压力”：用来设置绘图板的画笔压力，该项只有安装了绘图板和驱动程序才变为可选。

3.3.4　课程案例

例 3.3　制作放着鲜花的花瓶

扫码观看案例讲解

下面来具体说明如何通过磁性套索工具来创建放着鲜花的花瓶，操作步骤如下。

(1) 执行“文件→打开”命令，打开一幅花的图像，在工具箱中选择磁性套索工具，将“宽度”设为 5 像素，“对比度”设为 30%，在图像中选取花朵的图案，如图 3-37 所示。

(2) 执行“文件→打开”命令，打开花瓶图形，使用“磁性套索工具”选择背景部分，执行“选择→反向”命令，如图 3-38 所示。

图 3-37　选择花朵图形

图 3-38　选择花瓶图形

(3) 单击工具箱中的移动工具，将花瓶和花朵分别拖动到步骤 2 中创建的图像窗口，这时“图层”面板中会产生“图层 1”和“图层 2”，如图 3-39 所示。

(4) 单击套索工具，选取花枝多余的部分，按 Delete 键将其删除，再在“图层”面板中将“图层 2”拖到面板下方的 (创建新图层) 按钮上，释放鼠标即可复制图层，如图 3-40 所示。

(5) 按 Ctrl+T 快捷键，分别对每个花朵图层进行旋转、移动，调整完成后按 Enter 键确定，如图 3-41 所示。

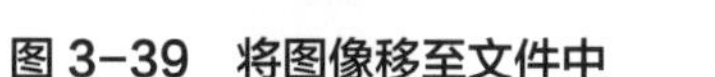

图 3-39 将图像移至文件中

图 3-40 复制花朵图层

图 3-41 调整花朵的角度及位置

(6) 隐藏其他图层，只显示一个花朵图层，使用套索工具选择多余的花枝部分将其删除，如图 3-42 所示。

图 3-42 删除多余的部分

3.4 智能选择工具

前面所讲的选框工具、套索工具均需要使用鼠标拖动才可以创建选区，在图像处理过程中，除此之外，经常还会对相同或相近颜色的区域进行选取，也就涉及本节我们要介绍的“魔棒工具”“快速选择工具”以及“通过色彩范围创建选区”等方法。

3.4.1 魔棒工具

魔棒工具主要被用来选取范围。在进行选取时，该工具能够选择出颜色相同或相近的

图 3-43　使用魔棒工具

区域，例如，在图像中单击花瓣部分即可选中与当前单击处相同或相似的颜色范围，如图 3-43 所示。

魔棒工具是使用工具选项栏上输入的“容差”值来制作选区的。当“连续”选项处于选择状态时，单击图像内任一位置，程序会检查受单击处周围的像素值，若其颜色值在容差范围内，则这一范围可以被包括在选区内；若超出容差范围值，则不被选中，通常容差值大小和选取范围大小是成正比的。用“魔棒工具”选择选区的操作方法如下。

(1) 在工具箱中单击 (魔棒工具) 按钮，如果工具箱中没有显示魔棒工具，鼠标右击快速选择工具，这时会出现工具框，选择“魔棒工具”即可。用户还可以通过工具选项栏设定颜色的近似范围。

(2) 在工具选项栏中设置相关的参数，有些与矩形选框工具选项栏的参数是相同的，如图 3-44 所示。

取样大小：取样点　容差：32　消除锯齿　连续　对所有图层取样　选择并遮住...

图 3-44　魔棒工具选项栏

- “容差”：用来设置选取时颜色比较的容差值，单位为像素，值范围在 0 ～ 255 之间，值越小，选取范围的颜色越接近，相应的选取范围也越小。
- “消除锯齿”：选中该项后，可使边缘较为平滑。
- “连续”：选中该项后，只选择颜色连接的区域；取消选中该项后，可以选择与所选像素颜色相近的所有区域，当然也包含没有连接的区域。
- “对所有图层取样”：选中此项，对所有图层均起作用，即可以选取所有图层中相近的颜色区域。

(3) 单击图像中要选择的颜色值所在区域即可。

例 3.4　制作贴画

扫码观看案例讲解

下面通过举例来具体说明如何通过魔棒工具进行抠图，完成贴图设计，具体操作步骤如下。

(1) 打开素材中的动物图片，选择魔棒工具，将“容差”设为 0，在白色背景处单击选取背景，如图 3-45 所示。

图 3-45　选取背景

(2) 按 Ctrl+Shift+I 快捷键反向选取动物，如图 3-46 所示。

(3) 按 Ctrl+O 快捷键打开背景文件，移动选中的动物到背景文件中，如图 3-47 所示。

图 3−46　反向选取动物

图 3−47　打开背景文件

(4) 按 Ctrl+T 快捷键进入自由变换状态，将鼠标指针移动到选区边缘，调整动物大小，效果如图 3-48 所示。

(5) 按 Enter 键完成贴图的设置，效果如图 3-49 所示，“图层”面板如图 3-50 所示。

图 3−48　旋转选区

图 3−49　效果图

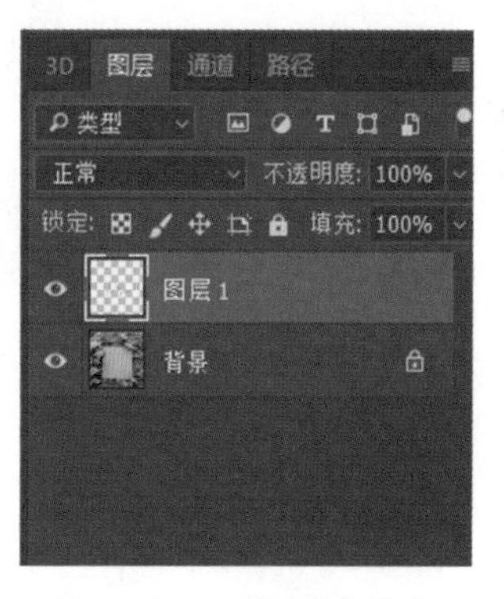

图 3−50　“图层”面板

3.4.2 快速选择工具

可以使用快速选择工具利用可调整的圆形画笔笔尖快速绘制选区。拖动时，选区会向外扩展并自动查找和跟随图像中定义的边缘，具体操作如下所示。

(1) 在工具箱中单击（快速选择工具）按钮，此时鼠标指针变为形状。

(2) 在工具选项栏中设置工具的属性参数，如图 3-51 所示，其中各项参数的含义如下所示。

图 3−51　快速选择工具选项栏

- （新选区）：是在未选择任何选区情况下的默认选项，创建初始选区后，此选项将自动更改为“添加到选区”按钮。

- （添加到选区）：选择此项，在图像中单击即可将当前选区添加到原选区中。
- （从选区减去）：选择此项，在图像中单击，区域即可从当前选区中减去。
- （更改笔尖大小）：更改快速选择工具的画笔笔尖大小，也可单击选项栏中的“画笔”按钮并输入像素大小或移动“直径”滑块。使用“大小”选项，可使画笔笔尖大小随钢笔压力或光笔轮而变化。
- 自动增强：减少选区边界的粗糙度和块效应。自动将选区向图像边缘进一步流动并应用一些边缘调整，也可以通过在“选择并遮住”对话框中使用“平滑”“对比度”和“半径”选项，手动应用这些边缘调整。

(3) 在选择的图像部分绘画，选区将随着绘画而增大。如果更新速度较慢，应继续拖动以留出时间来完成选区上的工作。在形状边缘的附近绘画时，选区会扩展以跟随形状边缘的等高线，如图 3-52 所示。如果停止鼠标拖动的操作，改用在附近区域位置单击或拖动，选区将增大，也就是包含单击的新区域。

图 3-52　使用快速选择工具创建选区

注意

要更改工具光标，可执行“编辑→首选项→光标”命令，在“绘画光标”区域中设置光标，默认情况下，快速选择光标为“正常画笔笔尖”选项，其他选项如图 3-53 所示。

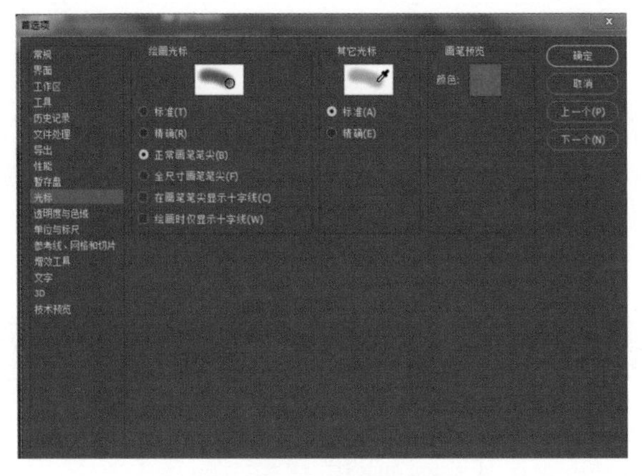

图 3-53　设置光标

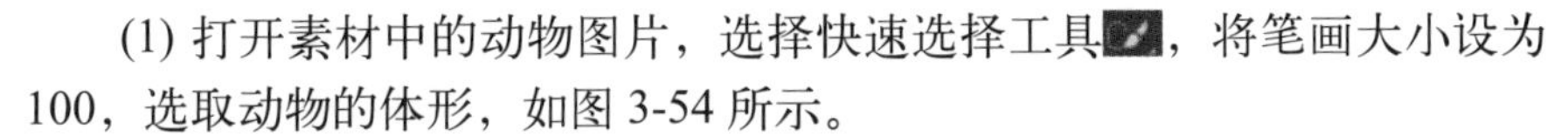

例 3.5 用快速选择工具抠图

扫码观看案例讲解

下面通过举例来说明如何通过快速选择工具完成抠图，具体操作步骤如下。

(1) 打开素材中的动物图片，选择快速选择工具，将笔画大小设为100，选取动物的体形，如图 3-54 所示。

(2) 按 Ctrl+O 快捷键打开背景文件，如图 3-55 所示。

(3) 回到动物文件，使用移动工具将选区移动到背景文件中。按 Ctrl+T 快捷键调整大小，如图 3-56 所示。

图 3-54 设置选区

图 3-55 打开背景文件

图 3-56 自由变换调整大小

(4) 在自由变换状态下，将鼠标指针移动到选区右上角，旋转选区改变动物的角度，效果如图 3-57 所示。

(5) 按 Enter 键完成背景的设置，效果如图 3-58 所示，“图层”面板如图 3-59 所示。

图 3-57 旋转选区

图 3-58 效果图

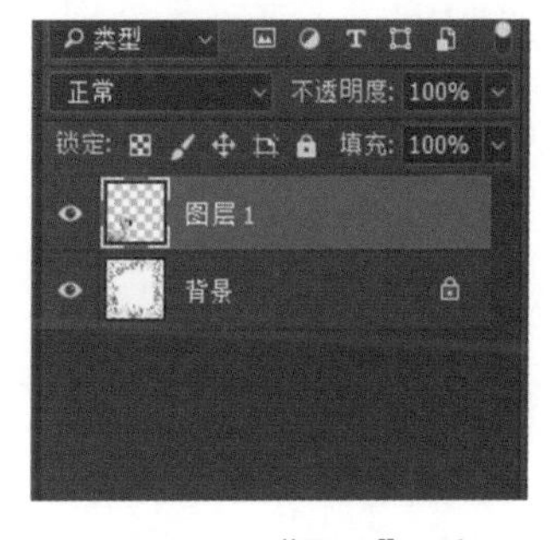

图 3-59 “图层”面板

3.4.3 通过色彩范围创建选区

魔棒工具和快速选择工具都是非常有用的工具，但是通过目测来划分颜色选区是不准确的，因此，Photoshop 给我们提供了更好的替代工具，那就是“色彩范围”命令，可以在“选择”菜单中找到它，具体操作方法如下。

(1) 打开一幅图像，执行“选择→色彩范围”命令，即可打开“色彩范围”对话框，如图 3-60 所示。

(2) 我们可以通过设置对话框的各个选项来对选取范围实现精确的调整，在“选择”下拉列表中可以选择一种颜色范围的方式，如默认的“取样颜色”，选中此项就可以采用吸管工具来确定选取的颜色范围，方法是把鼠标移动到图像窗口单击，即可选取一定的颜色范围。其他选项还有红、绿、蓝、高光等。

(3) 同魔棒工具类似，我们可以设置相关的“颜色容差”，只需拖动滑块即可，图像选取范围的变化会在其下的预览框中显示出来。

(4) 勾选“本地化颜色簇”选项后，拖动“范围”滑块可以控制要包含在蒙版中的颜色与取样点的最大和最小距离。

(5) 预览框下方有两个单选按钮，分别是“选择范围”和“图像”。若选择“选择范围”，在预览框中则只会显示被选取的范围；若选择“图像”，则会显示整幅图像，如图 3-61 所示。

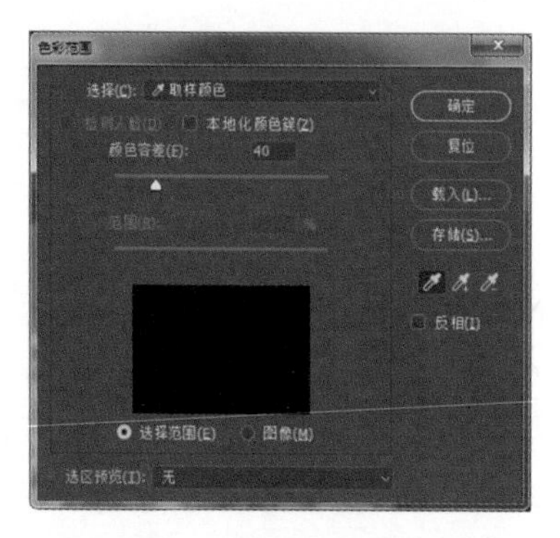

图 3-60　“色彩范围”对话框

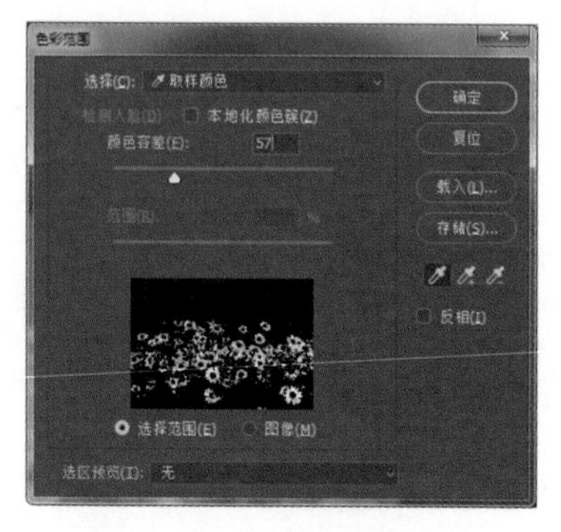

图 3-61　显示选择范围

(6) 可以看到被选中的区域为白色，未被选择的区域为黑色，灰色区域的是带有羽化效果的。若要对选取的范围进一步处理，比如进行加选或减选操作时，可使用对话框中的“添加到取样”按钮和“从取样中减去”按钮。

(7) 对话框中的“反相”复选框可实现对选取范围的反选功能，与“选择”菜单中的“反向”命令功能相同。

图 3-62　选中的部分

(8) 在“选区预览”下拉列表中，可以选择选区在图像窗口中的显示方式，包括“无”“灰度”“黑色杂边”“白色杂边”“快速蒙版”。

(9) 设置完成后，单击“确定”按钮完成范围的选取，如图 3-62 所示。

3.5　选区的修改编辑

本节针对选区的修改编辑进行介绍，主要讲解了该怎样进行移动选区、增减选区、修改选区，以及扩大选取与选取相似的操作方法。

3.5.1　移动选区

在图像窗口中创建选区后，可能选区的位置并不符合要求，尤其是对于选取比较细微的区域，此时可以适当移动选区。

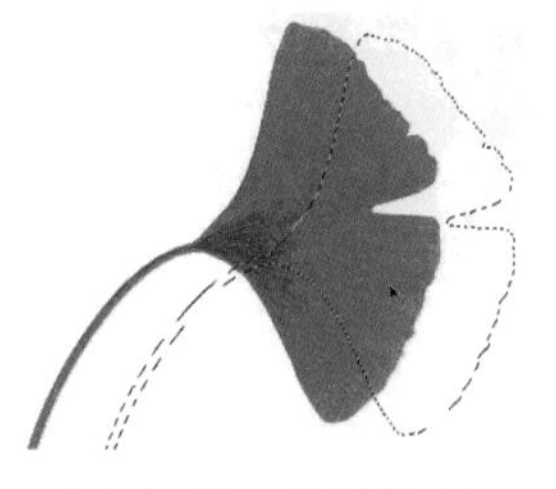

图 3-63　移动选区

移动选区的方法很简单，只要使当前工具为任意一种选取工具，然后将光标移动到选区内拖动，即可将选区移动到指定位置，如图 3-63 所示。如果需要对选区的位置进行细致调节，可以使用键盘中的方向键来完成。每按一次方向键，选区移动一个像素的距离。

移动过程中同时按住 Shift 键，可以使选区按垂直、水平或 45° 的方向进行移动。

3.5.2　增减选区

在前面已经讲到了选区的增减操作，也就是通过工具选项栏上的相应按钮来完成，在前面不论使用哪一种选取工具，都会出现 4 个增减选区的按钮，具体含义及操作可参见 3.2.1 节。

3.5.3　修改选区

通过增减选区可以实现对选区大小的修改，将选区放大或缩小，往往能够实现许多图像的特殊效果，同时也能够修改还未曾完全准确选取的范围。修改选区的命令在“选择→修改”菜单命令下，如图 3-64 所示。

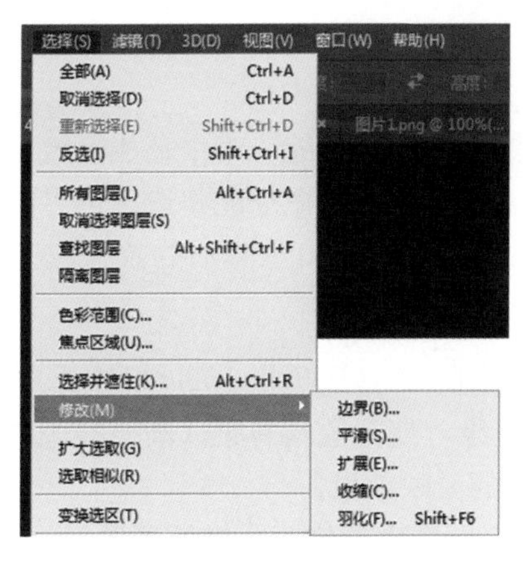

图 3-64　“修改”菜单

1. “边界”命令

在“修改”菜单中有一个“边界”命令，主要用于修改选区的边界，执行“选择→修改→边界”命令，弹出“边界选区”对话框，在“宽度”栏中设置边界的宽度值，可以用这个新的选区代替原选区；“宽度”值范围是 1 ~ 200，如图 3-65 所示是将选区边界变为

10 像素的效果。

图 3-65　修改选区边界

2. “平滑”命令

“平滑”命令可以将选区变成平滑的效果。执行“选择→修改→平滑”命令，弹出“平滑选区”对话框，在“取样半径”输入框中输入半径值，范围是 1 ~ 100，效果如图 3-66 所示。

平滑前的选区

平滑后的选区

图 3-66　平滑选区

3. “扩展”和“收缩”命令

在“修改”菜单中的“扩展”和“收缩”命令是相反效果的，“扩展”命令能将选区边界向外扩大 1 ~ 100 个像素；“收缩”命令能将选区边界向内收缩 1 ~ 100 个像素，如图 3-67 所示是将原选区进行扩展和收缩 20 像素后的效果。

4. “羽化”命令

前面在讲解创建选区时讲到了工具选项栏中的“羽化”选项，执行“修改”中的“羽化”命令，也可以羽化选区边缘，使图像具有柔软渐变的边缘，形成晕映效果。下面介绍如何使用 Photoshop 制作图像的晕映效果。

(1) 打开一幅图像文件，在图像中创建一个椭圆形选区，如图 3-68 所示。

(2) 执行“选择→修改→羽化”命令，在弹出的“羽化选区”对话框中输入“羽化半径”为 10 像素，如图 3-69 所示。

(3) 执行“编辑→拷贝”命令，复制选区内的图像。

(4) 执行“文件→新建”命令，按默认设置新建图像文件。

(5) 执行“编辑→粘贴”命令粘贴图片，得到如图 3-70 所示的羽化效果。

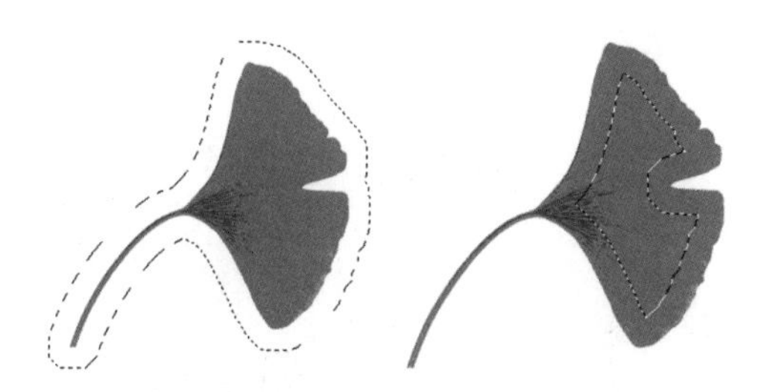

图 3-67　扩展和收缩选区

图 3-68　创建椭圆形选区

图 3-69　羽化半径

图 3-70　羽化效果

例 3.6 制作放大镜效果

扫码观看案例讲解

下面来具体说明如何通过“扩展”命令制作出放大镜放大物体的效果，操作步骤如下。

(1) 执行“文件→打开”命令，打开一幅狐狸的图像，使用椭圆选框工具选取动物的头部，如图 3-71 所示。

(2) 执行“编辑→自由变换”命令，按住 Alt+Shift 键拖动鼠标，将选区保持圆心不变等比例放大，效果如图 3-72 所示。

图 3-71　打开图像

图 3-72　将选区放大

(3) 执行“选择→修改→扩展”命令，弹出“扩展选区”对话框，设置“扩展量”为 5 个像素，如图 3-73 所示。

(4) 执行“滤镜→扭曲→球面化”命令，“数量”设置为 90%，“模式”设置为“正常”，对选区做类似放大镜的凸起效果，如图 3-74 所示。

(5) 执行“选择→修改→边界”命令，“宽度”设置为 30 个像素，形成扩边效果后，选择渐变工具，颜色从淡蓝色渐变到黄色，对选区从左上角到右下角以线性渐变方式填充选区，效果如图 3-75 所示。

图 3-73　扩展选区

图 3-74　球面化

(6) 新建图层，前景色设为黄色，使用矩形选框工具绘制一个矩形，“羽化”设为 24 个像素，在放大镜周围绘制一个窄边的矩形做手柄，并用前景色填充，如图 3-76 所示。

(7) 执行“编辑→变换→旋转”命令，将鼠标移至选区外面，调整手柄的位置，最终效果如图 3-77 所示。

图 3-75　渐变填充选区

图 3-76　绘制矩形

图 3-77　旋转效果

3.5.4　扩大选取与选取相似

“扩大选取”与“选取相似”命令可以对选区进行扩大，尤其是对于使用魔棒工具创建的选区。同样，颜色的近似程度也由魔棒工具选项栏中的“容差”值来决定。

1. 扩大选取

“扩大选取”命令用于将原有的选取范围扩大。所扩大的范围是原有的选取范围相邻和颜色相近的区域。颜色相近似的程度由魔棒工具选项栏中的“容差”值来决定。

使用魔棒工具创建选区后，执行“选择→扩大选取”命令即可扩大选区，如图 3-78 所示。

2. 选取相似

“选取相似”命令也可将原有的选取范围扩大，类似于“扩大选取”。但是，它所扩大的选择范围不限于相邻的区域，只要是图像中有近似颜色的区域都会被涵盖，在图 3-78 左侧选区的基础上使用“选取相似”命令，效果如图 3-79 所示。

图 3-78　扩大选取

图 3-79　选取相似

3.5.5　变换选区

Photoshop CC 不仅能够对整个图像、某个图层或者是某个选取范围内的图像进行旋转、翻转和自由变换处理，而且还能够对选取范围进行任意的旋转、翻转和自由变换。

1. 选区的自由变换

对选区的自由变换包括对范围的大小、倾斜角度、扭曲状况等进行调整，执行“编辑→变换选区”命令，便可进入自由变换状态，鼠标指针指向图像便可移动图像或改变大小，具体操作如下。

打开图像，选取一个范围，然后执行“选择→变换选区”命令，进入自由变换状态，显示编辑框，如图 3-80 所示。

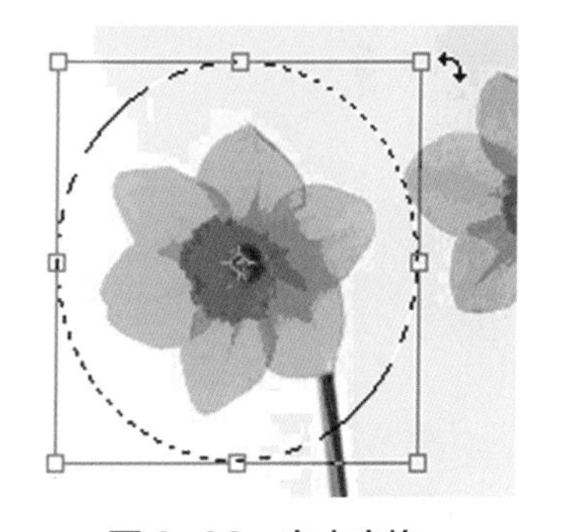

图 3-80　自由变换

此时在工具选项栏显示自由变换选项，用于设定变换的方式，如图 3-81 所示。

图 3-81　自由变换选项栏

此时进入选取范围的自由变换状态，在图像窗口中右击，出现子菜单，如图 3-82 所示。从中选择变换的方式，例如，选择“扭曲”，拖动边角即可对图像进行扭曲，如图 3-83 所示。

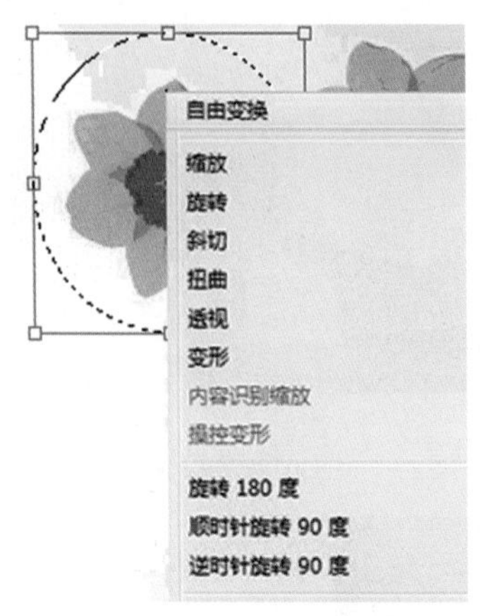

图 3-82　右键菜单

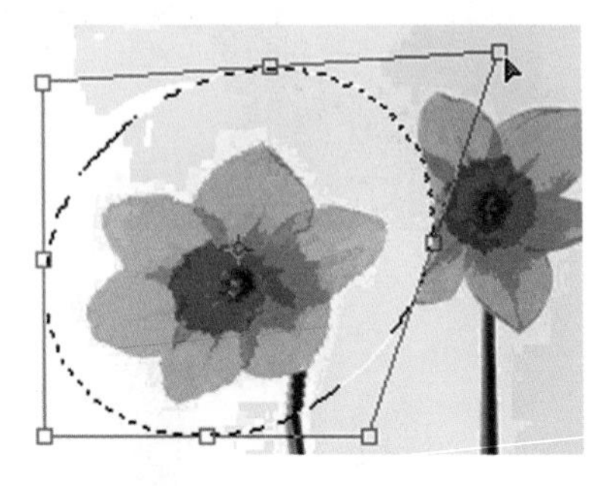

图 3-83　扭曲图像

2. 选区的变换

除了对选区的自由变换外，在“变换”子菜单中还提供了变换的命令，执行“编辑→变换”命令，从中选择变换的方式，如图 3-84 所示，具体介绍如下。

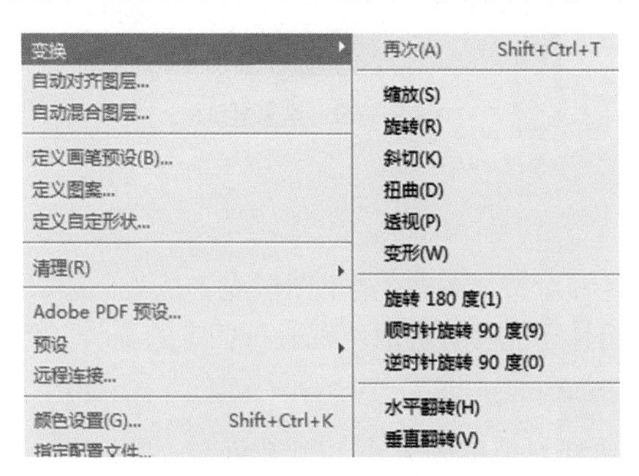

图 3-84　变换方式

- “缩放”：调整选取范围的长宽比和尺寸比例。
- “旋转”：选取此命令时，将鼠标指针指向选区外面，等光标变成弯曲的双向箭头后按顺时针或逆时针方向旋转。
- “斜切”：用于对选区的倾斜变换，鼠标指向边框的中点拖动即可。
- “扭曲”：该命令可用于对选区的自由调整，将鼠标指向选区的边角拖动即可。
- “透视”：拖动边角可产生一定形状的梯形。
- “变形”：选择此项后，将以网格的形式对图像进行分解，拖动分解的每个网格点即可变形图像的局部。

注意

在“编辑→变换”子菜单中的命令与前面所讲的右键菜单命令相同。需要注意的是，只有在自由变换或变换状态下，右击才能出现如图 3-82 所示的菜单命令。

例 3.7 制作投影效果

扫码观看案例讲解

下面通过举例来说明如何通过变换选区制作投影，具体操作步骤如下。

(1) 打开素材中的背景图片，将主体拖到打开的背景图片中，如图 3-85 所示。

(2) 调整图片大小，按 Enter 键确定变换，如图 3-86 所示。

图 3-85 移动图片

图 3-86 调整图片大小

(3) 按 Ctrl+J 快捷键复制图层 2，选中图层 2，右击选择“栅格化图层”命令。按住 Ctrl 键单击图层 2 的图层缩略图，调取选区，如图 3-87 所示。

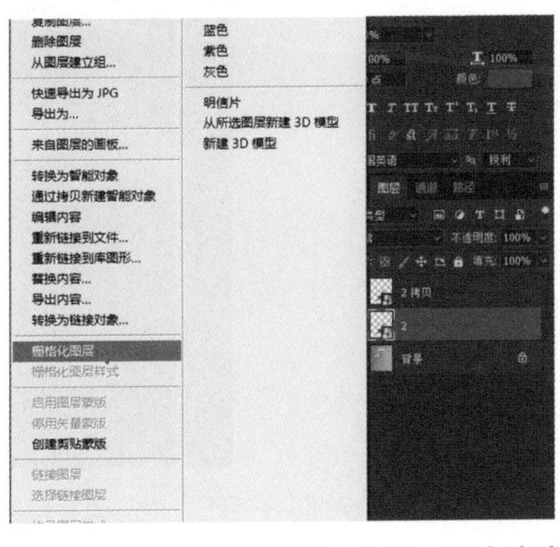

图 3-87 自由变换调整大小

(4) 选择“编辑→填充”给图层 2 填充颜色，灰色作为背景，如图 3-88 所示。

(5) 按 Ctrl+T 快捷键变换选区，在选区内右击，在弹出的菜单中选择“斜切”命令，如图 3-89 所示。拖动选区右上角制作投影，按 Enter 键确定变换。最后，按 Ctrl+D 快捷键取消选区，效果如图 3-90 所示。

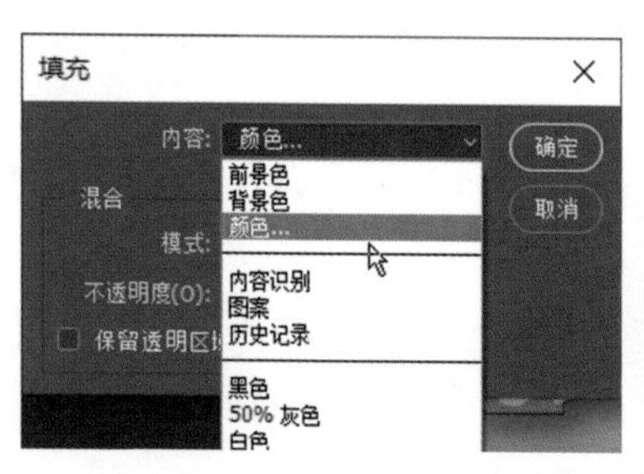

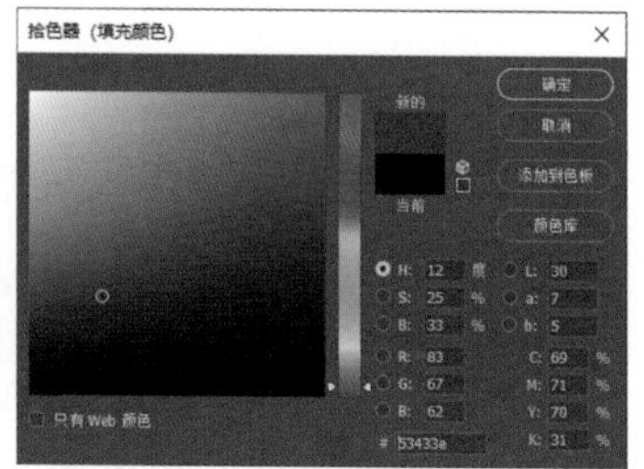

图 3-88　填充颜色

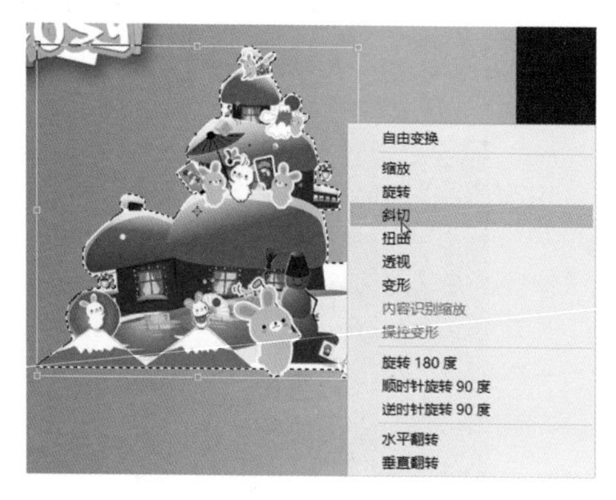

图 3-89　斜切

图 3-90　效果图

3.5.6　选择并遮住

执行“选择→选择并遮住”命令，弹出“选择并遮住”对话框，如图 3-91 所示。其中的所有命令均用于调整选区的边缘效果，具体含义如下所示。

- “半径”：通过设置“半径”参数可以改善包含柔化过渡或细节区域中的边缘。
- “对比度”：使用“对比度”可以使柔化边缘变得犀利，并去除选区边缘模糊的不自然感。
- “平滑”：可以去除选区边缘的锯齿状边缘，使用“半径”可以恢复一些细节。
- “羽化”：可以使用平均模糊柔化选区的边缘。
- “移动边缘”：减小可以收缩选区边缘，反之，增大可以扩展选区边缘。

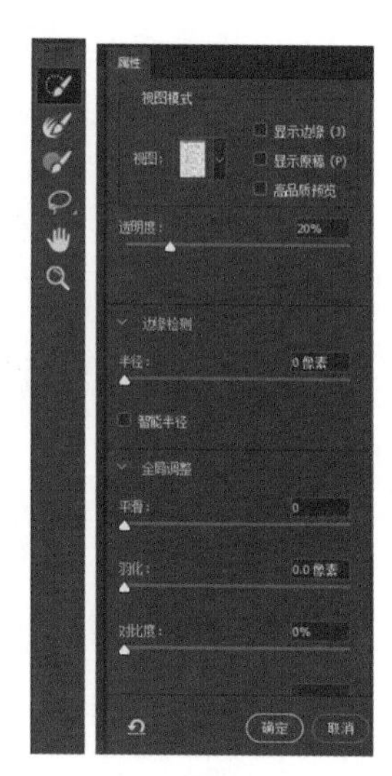

图 3-91　“选择并遮住”属性界面

3.5.7　选区的填充与描边

创建选区之后，选区是以虚线的闪亮形式显示。为了使选区在取消之后，轮廓依然能够显示出来，可以对其进行填充或沿着选区的边缘进行描边。

1. 选区填充

对选区可以进行颜色或图案的填充，操作之前先确定选取范围，选择“编辑→填充”命令，打开“填充”对话框，如图 3-92 所示。从中可以设置填充的内容以及混合模式，具体操作步骤如下。

(1) 在“填充”对话框的“内容”下拉列表中，选择填充的内容，包括前景色、背景色、颜色、图案、历史记录、黑色、50% 灰色、白色等，如图 3-93 所示。

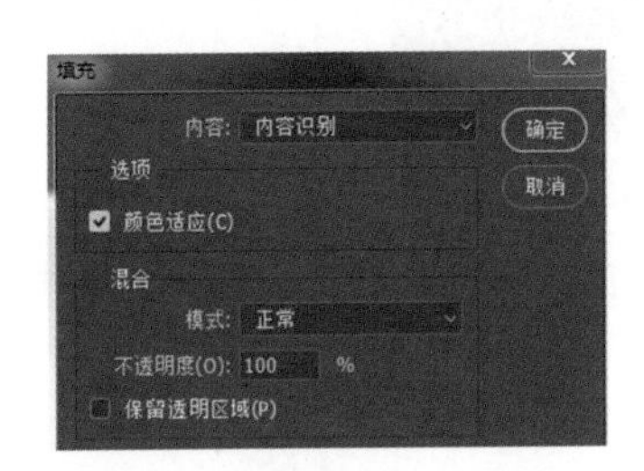

图 3-92 “填充”对话框

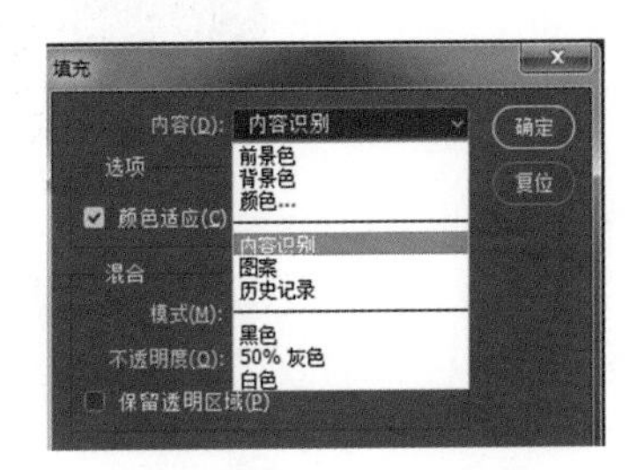

图 3-93 填充的内容

若选择“图案”选项，则此下方的“自定图案”选项变为可选，从中可以选择填充的图案。系统提供了多种图案类型，用户也可以通过“编辑→定义图案”命令自定义图案，自定义的图案也会显示在此。

(2) 在“混合”区域中设置填充的混合显示效果，包括混合模式、不透明度，以及是否保留透明区域选项，效果如图 3-94 所示。

2. 选区描边

除了对选区进行填充之外，还可以沿着选区的边缘进行描边。描边后，即使取消选区也可以看到原选区的轮廓，具体操作如下。

(1) 创建选区，或选取需要描边的部分，执行“编辑→描边”命令，弹出“描边”对话框，如图 3-95 所示。

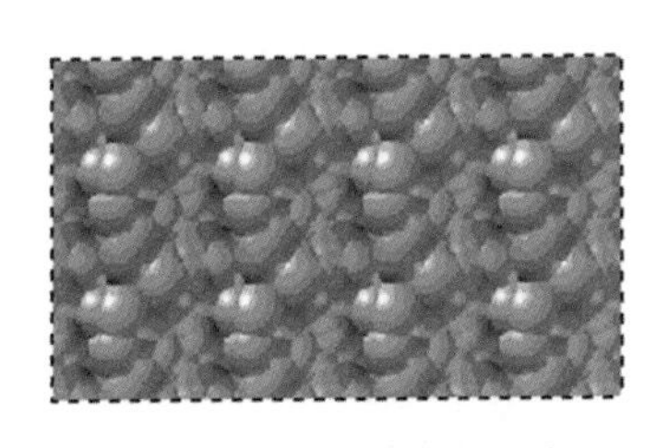

图 3-94 设置混合方式

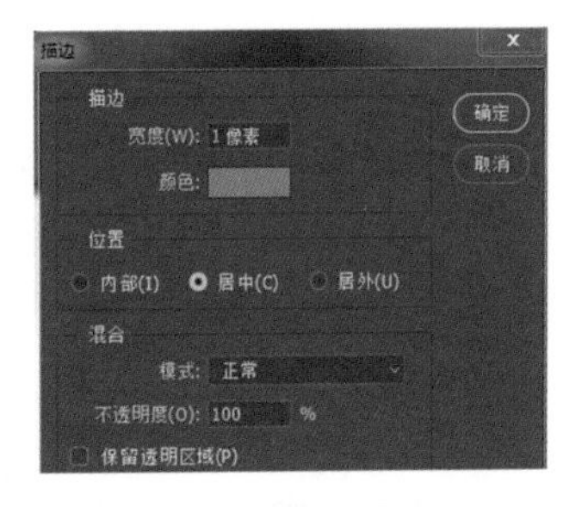

图 3-95 “描边”对话框

(2) 在“描边”区域中设置宽度及颜色。在“宽度”文本框中输入数值；单击“颜色”后的色块，弹出“拾色器”对话框，从中选择描边的颜色，如图 3-96 所示。

图 3-96　设置描边颜色

(3) 在“位置”区域中设置描边颜色位于选区的位置，分别为“内部”“居中”“居外”三个选项，每种位置的效果如图 3-97 所示。

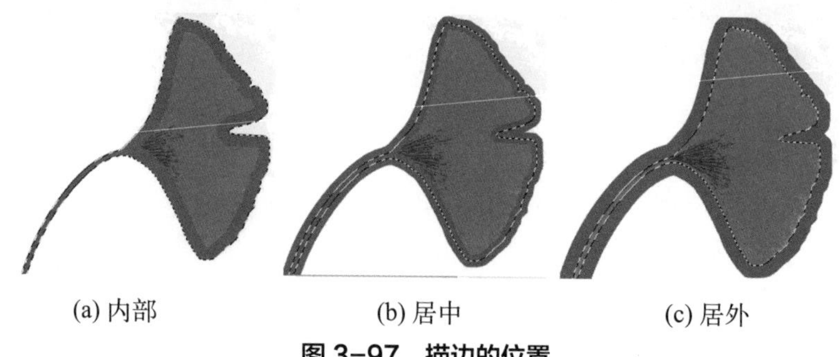

(a) 内部　　(b) 居中　　(c) 居外

图 3-97　描边的位置

(4) 与填充类似，在“混合”区域中设置描边颜色的混合模式，设置完成后单击“确定”按钮即可。

3.5.8　课程案例

例 3.8　课程案例：婴儿海报

扫码观看案例讲解

下面举例说明如何通过对选区的编辑来完成婴儿海报的制作，具体操作步骤如下。

(1) 执行“文件→打开”命令，将婴儿图片置入操作界面中，如图 3-98 所示。使用磁性套索工具围绕小孩边缘将小孩选中，如图 3-99 所示。

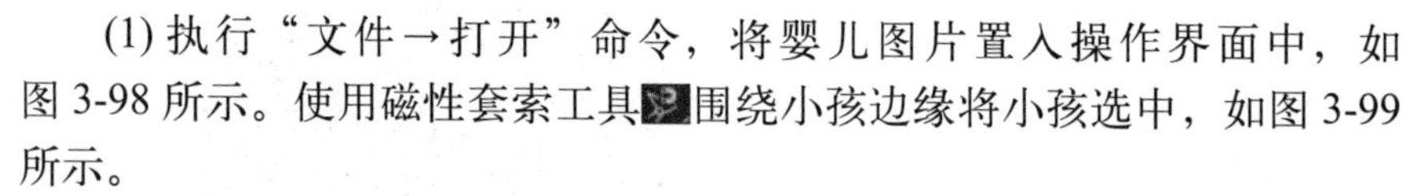

(2) 执行“选择→修改→平滑”命令，打开“平滑选区”对话框。改变“取样半径”来设置选区的平滑范围，如图 3-100 所示为平滑结果。按 Ctrl+O 快捷键，打开背景文件，如图 3-101 所示。

(3) 选择移动工具将小孩移动到背景图片中，按 Ctrl+T 快捷键对小孩进行大小和位置的变换，如图 3-102 所示。

(4) 按住 Ctrl 键同时鼠标单击婴儿图层的缩略图，调取选区。执行“选择→修改→扩展”命令，打开“扩展选区”对话框，将扩展量设为 6 像素，效果如图 3-103 所示。

图 3-98　打开图片

图 3-99　使用磁性套索工具

图 3-100　平滑效果

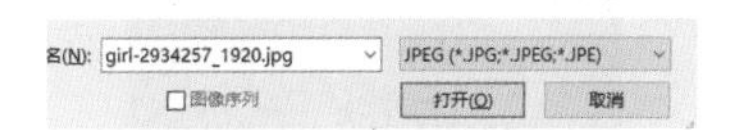

图 3-101　打开背景文件

图 3-102　移动婴儿调整位置

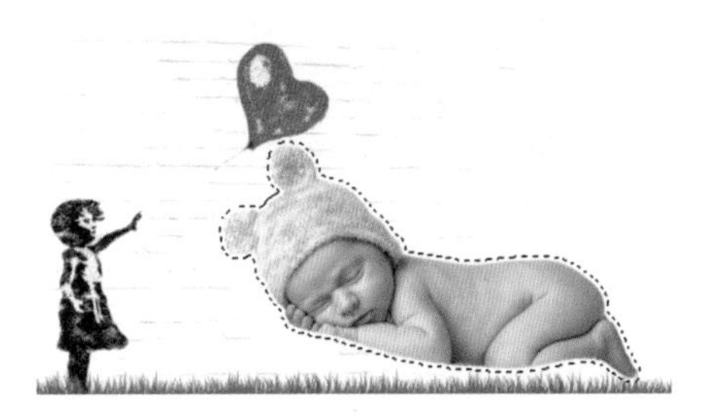

图 3-103　执行扩展选区

(5) 执行“编辑→描边”命令，将“宽度”设为 4 像素，“颜色”设为黑色，“位置”设置为“居外”，单击“确定”按钮为婴儿描边，按 Ctrl+D 取消选区，如图 3-104、图 3-105 所示。

图 3-104　描边

图 3-105　描边效果

(6)新建图层，选择椭圆选框工具，在婴儿下方位置圈出椭圆选区。执行"编辑→填充"命令，打开"填充"对话框，颜色选择黑色，不透明度设为"33%"，单击"确定"按钮，按 Ctrl+D 取消选区，如图 3-106、图 3-107 所示。

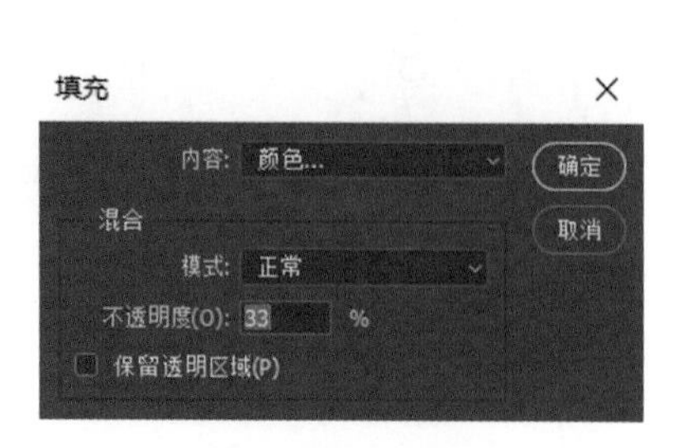

图 3-106 填充

图 3-107 填充效果

(7) 在"图层"面板中将椭圆图层移到婴儿图层下面。选择横排文字工具，在婴儿上方输入 BABY DREAM，如图 3-108、图 3-109 所示。

图 3-108 "图层"面板

图 3-109 最终效果

3.6 选区的存储与载入

在使用完一个选区后，可以将它保存起来，以备重复使用。保存后的选区范围将成为一个蒙版显示在"通道"面板中，当需要时可以从"通道"面板中载入。

1. 存储选区

(1) 创建一个选区，执行"选择→存储选区"命令，弹出"存储选区"对话框，如图 3-110 所示。具体介绍如下。

- "文档"：保存选区范围时的文件位置，默认为当前图像文件。
- "通道"：为选区范围选取一个目的通道，默认情况下选区范围被存储在新通道中。
- "名称"：设定新通道的名称。该文本框只有在"通道"下拉列表中选择了"新建"选项时才有效。
- "操作"：设定保存时的选区范围和原有的选区范围之间的组合关系，默认为"新建通道"选项。

(2) 设置完成后单击“确定”按钮，此时在“通道”面板中可以看到存储的选区，如图 3-111 所示。

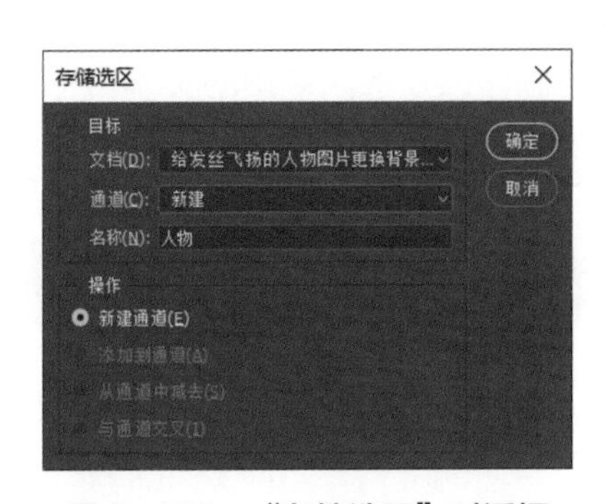

图 3-110　“存储选区”对话框

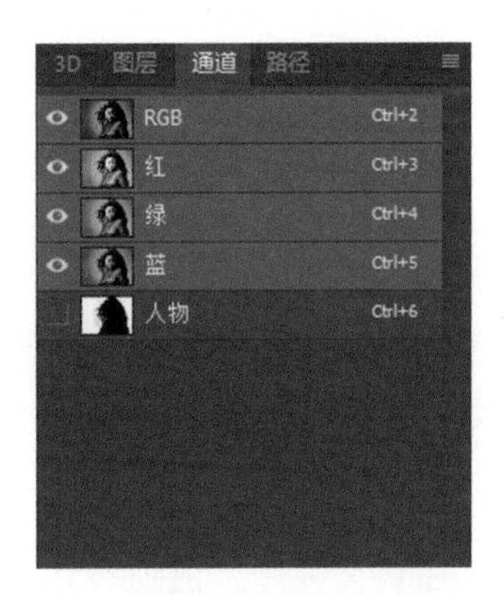

图 3-1111　存储在“通道”面板中的选区

2. 载入选区

在存储选区之后，用户会进行一些别的操作，此时原来创建的选区已经取消，当再次需要之前的选区时，可重新载入选区。

(1) 执行“选择→载入选区”命令，弹出“载入选区”对话框，从中选择存储的选区名称，如图 3-112 所示。具体介绍如下。

- “文档”：选择图像文件名，即从哪一个图像中安装进来。
- “通道”：选择通道名称，即选择安装哪一个通道中的选区范围。
- “反相”：选中该复选框，则将选区范围反选。
- “操作”：选择载入方式，默认为“新建选区”，其他选项只有在图像上已有选区内可以使用。

(2) 设置载入的选区后，单击“确定”按钮，此时在图像窗口中将再出现原来存储的选区，如图 3-113 所示。

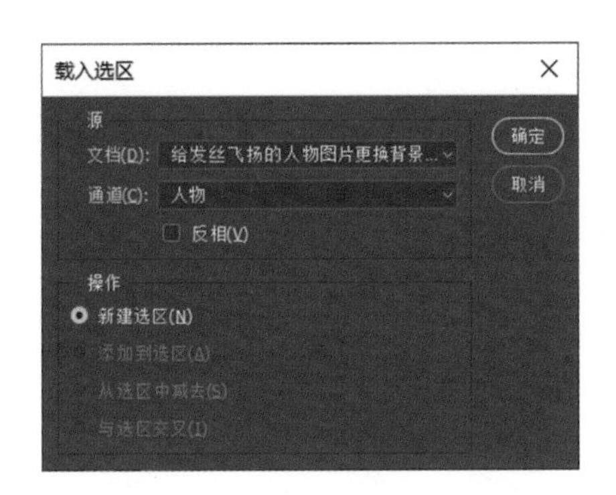

图 3-112　“载入选区”对话框

图 3-113　载入选区

3.7 本章小结

本章主要介绍了创建、编辑选区的基本操作。通过对本章的学习，读者可以在图像中选择不同形状的选区范围，并对选区范围进行缩放、旋转、翻转、自由变换以及安装和保存选区范围等操作。此外，本章还介绍了羽化效果的制作以及选区应用的实例，可使读者进一步熟悉创建、编辑选区的基本操作。

3.8 课后习题

一、选择题

1. 在下面的表述中，正确的说法有（　　）。
   A. 使用矩形选框工具，按住 Shift 键，可以从中心拖出正方形选区
   B. 使用椭圆选框工具，按住 Shift 键，可以从中心拖出圆形选区
   C. 使用矩形选框工具，按住 Shift+Alt 键，可以从中心拖出正方形选区
   D. 使用椭圆选框工具，按住 Ctrl+Alt 键，可以从中心拖出圆形选区
2. 关于羽化的解释正确的有（　　）。
   A. 羽化就是使选区的边界变成柔和效果
   B. 羽化就是使选区的边界变得更平滑
   C. 如果向羽化后的选区内填充一种颜色，其边界是清晰的
   D. 羽化后选区中的内容，如果粘贴到别的图像中，其边缘会变得模糊
3. 对于磁性套索工具，我们可以设置的选项有（　　）。
   A. 羽化　　B. 消除锯齿　　C. 容差　　D. 频率
4. （　　）命令或工具依赖于容差值设置。
   A. 扩展　　B. 反差　　C. 颜色范围　　D. 魔棒工具
5. 下列说法正确的有（　　）。
   A. 可对做完的选区进行编辑
   B. 只能在进行选区之前，在工具选项栏中设置羽化值
   C. 只有在进行选区之后，才能对选区进行羽化
   D. 以上 B 和 C 的说法都不正确
6. 下列关于选择工具说法正确的有（　　）。
   A. 单击选择工具会出现相应的工具选项栏
   B. 双击选择工具会出现相应的工具选项栏
   C. 在选择工具上右击会弹出菜单供选择
   D. 以上说法都正确
7. 在进行选区时如果按住 Shift 键，可以（　　）。
   A. 画出一正圆选区　　B. 画出一正方形选区
   C. 画出一椭圆选区　　D. 画出一正多边形选区

8. 选取相似颜色的连续区域的操作是（　　）。

A. 增长　　B. 相似　　C. 魔棒　　D. 自由套索

二、填空题

1. 选框工具是 Photoshop 中最基本、最简单的选择工具，主要用于创建简单的选区以及图形的拼接、剪裁等。使用该工具可以选择 4 种形状的范围：（　　）、（　　）、（　　）和（　　）。

2.（　　）是用于选取圆形或椭圆形选区的工具。

3.（　　）与选框工具不同的是用于不规则图像及手绘线段的选择，其中包括 3 种工具：（　　）工具、（　　）工具和（　　）工具。

4.（　　）工具主要功能是选取范围。在进行选取时，工具能够选择出颜色相同或相近的区域。

5. 魔棒工具和快速选择工具都是非常有用的工具，但是通过目测来划分颜色选区是不准确的，因此 Photoshop 给我们提供了更好的替代方法，那就是（　　）命令。

6. 除了对选区的自由变换外，在“变换”子菜单中还提供了变换的命令，其中包括（　　）、（　　）、（　　）、（　　）、（　　）、（　　）6 种。

三、综合实例

利用本章内容，结合素材制作婚礼现场的海报，如图 3-114 所示。

扫码观看案例讲解

图 3-114　婚礼海报效果图

第 4 章 绘图工具的应用

利用工具进行绘图是 Photoshop 的重要功能之一，Photoshop 提供了画笔工具和铅笔工具，在平面设计中会经常用到这些绘图工具。默认情况下，画笔工具创建颜色的柔描边，而铅笔工具则创建硬边手绘线。本章主要讲解画笔、铅笔、油漆桶、渐变等绘图工具的使用方法，以及几种不同的填充方式。

学习目标

- 了解画笔、铅笔、油漆桶、渐变等绘图工具的使用方法
- 了解几种不同的填充方式
- 能够比较几种不同的填充方式，并说出它们之间的联系和区别

4.1 画笔工具

画笔工具用于更改像素的颜色，在 Photoshop 中，画笔工具组中包括四个工具，如图 4-1 所示，分别为画笔工具、铅笔工具、颜色替换工具、混合器画笔工具，下面讲解几种应用方法。

图 4-1 画笔工具

4.1.1 画笔工具选项

1. 使用步骤

使用画笔工具的基本操作步骤如下。

(1) 首先指定前景色，因为画笔使用的颜色为前景色所显示的颜色。单击工具箱中的“前景色”按钮，弹出“拾色器 (前景色)”对话框，选择所需的颜色，如图 4-2 所示。

(2) 单击工具箱中的画笔工具，此时在菜单栏下显示画笔工具选项栏。

(3) 在画笔工具选项栏中单击“画笔”右侧的下三角按钮，如图 4-3 所示，从中可以选择不同类型和不同大小的画笔。

图 4-2 设置前景色

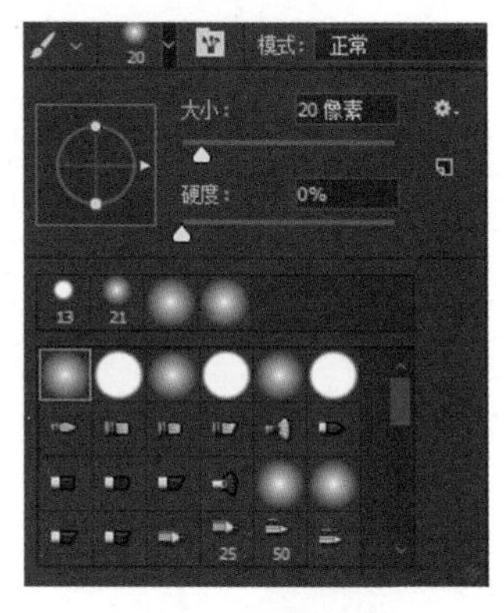

图 4-3 选择画笔

(4) 在图像文件中拖曳鼠标进行绘画，如图 4-4 所示。

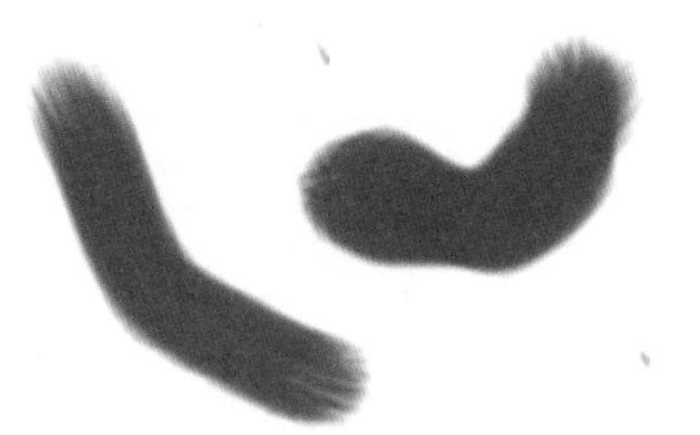

图 4-4 使用画笔绘画

注意

要绘制直线，可按住 Shift 键并拖动鼠标，这样绘制出来的即为直线。

2. 选项栏介绍

利用画笔工具可以绘制边缘柔和的线条，画笔的大小、边缘柔和幅度都可以灵活调节。在工具选项栏中可以设置以下相关参数，如图 4-5 所示。

图 4-5　画笔工具选项栏

(1) 画笔：单击工具选项栏上的“画笔”下拉按钮，在打开的面板中可以设置画笔的大小和硬度。单击右上角的设置按钮，弹出下拉菜单，如图 4-6 所示。

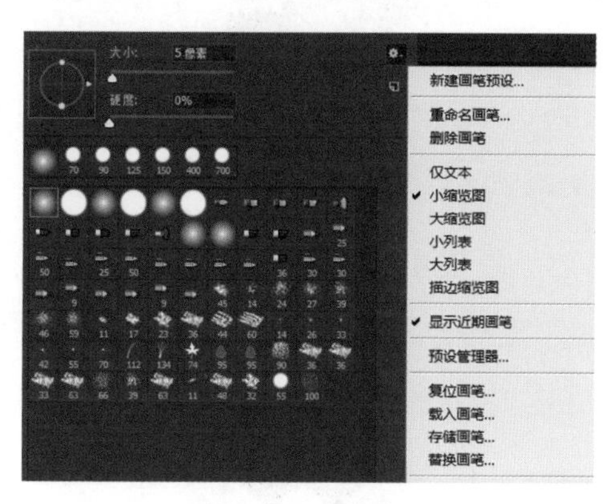

图 4-6　设置菜单

- “新建画笔预设”：建立新画笔。
- “重命名画笔”：重新命名画笔。
- “删除画笔”：删除当前选中的画笔。
- “仅文本”：以文字描述方式显示画笔选择面板。
- “小缩览图”：以小图标的方式显示画笔选择面板。
- “大缩览图”：以大图标的方式显示画笔选择面板。
- “小列表”：以小文字和图标列表方式显示画笔选择面板。
- “大列表”：以大文字和图标列表方式显示画笔选择面板。
- “描边缩览图”：以画笔笔尖形状方式显示画笔选择面板。
- “预设管理器”：在弹出的“预设管理器”对话框中编辑画笔。
- “复位画笔”：恢复默认状态的画笔。
- “载入画笔”：将存储的画笔载入面板。
- “存储画笔”：将当前的画笔进行存储。
- “替换画笔”：载入新画笔并替换当前画笔。

(2) 模式：设置绘图的像素和图像之间的混合方式。单击“模式”右侧的绘画模式，在弹出的下拉列表中选择所需的混合模式。

(3) 不透明度：设置画笔绘制的不透明度。数值范围在 0~100% 之间，数值越大，不透明度就越高。将不透明度设置为 100% 绘制树叶，效果如图 4-7 所示，将不透明度设置为 50% 绘制树叶，效果如图 4-8 所示。

(4) 流量：设置笔触颜色的流出量，即画笔颜色的深浅。数值范围在 0~100% 之间，值为 100% 时，绘制的颜色最浓，值小于 100% 时，绘制的颜色变浅，值越小颜色越浅。如图 4-9 所示为 100% 时的效果，如图 4-10 所示为 50% 时的效果。

(5) 喷枪：设置画笔油彩的流出量。单击“喷枪”按钮，启用喷枪工具，喷枪会在绘制的过程中表现其特点，即画笔在画面停留的时间越长，喷射的范围就越大，如图 4-11 所示为未启用喷枪，如图 4-12 所示为启用喷枪。

图 4-7　不透明度 100%

图 4-8　不透明度 50%

图 4-9　流量 100%

图 4-10　流量 50%

图 4-11　未启用喷枪

图 4-12　启用喷枪

(6) 光笔压力：用来设置绘图板的画笔压力。该项只有安装了绘图板和驱动程序才变为可选。

4.1.2　“画笔”面板

使用“画笔”面板可以对笔触外观进行更多的设置。在“画笔”面板内不仅可以对画笔的尺寸、形状和旋转角度等基础参数进行设置，还可以为画笔设置多种特殊的外观效果。

执行“窗口→画笔”命令，或单击工具选项栏中的“切换画笔面板”按钮，打开“画笔”面板，如图 4-13 所示。各功能介绍如下。

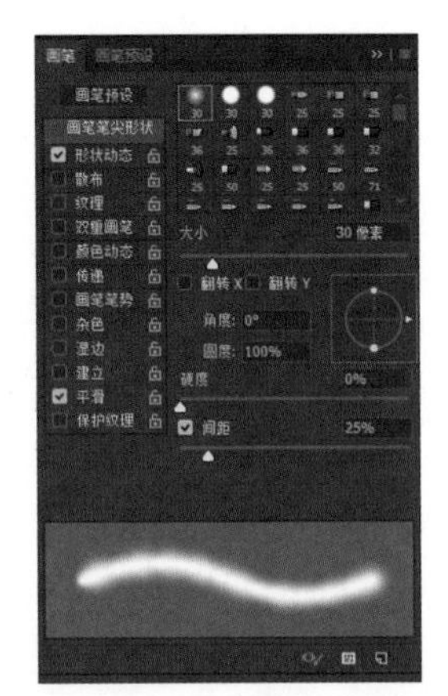

图 4-13　“画笔”面板

- “画笔预设”：单击“画笔预设”按钮，可以打开“画笔预设”面板。
- 画笔设置：单击“画笔”面板中的选项，面板中会显示该选项的详细设置内容，它们用来改变画笔的角度、圆度，以及为其添加纹理、颜色动态等变量。
- “锁定 / 未锁定”：显示锁定图标时，表示当前画笔的笔尖形状属性（形状动态、散布、纹理等）为锁定状态。

单击该图标即可取消锁定。

- “选中的画笔笔尖”：当前选择的画笔笔尖。
- “画笔笔尖 / 画笔描边预览”：显示了 Photoshop 提供的预设画笔笔尖。选择一个笔尖后，可在“画笔描边预览”选项中预览该笔尖的形状。
- “画笔参数选项”：用来调整画笔的参数。
- “显示画笔样式”：使用毛刷笔尖时，在窗口中显示笔尖样式。
- “打开预设管理器”：单击按钮，可以打开“预设管理器”对话框。
- “创建新画笔”：如果对一个预设的画笔进行了调整，可单击画笔面板下方的“创建新画笔”按钮，将其保存为一个新的预设画笔。

注意

按 F5 键，也可以打开“画笔”面板。

4.1.3 笔尖形状设置

1. 画笔笔尖形状

在“画笔”面板的左侧属性选项区，选择“画笔笔尖形状”选项，在面板的右侧会显示画笔笔尖形状的相关参数设置选项，包括直径、角度、圆度、翻转和间距等参数设置，如图 4-14 所示。

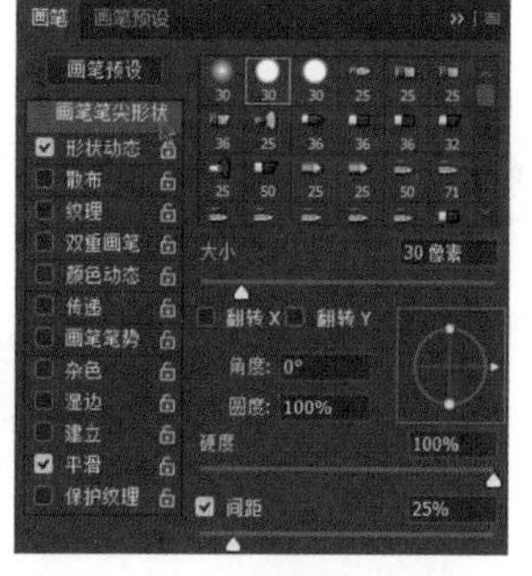

图 4-14 “画笔笔尖形状”选项

- “大小”：调整画笔笔触的大小，可以通过拖动下方的滑块修改，也可以在文本框中输入数值来修改。数值越大，笔触越粗。
- “翻转 X”“翻转 Y”：控制画笔笔尖的水平、垂直翻转。选择“翻转 X”复选框，将画笔笔尖水平翻转；选择“翻转 Y”复选框，将画笔笔尖垂直翻转，如图 4-15 所示为画笔原始笔尖、水平翻转、垂直翻转，以及水平、垂直都翻转的效果。

(a) 原始画笔

(b) 水平翻转

(c) 垂直翻转

(d) 水平、垂直翻转

图 4-15 翻转 X 和翻转 Y

- “角度”：设置笔尖的绘画角度，可以在文本框中输入数值，也可以在右侧的坐标上拖曳鼠标进行更为直观的调整，如图 4-16 所示为不同角度的画笔。

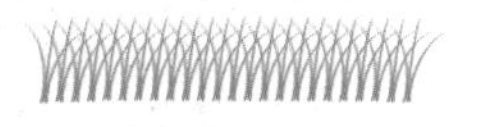

(a) 角度为 0°

(b) 角度为 40°

图 4-16 角度

- “圆度”：设置笔尖的圆形程度。在文本框中输入数值，也可以在右侧的坐标上拖曳鼠标修改笔尖的圆度。当值为 100% 时，笔尖为圆形；值小于 100% 时，笔尖为椭圆形，如图 4-17 所示。

(a) 圆度为 100%　　(b) 圆度为 50%

图 4-17　圆度

- “硬度”：设置画笔笔触边缘的柔和程度。在文本框中输入数值，也可以通过拖动滑块修改笔触硬度，值越大，边缘越硬，如图 4-18 所示。

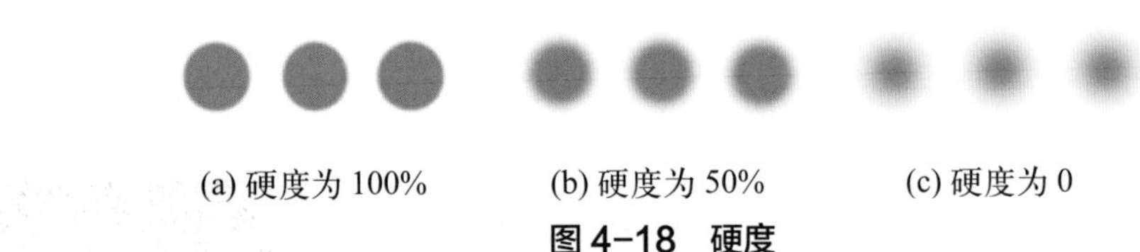

(a) 硬度为 100%　　(b) 硬度为 50%　　(c) 硬度为 0

图 4-18　硬度

- “间距”：设置画笔笔触间的间距大小。值越小，所绘制的形状间距越小。选择的画笔不同，其间距的默认值也不同，如图 4-19 所示。

(a) 间距为 25%　　(b) 间距为 75%　　(c) 间距为 100%

图 4-19　“间距”

2. 形状动态

在“画笔”面板的选项区，选择“形状动态”复选框，在面板的右侧将显示画笔笔尖形状动态的相关参数设置选项，包括大小抖动、角度抖动和圆度抖动等，如图 4-20 所示。

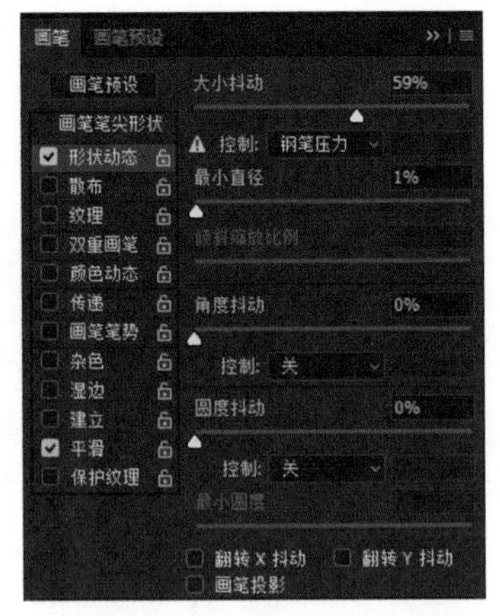

图 4-20　“形状动态”选项

- “大小抖动”：设置画笔笔触绘制的大小变化效果。值越大，大小变化越大，如图 4-21 所示。在“控制”下拉列表中可以选择抖动的改变方式，选择“关”，表示不控制画笔笔迹的大小变化；选择“渐隐”，可按照指定数量的步长在初始直径和最小直径之间渐隐画笔笔迹的大小，使笔迹产生逐渐淡出的效果；如果计算机配置有数位板，则可以选择“钢笔压力”“钢笔斜度”“光笔轮”和“旋转”选项，根据钢笔的压力、斜度、钢笔拇指轮位置或钢笔的旋转来改变初始直径和最小直径之间的画笔笔迹大小。

(a) 抖动值为 0　　(b) 抖动值为 100%

图 4-21　大小抖动

- “最小直径”：设置画笔笔触的最小显示直径。该值越高，笔尖直径的变化越小。
- “倾斜缩放比例”：在“控制”选项中选择了“钢笔斜度”命令后，利用此选项，可设置画笔笔触的倾斜缩放比例大小。
- “角度抖动”：设置画笔笔触的角度变化程度。值越大，角度变化越大。如果要指定画笔角度的改变方式，可在“控制”下拉列表中选择一个选项，如图 4-22 所示。

(a) 抖动值为 0　(b) 抖动值为 20%　(c) 抖动值为 60%　(d) 抖动值为 100%

图 4-22　角度抖动

- “圆度抖动”：设置画笔笔触的圆角变化程度。值越大，形状越扁平。可在“控制”下拉列表中选择一种角度的变化方式，如图 4-23 所示。

(a) 抖动值为 0　　(b) 抖动值为 100%

图 4-23　圆度抖动

- “最小圆度”：设置画笔笔触的最小圆度值。当使用“圆度抖动”时，该选项才能使用。值越大，圆度抖动的变化程度越大。
- “翻转 X 抖动”和“翻转 Y 抖动”：前面讲的“翻转 X”“翻转 Y”用法相似，不同的是此处在翻转时不是全部翻转，而是随机性地翻转。

3. 散布

画笔散布选项设置可确定在绘制过程中画笔笔迹的数目和位置。在“画笔”面板的属性选项区中选择“散布”复选框，在面板右侧将显示画笔笔尖散布的相关参数设置选项，包括散布、数量和数量抖动等参数项，如图 4-24 所示。

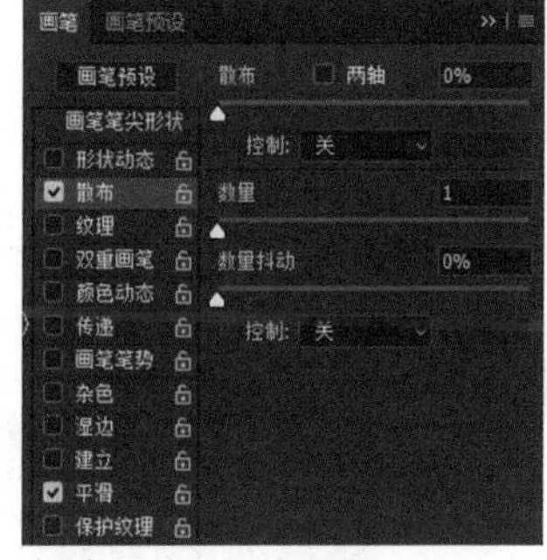

图 4-24　“散布”选项

- “散布”：设置画笔笔迹在绘制过程中的分布方式，该值越大，分散的范围越广。如果勾选“两轴”复选框，画笔笔迹将以中间为基准，向两侧分散。在“控制”下拉列表中可以设置画笔笔迹散布的变化方式，交果如图 4-25 所示。
- “数量”：设置在每个间距间隔应用的画笔笔迹散布数量。如果在不增加间距值或散布值的情况下增加数量，绘画性能可能会降低，效果如图 4-26 所示。
- “数量抖动”：设置在每个间距间隔中应用的画笔笔迹散布的变化百分比。在“控制”下拉列表中可以设置以任何方式来控制画笔笔迹的数量变化，效果如图 4-27 所示。

(a) 散布前的效果　　(b) 散布后的效果

图 4-25　散布

(a) 数量为 1　　(b) 数量为 4

图 4-26　数量

(a) 数量抖动为 0　　(b) 数量抖动为 100%

图 4-27　数量抖动

4. 纹理

纹理画笔利用图案使描边看起来像是在带纹理的画布上绘制的一样，产生明显的纹理效果。在“画笔”面板的属性选项区，勾选“纹理”复选框，在面板的右侧显示纹理的相关参数设置选项，包括缩放、模式、深度、最小深度和深度抖动等参数项，如图 4-28 所示。

- “图案拾色器”：单击“图案拾色器”按钮，将打开“图案”面板，从中可以选择所需的图案，也可以通过“图案”面板菜单，打开更多的图案，如图 4-29、图 4-30 所示。

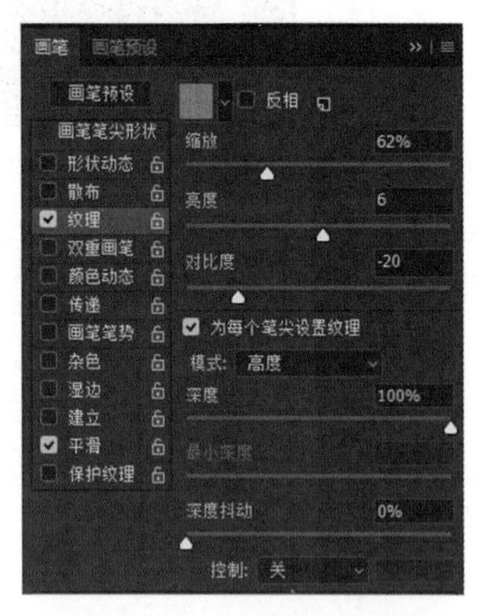

图 4-28　“纹理”选项

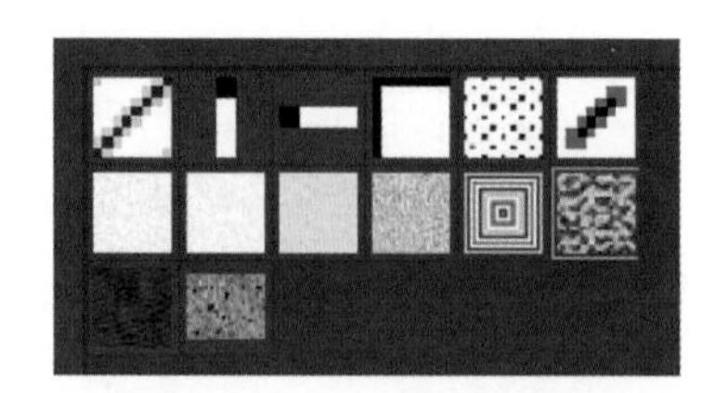

图 4-29　“图案”面板

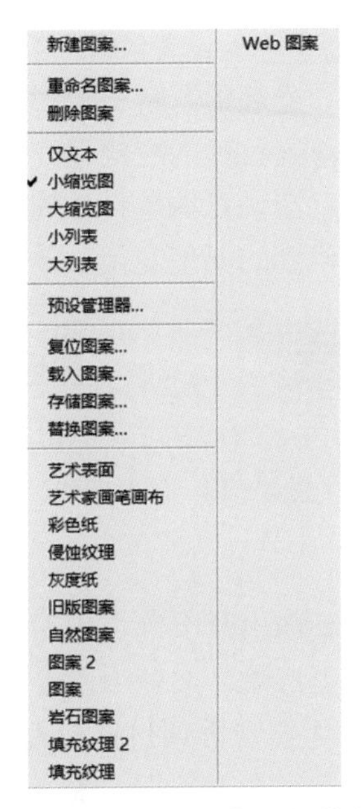

图 4-30 “图案”面板菜单

- “反相”：勾选该复选框，图案中的明暗区域将进行反转。图案中的最亮区域转换为暗区域，最暗区域转换为最亮区域。
- “缩放”：设置图案的缩放比例，输入数字或拖动滑块可改变图案大小的百分比值，效果如图 4-31 所示。

(a) 缩放为 50%

(b) 缩放为 100%

图 4-31 缩放

- “亮度”：设置图案的亮度。
- “对比度”：设置图案的对比度。
- “为每个笔尖设置纹理”：勾选该复选框，在绘图时为每个笔尖都应用纹理；如果撤销勾选，则无法使用“最小深度”和“深度抖动”命令。
- “模式”：设置画笔和图案的混合模式。不同的模式，可以绘制出不同的混合笔迹效果。
- “深度”：设置油彩渗入纹理中的深度。输入数字或拖动滑块可调整渗入的深度。值为 0% 时，纹理中的所有点都接收相同数量的油彩，进而隐藏图案；值为 100% 时，纹理中的暗点不接收任何油彩，如图 4-32 所示。

(a) 深度为 1%

(b) 深度为 7%

图 4-32 深度

- “最小深度”：当勾选“为每个笔尖设置纹理”复选框并且“控制”设置为“渐隐”“钢笔压力”“钢笔斜度”或“光笔轮”时，油彩可渗入纹理的最小深度。
- “深度抖动”：设置图案渗入纹理的变化程度。当勾选“为每个笔尖设置纹理”复选框时，输入数值或拖动滑块可调整抖动的深度变化。可以在“控制”选项中设置以何种方式控制画笔笔迹的深度变化，效果如图 4-33 所示。

(a) 深度抖动为 0

(b) 深度抖动为 100%

图 4-33　深度抖动

5. 双重画笔

双重画笔是指让描绘的线条中呈现出两个笔尖相同或不同的纹理重叠混合的效果。要使用双重画笔，首先要在“画笔笔尖形状”选项中设置主画笔，然后从“双重画笔”部分选择另一个画笔，如图 4-34 所示。主要参数项包括模式、翻转、大小、间距等。

- “模式”：设置两种画笔在组合时使用的混合模式。
- “翻转”：启用随机画笔翻转功能，产生笔触的随机翻转效果。
- “大小”：设置双笔尖的大小。当画笔的笔尖形状是通过采集图像中的像素样本创建的时候，单击“恢复到原始大小”按钮，可以使用画笔笔尖的原始直径。
- “间距”：设置双重画笔笔迹之间的距离，输入数字或拖动滑块可改变间距的大小。
- “散布”：设置双笔尖笔迹的分布方式。选择“两轴”复选框，画笔笔迹按水平方向分布；取消选择时，画笔笔迹按垂直方向分布。
- “数量”：设置每个间距间隔应用的画笔笔迹的数量。

6. 颜色动态

颜色动态决定描边路线中油彩颜色的变化方式。通过设置颜色动态，可控制画笔中油彩的色相、饱和度、亮度和纯度等的变化。在“画笔”面板的属性选项区，选择“颜色动态”复选框，在面板右侧将显示颜色动态的相关参数设置选项，如图 4-35 所示。

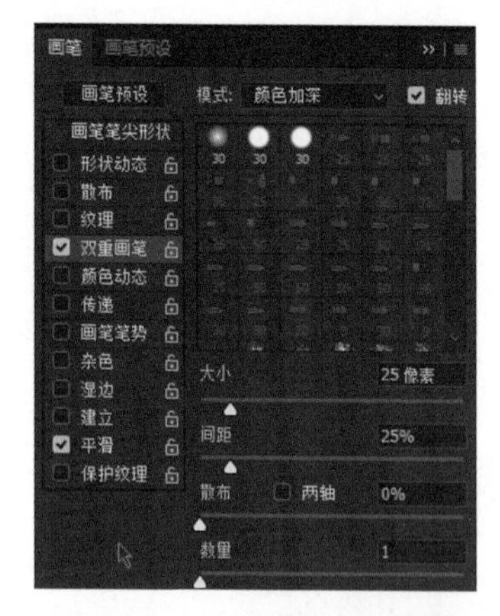

图 4-34　“双重画笔”选项

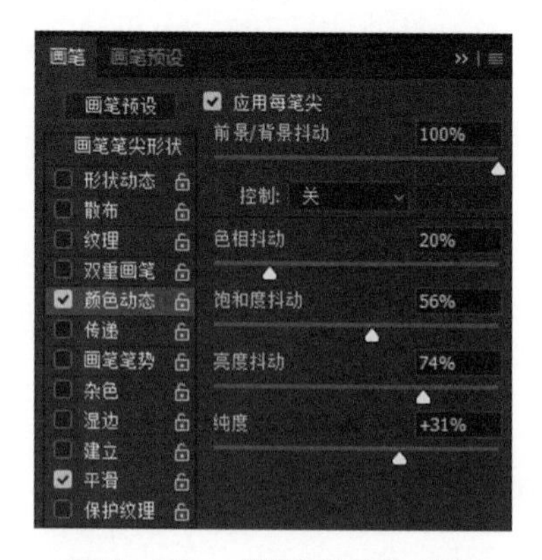

图 4-35　“颜色动态”选项

- “前景/背景抖动”：设置前景色和背景色之间的油彩变化方式。值越小，变化后的颜色越接近前景色。如果要设置控制画笔笔迹的颜色变化方式，可在“控制”选项中选择，效果如图 4-36 所示。

(a) 前景/背景抖动为 0

(b) 前景/背景抖动为 100%

图 4-36　前景/背景抖动

- “色相抖动”：设置颜色色彩变化的百分比。该值越小，颜色越接近前景色，较高的值增大色相间的差异，效果如图 4-37 所示。

(a) 色相抖动为 0

(b) 色相抖动为 100%

图 4-37　色相抖动

- “饱和度抖动”：设置颜色的饱和度变化程度。值越小，饱和度越接近前景色；值越高，色彩的饱和度越高，效果如图 4-38 所示。

(a) 饱和度抖动为 0

(b) 饱和度抖动为 100%

图 4-38　饱和度抖动

- “亮度抖动”：设置颜色的亮度变化程度。值越小，亮度越接近前景色；值越高，颜色的亮度值越大，效果如图 4-39 所示。

(a) 亮度抖动为 0

(b) 亮度抖动为 100%

图 4-39　亮度抖动

- “纯度”：设置颜色的纯度。该值为 40% 时，笔迹的颜色为黑白色；该值越高，颜色纯度越高，效果如图 4-40 所示。

(a) 纯度为 -100%

(b) 纯度为 100%

图 4-40　纯度

7. 传递

传递选项确定油彩在描边路线中的改变方式，设置画笔的油彩或效果的动态建立方法。

在“画笔”面板的属性选项区，选择“传递”复选框，在面板右侧将显示传递的相关参数设置选项，如图 4-41 所示。

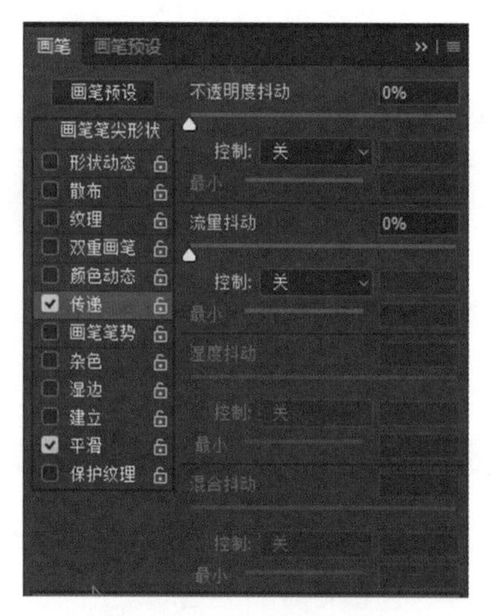

图 4-41 “传递”选项

- “不透明度抖动”：设置画笔笔迹中油彩不透明度的变化程度。输入数值或拖动滑块可调整颜色不透明度的变化百分比。可在“控制”下拉列表中，设置画笔笔迹的不透明度变化，效果如图 4-42 所示。

(a) 不透明度抖动为 0

(b) 不透明度抖动为 100%

图 4-42 不透明度抖动

- “流量抖动”：设置画笔笔迹中油彩流量的变化程度。可在“控制”下拉列表中，设置画笔颜色的流量变化，效果如图 4-43 所示。

(a) 流量抖动为 0

(b) 流量抖动为 100%

图 4-43 流量抖动

如果配置了数位板和压感笔，则“湿度抖动”和“混合抖动”选项可以使用。

8. 画笔姿势

调整笔刷的姿势。在“画笔”面板的属性选项区，选择“画笔姿势”复选框，在面板右侧将显示相关参数设置选项，如图 4-44 所示。

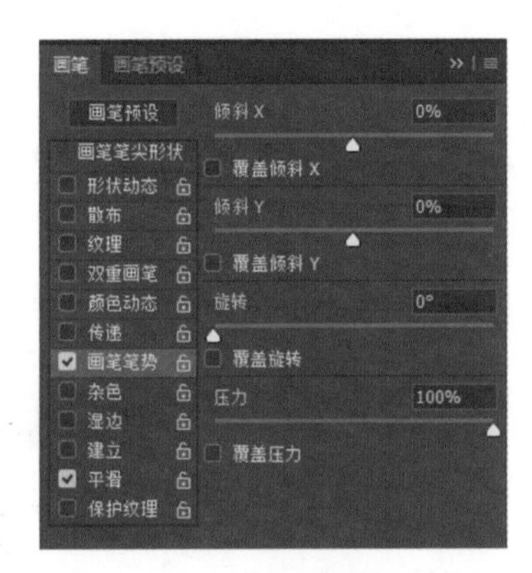

图 4-44 “画笔姿势”选项

4.1.4 课程案例

例 4.1 绘制梅花

扫码观看案例讲解

(1) 按 Ctrl+ N 快捷键，新建一个文件，如图 4-45 所示。

(2) 选择画笔工具，单击按钮，弹出“画笔”面板。单击“画笔预设”按钮，单击“画笔预设”面板右上角的按钮，在弹出的列表框中选择“湿介质画笔”，选择“22 号”画笔，在背景图层上绘制梅花枝干，如图 4-46 所示。

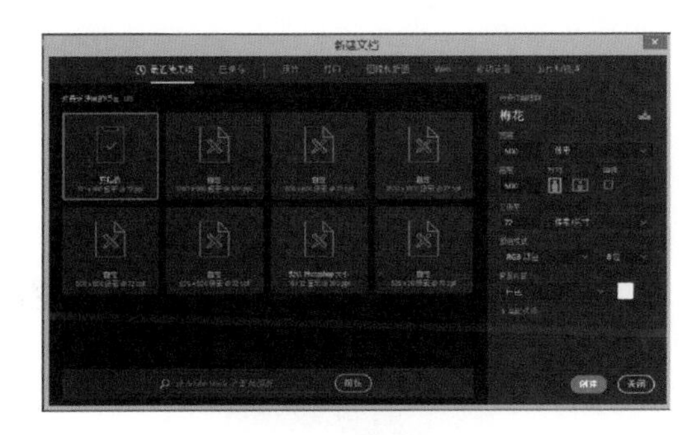

图 4-45 新建文件

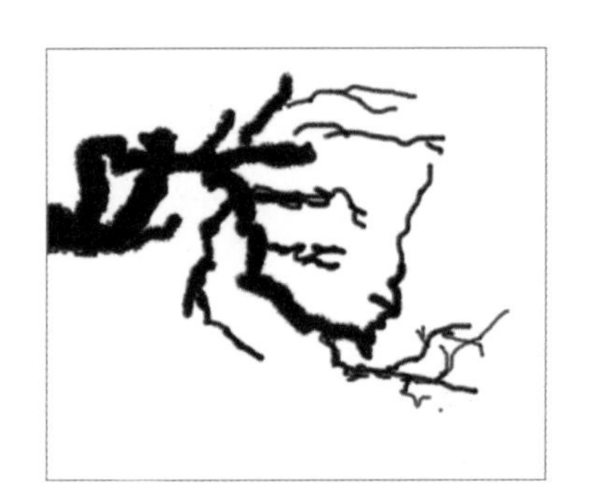

图 4-46 绘制枝干

(3) 按 Ctrl+ O 快捷键，打开文件，如图 4-47 所示，选择快速选择工具，将花朵选中，如图 4-48 所示。

图 4-47 打开梅花文件

图 4-48 选中梅花

(4) 执行“编辑→定义画笔预设”命令，将花朵定义成画笔，弹出“画笔名称”对话框，输入画笔名称，如图 4-49 所示。

(5) 在梅花文件中选择画笔，找到刚定义的“梅花画笔”，设置前景色为红色，绘制梅花，效果如图 4-50 所示。

图 4-49　修改画笔名称

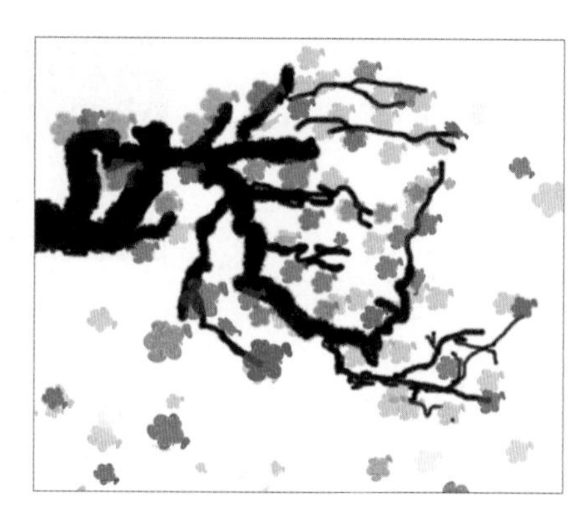

图 4-50　效果图

在绘制花瓣时，花瓣色的深浅由单击鼠标的次数来决定，在同一个位置多次单击鼠标，可以绘制深颜色的花瓣；单击一次绘制出的花瓣，颜色较浅。

4.2　铅笔工具

Photoshop 中的画笔工具组可以更改像素的颜色。我们可以渐变地应用颜色，采用柔化边缘和转换操作，并利用强大的滤镜效果处理个别像素。Photoshop 提供了画笔工具和铅笔工具，可以用当前的前景色进行绘画。默认情况下，画笔工具创建颜色的柔描边，而铅笔工具创建硬边手画线。

铅笔工具可以在当前图层或所选择的区域内模拟铅笔的效果进行描绘，画出的线条硬、有棱角，就像实际生活中使用铅笔绘制的图形一样，图 4-51 是使用铅笔工具绘制后的效果。

图 4-51　铅笔工具

用 photoshop 使用铅笔工具的操作步骤如下。

(1) 首先在工具箱中选中铅笔工具，然后选取一种前景色。

(2) 在工具选项栏中设置铅笔的形状、大小、模式、不透明度和流量等参数。

(3) 在绘画区，鼠标指针变为相应的形状时便可开始绘画。

在铅笔工具选项栏中有一个“自动抹掉”复选框。选择此复选框后可以实现自动擦除的功能，即可以在前景色上绘制背景色。

当开始拖动时，如果光标的中心在前景色上，则该区域将绘制成背景色。如果在开始拖动时，光标的中心在不包含前景色的区域上，则该区域将绘制成前景色。

铅笔工具可以绘制自由手画线式的线条，使用方法与画笔工具相似。在工具箱中选择铅笔工具后，其工具选项栏如图 4-52 所示。

图 4-52 铅笔工具选项栏

在“画笔”下拉列表中可以选择画笔的形状，但铅笔工具只能绘制硬边线条。

例 4.2 梦幻背景

扫码观看案例讲解

(1) 按 Ctrl+ O 快捷键，打开素材文件，如图 4-53 所示。按快捷键 Ctrl+Shift+N 新建图层，弹出“新建图层”窗口，将名称设为“背景”，单击“确定”按钮新建图层，如图 4-54 所示。

图 4-53 打开文件

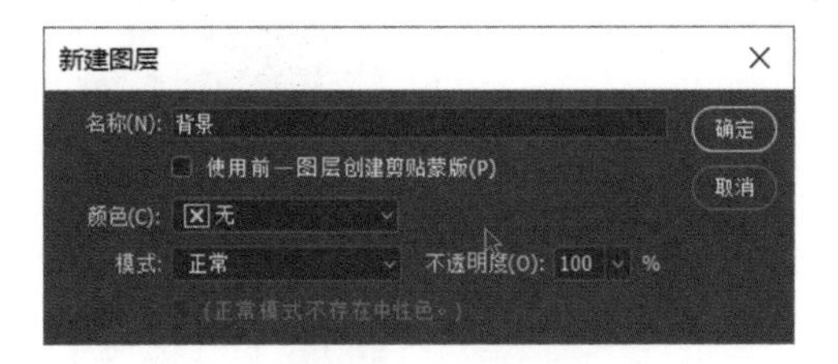

图 4-54 新建图层

(2) 在“图层”面板将背景图层移到人物图层下，按 D 键将前 / 背景色设为默认值，按快捷键 Ctrl+D 填充背景色，如图 4-55、图 4-56 所示。

图 4-55 填充背景

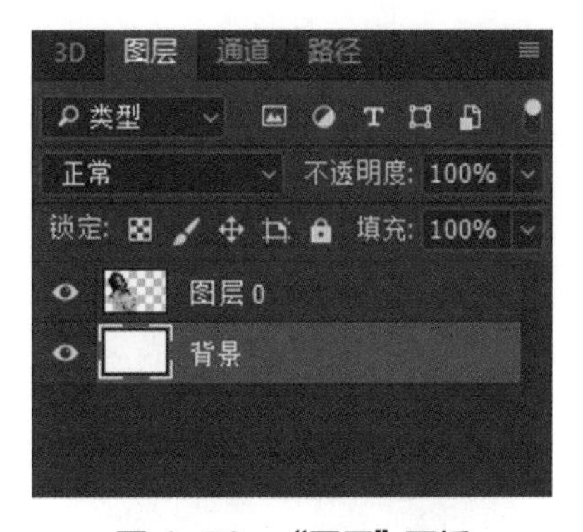

图 4-56 “图层”面板

(3) 选择铅笔工具，切换到“画笔”面板，设置形状动态，将“大小抖动”设置为 49%，“最小直径”设置为 18%，如图 4-57 所示。单击工具箱中的“设置前景色”按钮，设置前景色，如图 4-58 所示。

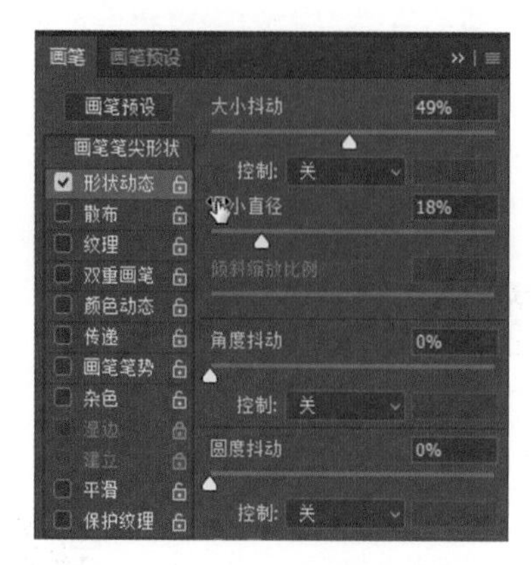

图 4-57　“形状动态”选项

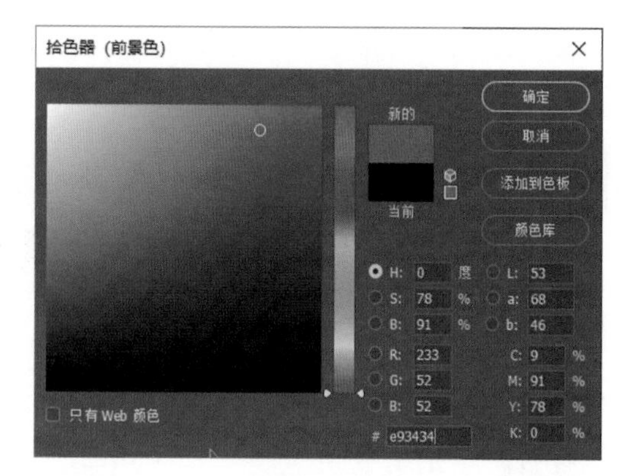

图 4-58　“拾色器（前景色）”对话框

(4) 单击背景图层，不断调整画笔的大小，画出大小不一的波点。重新设置前景色，画出梦幻彩色背景，如图 4-59 所示。

图 4-59　绘制彩色背景

(5) 执行“滤镜→模糊→高斯模糊”命令，将“半径”设置为 7 像素，如图 4-60 所示。单击“确定”按钮，最终效果如图 4-61 所示。

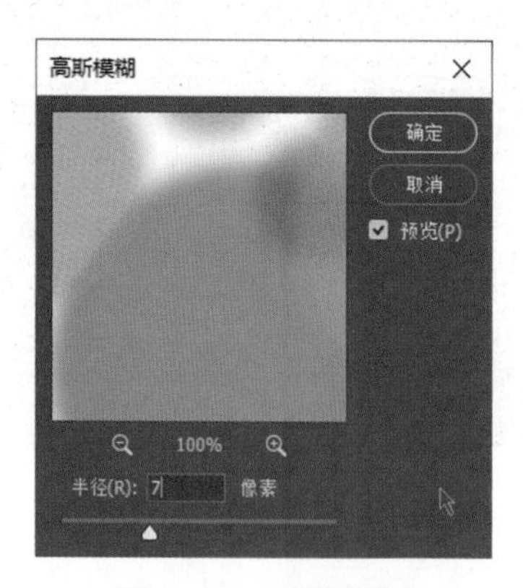

图 4-60　高斯模糊

图 4-61　效果图

4.3 颜色替换工具

颜色替换工具的原理是用前景色替换图像中指定的像素，因此使用时需选择好前景色。选择好前景色后，在图像中需要更改颜色的地方涂抹，即可将其替换为前景色。不同的绘图模式会产生不同的替换效果，常用的模式为“颜色”。

在图像中涂抹时，起笔（第一个单击的）像素颜色将作为基准色，选项中的“取样”“限制”和“容差”都以其为准。颜色替换工具与画笔工具的使用方法和参数设置方法基本一样，可以在工具选项栏中设置以下相关参数，如图 4-62 所示。

模式：颜色 限制：连续 容差：30%

图 4-62 “颜色替换工具”选项栏

- “模式”：设置替换的内容，包括“色相”“饱和度”“颜色”和“明度”。默认为“颜色”，表示可以同时替换色相、饱和度和明度。
- “取样”：设置颜色的取样方式。“连续”，拖动鼠标时可连续对颜色取样；“一次”，只替换包含一次单击的颜色区域中的目标颜色；“背景色板”，只替换包含当前背景色的区域。
- “限制”：“不连续”，可替换出现在光标下任何位置的样本颜色；“连续”，只替换与光标下的颜色邻近的颜色；“查找边缘”，可替换包含样本颜色的连接区域，同时更好地保留形状边缘的锐化程度。
- “容差”：设置工具的容差，颜色替换工具只替换鼠标单击点颜色容差范围内的颜色，容差值越高，替换的颜色范围越广。
- “消除锯齿”：可以为校正的区域定义平滑的边缘，从而消除锯齿。
- “光笔压力”：用来设置绘图板的画笔压力。该项只有安装了绘图板和驱动程序才变为可选。

例 4.3 改变发色

扫码观看案例讲解

下面举例说明如何使用颜色替换工具给人物头发换颜色。具体操作步骤如下。

(1) 按 Ctrl+O 快捷键，打开素材文件，如图 4-63 所示。单击工具箱的“设置前景色”工具，打开拾色器调整前景色，如图 4-64 所示。

图 4-63 打开文件

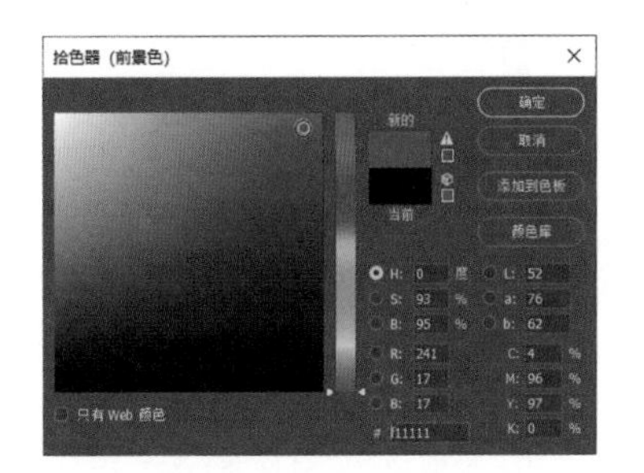

图 4-64 拾色器（前景色）

(2) 选择“颜色替换”工具，在工具选项栏中选择一个柔角笔尖并按下“连续”按钮，将“限制”设置为“连续”，“容差”设置为 30%，如图 4-65 所示。在模特头发上涂抹，替换头发颜色，如图 4-66 所示。

(3) 按 [键将笔尖调小，在头发边缘涂抹进行细致加工，最终效果如图 4-67 所示。

图 4-65　颜色替换工具选项栏

图 4-66　涂抹头发

图 4-67　效果图

4.4　混合器画笔工具

混合器画笔工具可以模拟真实的绘画技术，如混合画布上的颜色、混合画笔上的颜色，以及在描边过程中使用不同的绘画湿度。它可以使绘画功底不是很强的人绘制出具有水粉画或油画风格的漂亮图像。

选择混合器画笔工具，在工具选项栏中设置画笔参数，在画面中进行涂抹即可。如图 4-68 所示，为“干燥，深描”模式；如图 4-69 所示，为“湿润”模式。

单击按钮，即可将光标下的颜色与前景色进行混合，如图 4-70 所示。

图 4-68　“干燥，深描”模式

图 4-69　“湿润”模式

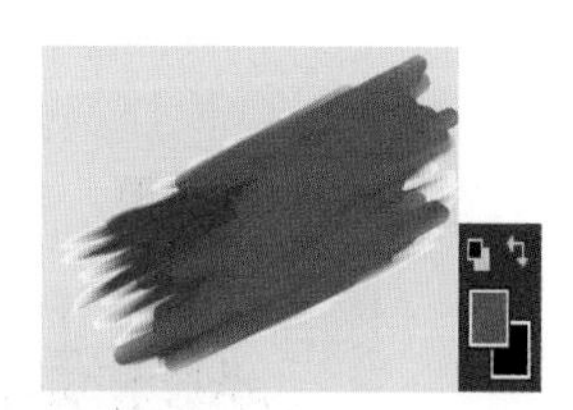

图 4-70　与前景色混合

例 4.4　用混合器画笔工具涂鸦

下面来具体说明混合器画笔工具的使用方法，操作步骤如下。

(1) 按 Ctrl+ O 快捷键，打开一个图片文件，如图 4-71 所示。

(2) 拖曳“背景”图层到创建新图层上，得到“背景 拷贝”图层，如

扫码观看案例讲解

图 4-72 所示。

图 4-71　打开图片

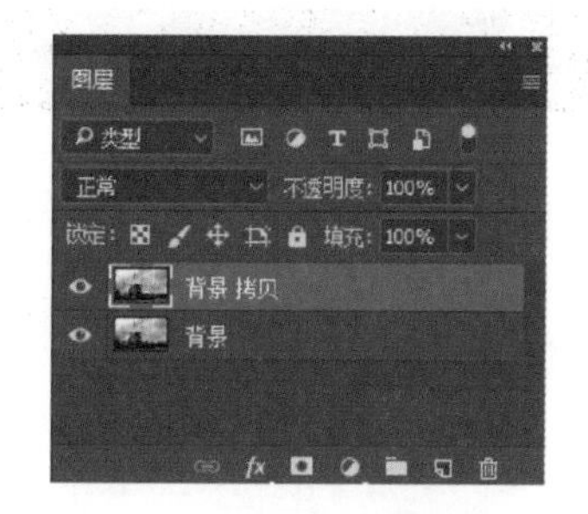

图 4-72　复制“背景”图层

(3) 选择混合器画笔工具，并设置画笔的大小为60，硬度为0，混合模式为“非常潮湿”，对图片的天空和草地进行涂抹，效果如图 4-73 所示。

(4) 单击画笔选项右侧的按钮，打开“画笔预设”面板，选择笔尖形式，并设置“潮湿”模式，对画面的风车和房屋进行涂抹，使得图片有油画的效果，如图 4-74 所示。

图 4-73　涂抹效果

图 4-74　效果图

4.5　历史记录画笔

历史记录画笔工具使操作者可以将图像的一个状态或快照的副本绘制到当前的图像窗口中。该工具可创建图像的副本或样本，然后用它来绘画。

该工具会从一个状态或快照复制到另一个状态或快照，但只能在相同的位置。

使用该工具的操作步骤如下。

(1) 选择历史记录画笔工具，如图 4-75 所示。

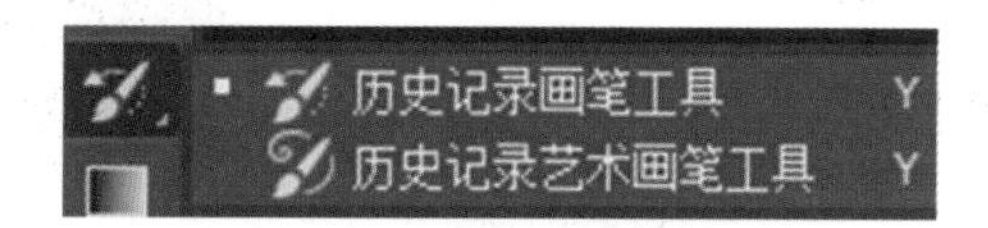

图 4-75　历史记录画笔工具

(2) 在工具选项栏上进行参数设置，如图 4-76 所示。

图 4-76　历史记录画笔工具选项栏

- “画笔”：可以用于选择画笔形状及大小。
- “模式”：用于选择混合模式。
- “不透明度”：用于设定透明度。
- “流量”：用于产生水彩画的效果。
- “喷枪”：单击按钮，即可设置喷枪效果。

(3) 在“历史记录”面板内，单击快照左边的列，以将其用作历史记录画笔工具的源，如图 4-77 所示。

图 4-77　指定历史记录画笔源

(4) 在欲更改的图像区域上拖动，以使用历史记录画笔绘画。

例 4.5　特别的贺卡

扫码观看案例讲解

(1) 按 Ctrl+ O 快捷键，打开素材文件，如图 4-78 所示。按 Ctrl+J 快捷键，复制“背景”图层，如图 4-79 所示。

(2) 执行“图像→调整→去色”命令，效果如图 4-80 所示。打开“历史记录”面板，勾选“复制图层”复选框，在前面会显示历史记录画笔的源图标，如图 4-81 所示。

图 4-78　打开文件素材

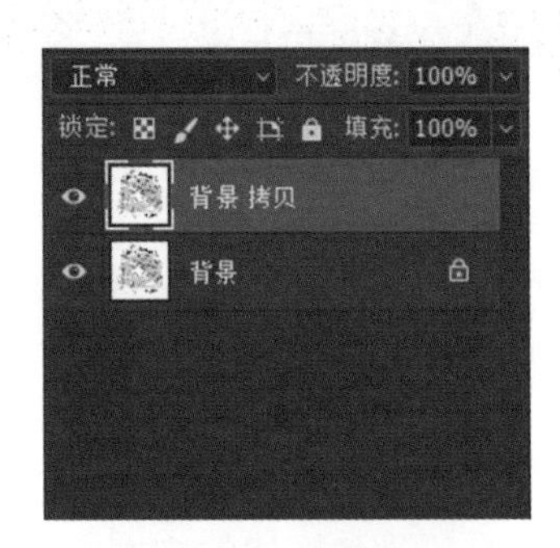

图 4-79　复制图层

图 4-80　执行去色命令

图 4-81　“历史记录”面板

(3) 使用历史记录画笔工具，涂抹动物的身体、毛发，以及圣诞帽，即可将其恢复到“背景 拷贝”时的状态，最终效果如图 4-82 所示。此时的“图层”面板如图 4-83 所示。

图 4-82　最终效果

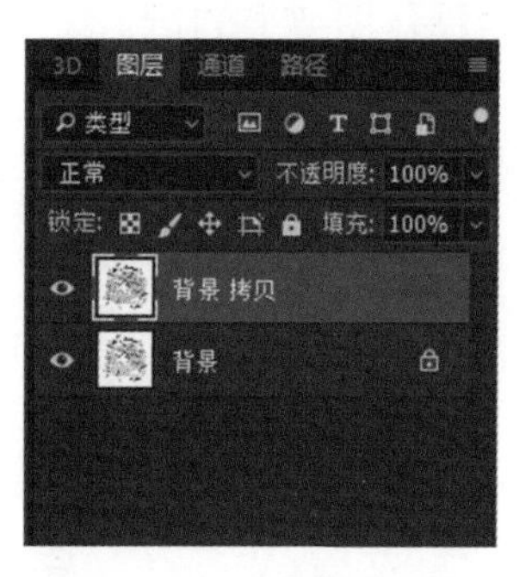

图 4-83　“图层”面板

4.6　历史记录艺术画笔工具

历史记录艺术画笔工具使用户可以使用指定历史记录状态或快照中的源数据，以风格化描边进行绘画。使用不同的绘画样式、大小和容差选项，可以用不同的色彩和艺术风格模拟绘画的纹理。

像历史记录画笔工具一样，历史记录艺术画笔工具也将指定的历史记录状态或快照用作源数据。但是，历史记录画笔工具通过重新创建指定的源数据来绘画，而历史记录艺术画笔工具在使用这些数据的同时，还使用用户为创建不同的颜色和艺术风格设置的参数选项。

使用历史记录艺术画笔工具的操作步骤如下。

(1) 在“历史记录”面板中，单击状态或快照的左列，将该列用作历史记录艺术画笔工具的源。源历史记录状态旁出现画笔图标。

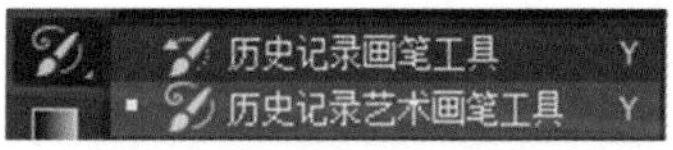

(2) 选择历史记录艺术画笔工具，如图 4-84 所示。

图 4-84　历史记录艺术画笔工具

(3) 在历史记录艺术画笔工具选项栏中可进行如图 4-85 所示的设置。

图 4-85　历史记录艺术画笔工具选项栏

- “画笔”：选择画笔形状和大小。
- “模式”：设定混合模式。
- “不透明度”：设定不透明度。
- “样式”：在该下拉列表中为用户准备了 10 种不同风格的画笔样式。
- “区域”：用于设置历史记录艺术画笔工具笔触的感应范围，该数值越大，影响的范围也就越大。
- “容差”：用于设置画笔的容差。容差可以限制画笔绘制的区域。低容差可用于在图像中的任何地方绘制无数条描边。高容差将绘画描边限定在与源状态或快照中的颜色明显不同的区域。

(4) 在待操作图像上的指定区域拖动进行绘画。

4.7　油漆桶工具

油漆桶工具用来填充某个选区的颜色，如图 4-86 所示。

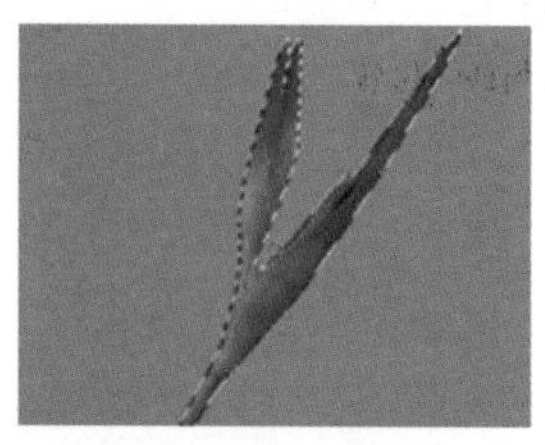

图 4-86　油漆桶填充效果

在使用油漆桶工具之前，要选定前景色，然后在图像中单击以填充前景色。如果进行填充之前选取了范围，则填充颜色只对选取范围之内的区域有效。如图 4-87 所示为油漆桶工具选项栏设置，在“填充”下拉列表中选择“前景”选项，则以前景色进行填充；若选择“图案”选项进行填充，则选项栏中的“图案”下拉列表会被激活，从中可以选择用户已经定义的图像进行填充。

图 4-87　油漆桶工具选项栏

注意

如果正在图层上工作，并且不想填充透明区域，则一定要在“图层”面板中锁定图层的透明度。

例 4.6　为卡通画填色

扫码观看案例讲解

(1) 按 Ctrl+O 快捷键，打开素材文件，如图 4-88 所示。选择油漆桶工具，在工具选项栏中将“填充”设置为“前景”，“容差”设置为 32，如图 4-89 所示。

图 4-88　打开文件

图 4-89　油漆桶工具选项栏

(2) 在工具箱中单击前景色图标，打开拾色器调整前景色，如图 4-90 所示。选择油漆桶工具，在皮肤部分单击一下即可填充颜色，如图 4-91 所示。

图 4-90　“拾色器（前景色）”面板

图 4-91　绘制皮肤

(3) 再次在工具箱中单击前景色图标，打开拾色器调整前景色，如图 4-92 所示。用油漆桶在爸爸的衣服和儿子的裤子上单击上色，如图 4-93 所示。

图 4-92　“拾色器（前景色）”面板

4-93　给衣服填充颜色

(4) 不断调整前景色的颜色，给整幅图上色，效果如图 4-94 所示。最后，可选择自定义形状工具，在工具选项栏选择形状，如图 4-95 所示，给单调的衣服添加图案，最终效果如图 4-96 所示。

图 4-94　给衣服填充颜色

图 4-95　选择形状

图 4-96　效果图

4.8　渐变工具

渐变工具可以创建多种颜色间逐渐混合的效果。使用渐变工具可以非常方便地在图像中产生两种或两种以上的颜色渐变效果。用户可直接使用系统提供的渐变模式，也可自己定义所需的渐变模式。

通过在图像中拖动可渐变填充区域。起点(按下鼠标处)和终点(释放鼠标处)会影响渐变外观，如果不指定选区，渐变工具将作用于整个图像。该工具的使用方法是按住鼠标左键在图像编辑区域内拖动，产生一条渐变直线后释放鼠标，渐变直线的长度和方向决定了渐变填充的区域和方向，在拖动鼠标的同时按住 Shift 键可产生水平、垂直或 45° 角的渐变填充。

注意

渐变工具不能用于位图、索引颜色或每通道 16 位模式的图像。

1. 应用渐变填充

如果要填充图像的一部分，选择要填充的区域，否则渐变填充将应用于整个当前图层。如图 4-97 所示为渐变工具选项栏。操作步骤如下。

图 4-97　渐变工具选项栏

(1) 单击渐变工具，在工具选项栏中单击渐变样本旁边的三角形按钮，选择预设渐变填充。

除此之外，也可以在渐变样本框上单击，打开“渐变编辑器”对话框。调节选择的“预设”渐变填充，然后单击“确定”按钮。

(2) 在“渐变编辑器”对话框中，选择“预设”栏下的任意渐变，在“名称”文本框中都会显示其渐变名称。

(3) 在“预设”栏下选择一种渐变作为自定义的基础，然后在对话框中的预览条上拖动任意一个滑板，“名称”文本框中的名称自动变成“自定”，如图 4-98 所示，此时可以输入名称。

(4) 预览条上的滑块分上下两部分，上面的滑块用来设置渐变的不透明度。当用鼠标单击选择一个滑块时，对话框底部的“不透明度”和“位置”选项变为可用，“不透明度”用来设置不透明渐变的百分比，“位置”用来显示当前选择的滑块在预览条上的位置。

预览条下面的滑块用来设置渐变的颜色，当选择其滑块时，对话框底部的“颜色”和“位置”选项变为可用。单击“颜色”按钮可打开“拾色器”对话框，然后在其中选择需要的颜色。

预览条中两个滑块之间有一个小的空心菱形，用来表示其相邻滑块的中间位置，可以通过拖动来改变其位置。

在预览条的任意位置单击可在单击处产生一个新的滑块；如果在已选择一个滑块的情况下单击，则可实现滑块的复制。

(5) 当自定义好颜色渐变后，单击对话框中的“新建”按钮，则自定义好的颜色渐变自动添加到“预设”列表框中。

(6)“渐变编辑器”对话框中的“渐变类型”下有两个选项：“实底”和“杂色”。Photoshop CC 默认的是“实底”选项，当选择“杂色”选项时，“渐变编辑器”底部显示该选项的设置，如图 4-99 所示。

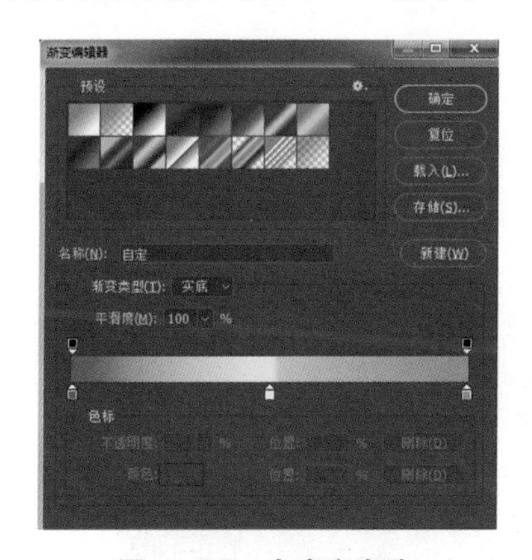

图 4-98 自定义名称

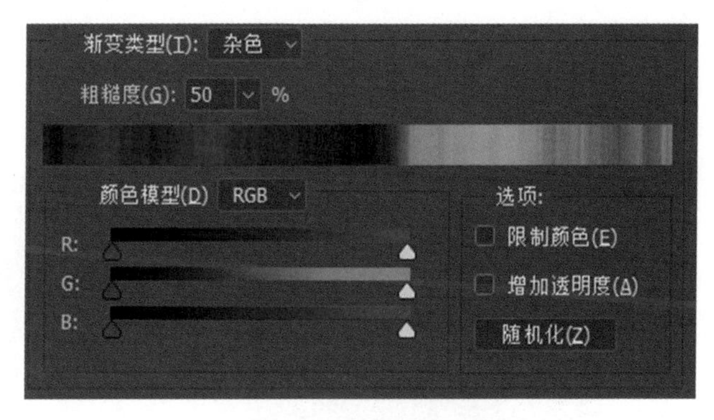

图 4-99 杂色渐变类型

- “粗糙度”：用来控制杂色颜色渐变的平滑程度，其范围是 0 ~ 100%，输入的数值越大，则颜色转换时越不平滑。
- “颜色模型”：其下拉列表中有 3 个选项：RGB、HSB 和 Lab，用来设置不同的颜色模式产生的随机颜色作为渐变的基础。
- “限制颜色”：用来限制杂色渐变中的颜色，选择此选项后，使渐变过渡更平滑。
- “增加透明度”：选择此选项后，将增加杂色的透明度。

(7) 在选项栏中选择应用渐变填充的选项。

- (线性渐变)：按从起点到终点的直线方向逐渐改变颜色。
- (径向渐变)：从起点到终点以圆形图案沿半径方向进行颜色的逐渐改变。

- （角度渐变）：围绕起点按顺时针方向环绕进行颜色的逐渐改变。
- （对称渐变）：在起点两侧进行对称性的颜色逐渐改变。
- （菱形渐变）：从起点向外侧以菱形图案进行颜色的逐渐改变。

(8) 在工具选项栏中执行下列操作，产生其他的渐变效果。

- “反向”：产生的渐变颜色与设置的颜色渐变顺序反向。
- “仿色”：用递色法来表现中间色调，使颜色渐变更加平滑。
- “透明区域”：可产生不同颜色段的透明效果，在需要使用透明蒙版时选择此项。

(9) 将指针定位在图像中要设置为渐变起点的位置，然后拖动以定义终点，图 4-100 便使用了渐变进行填充。

2. 定义渐变填充效果

在进行实际创作时，自己可以对渐变颜色进行编辑，以获得新的渐变色。操作步骤如下。

(1) 选择渐变工具，然后在工具选项栏中单击渐变样本，打开“渐变编辑器”对话框。

(2) 单击“新建”按钮，建立一个渐变颜色。此时在“预设”列表框中将多出一个渐变样式，单击并在其基础上进行编辑。

(3) 在“名称”文本框中输入新建渐变的名称，再在“渐变类型”下拉列表中选择“实底”选项。

(4) 在渐变预览条上单击起点颜色标志（在色带的下边缘），此时“色标”选项组中的“颜色”下拉列表框将会激活，接着单击“颜色”下拉列表框右侧的三角按钮，如图 4-101 所示，选择一种颜色。当选择“前景”或“背景”选项时，则可用前景色或背景色作为渐变颜色；当选择“用户颜色”时，需要用户自己指定一种颜色。选定起点颜色后，该颜色会立刻显示在渐变预览条上，接着用同样的方法指定渐变的终点颜色就可以了。

图 4-100　渐变效果

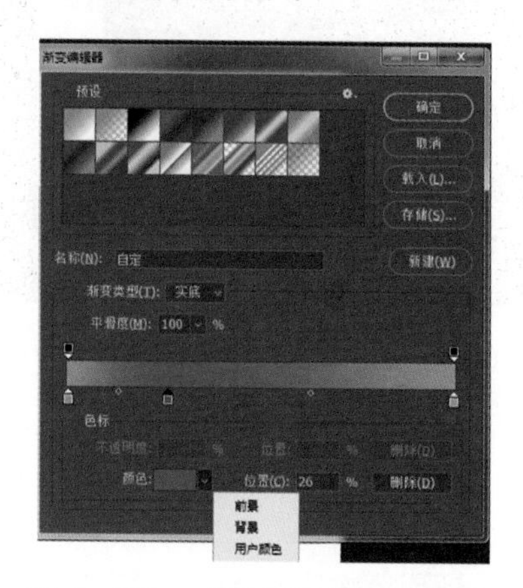

图 4-101　“渐变编辑器”对话框

(5) 指定渐变颜色的起点和终点颜色后，还可以指定渐变颜色在预览条上的位置，以及两种颜色之间的中点位置。设置渐变位置可以拖动标志，也可以在“位置”文本框中直接输入数值精确定位。如果要设置两种颜色之间的中点位置，则可以在渐变预览条上单击中点标志，并拖动即可。

注意

如果用户要在渐变预览条上增加一个颜色标志，则可以移动鼠标指针到预览条的下方，当指针变为小手形状时单击即可。

(6) 设置渐变颜色后，如果想给渐变颜色设置一个透明蒙版，可以在渐变预览条上边缘选中起点透明标志或终点透明标志，然后在“色标”选项组的“不透明度”和“位置”文本框中设置不透明度和位置，并且调整这两个透明标志之间的中点位置。

(7) 单击“确定”按钮即可完成编辑。

例 4.7 制作玻璃质感的雷达图标

扫码观看案例讲解

(1) 按 Ctrl+O 快捷键，打开素材文件，如图 4-102 所示。单击“图层”面板底部的按钮，新建一个图层，如图 4-103 所示。

(2) 使用多边形套索工具创建选区，如图 4-104 所示。将前景色设置为白色，选择渐变工具，在工具选项栏中选择“前景色→透明渐变”，在选区内填充渐变，如图 4-105 所示。按 Ctrl+D 快捷键取消选择。

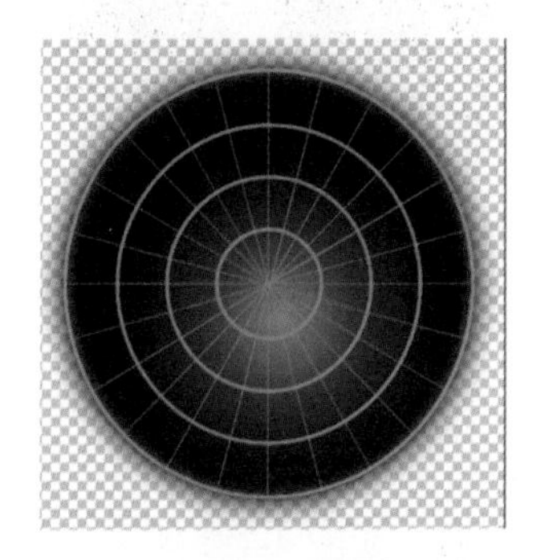

图 4-102　打开文件

图 4-103　“图层”面板

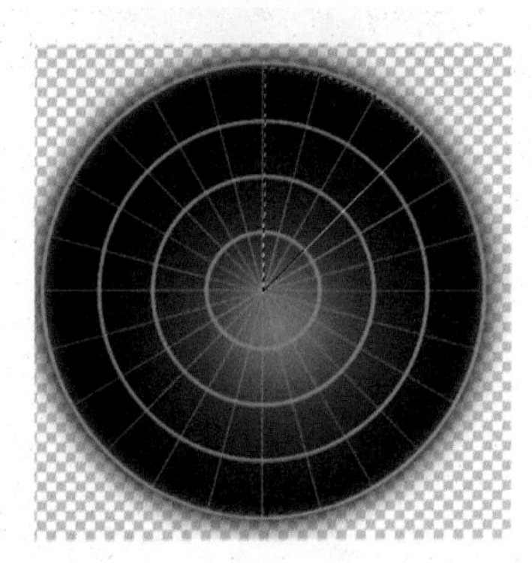

图 4-104　多边形套索工具创建选区

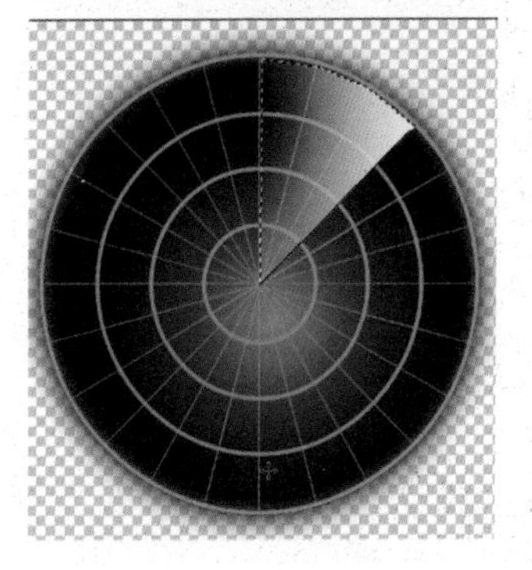

图 4-105　填充渐变

(3) 新建一个图层，使用椭圆选框工具，按住 Alt+Shift 键创建圆形选区，如图 4-106 所示。按住 Alt 键，在雷达下半部创建一个椭圆选区。放开鼠标后进行选区运算，得到一个月牙形选区，如图 4-107 所示。

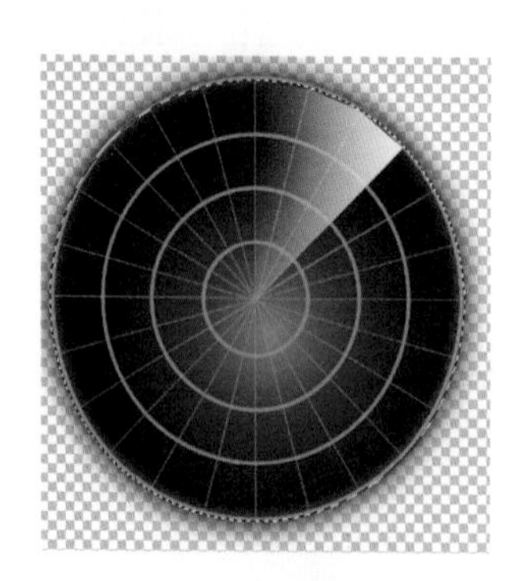

图 4-106　创建圆形选区

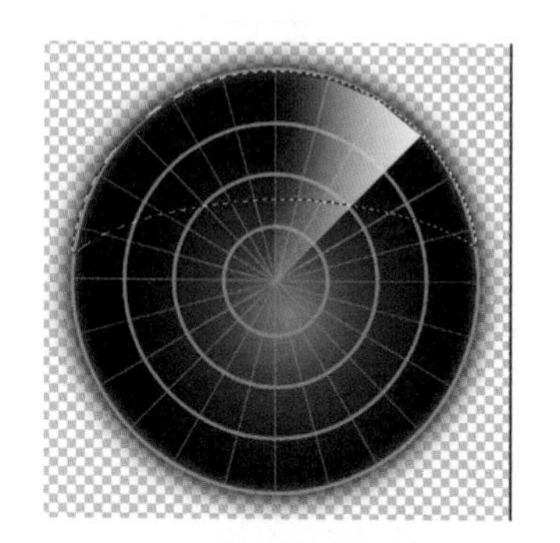

图 4-107　选区运算

(4) 用渐变工具填充透明渐变，如图 4-108 所示。按 Ctrl+D 快捷键取消选区，将该图层的“不透明度”设置为 60%，效果如图 4-109 所示。

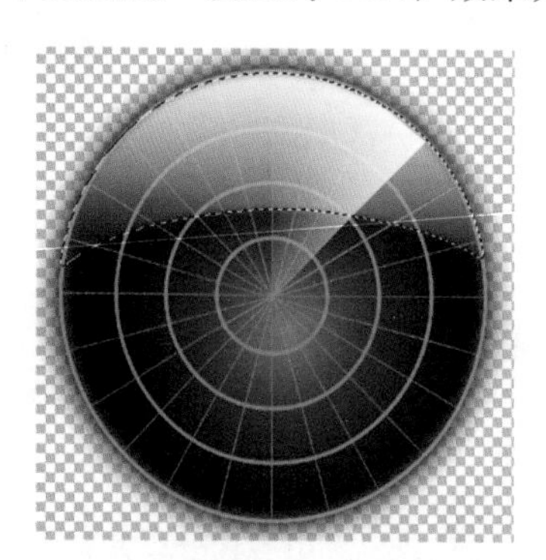

图 4-108　填充渐变

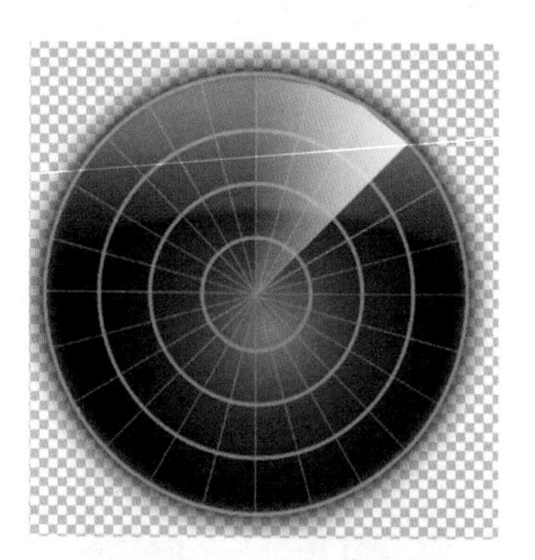

图 4-109　改变不透明度

(5) 在“图层 1”图层上方新建一个图层，设置混合模式为“线性减淡（添加）”，如图 4-110 所示。将前景色设置为绿色，选择柔角画笔工具，如图 4-111 所示。

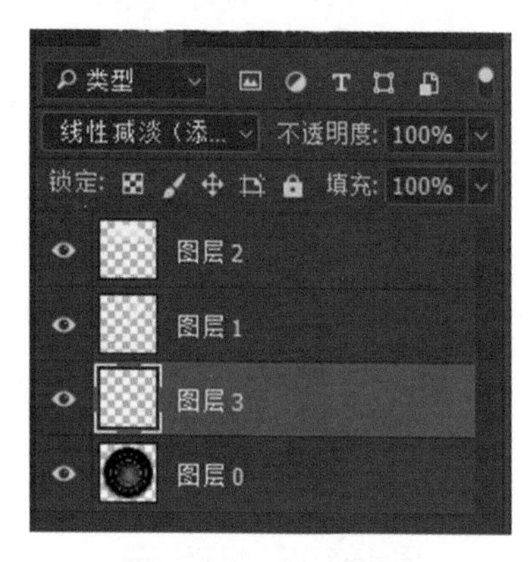

图 4-110　新建图层

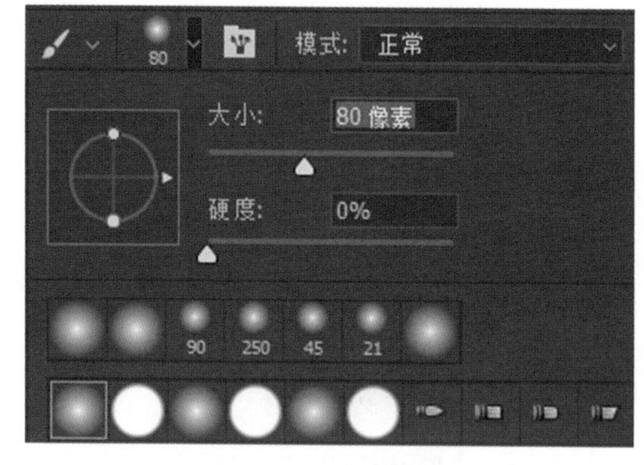

图 4-111　选择画笔

(6) 在雷达图上点几处亮点，如图 4-112 所示。将前景色设为亮绿色，再点几处亮点，然后按 [键将笔尖调小，在绿色中央点上小白点，最终效果如图 4-113 所示。

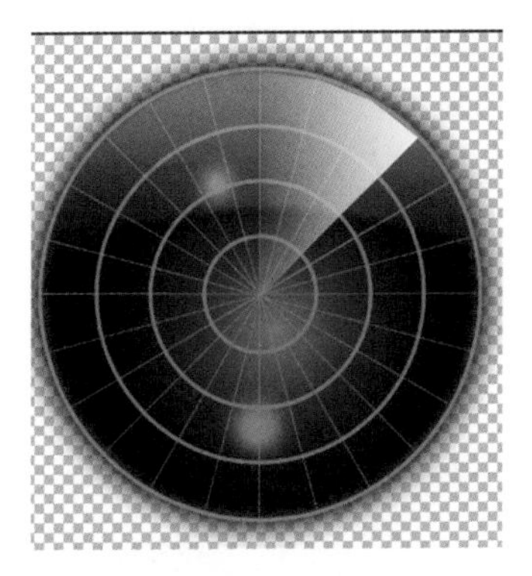

图4-112 绘制亮点

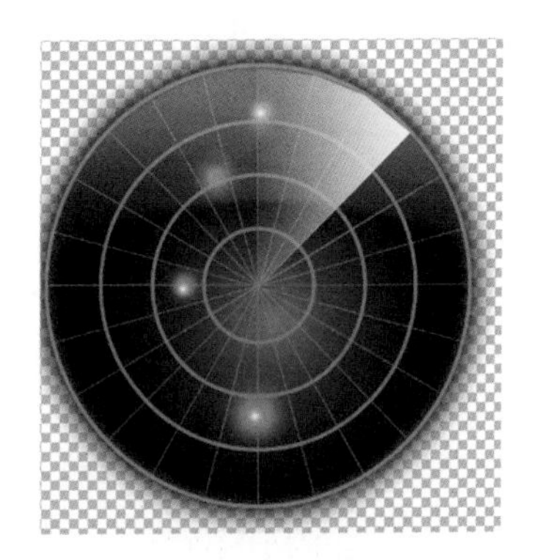

图4-113 效果图

4.9 本章小结

本章主要介绍了画笔、铅笔、油漆桶、渐变等绘图工具的使用方法，画笔和渐变工具的使用是本章的重点，熟悉画笔面板中的众多参数是很重要的。在学习的过程中，要注意区分几种不同的填充方式，练习使用它们，并注意比较它们之间的联系和区别。

4.10 课后习题

一、选择题

1. 设定画笔颜色时，在使用画笔之前需要设置（　　）。

A. 前景色　　B. 背景色　　C. 载入画笔　　D. 复位画笔

2. 在工具箱中单击画笔工具，在工具选项栏中单击按钮，打开“画笔”面板，选择“画笔笔尖形状”选项，可设置的参数不包括（　　）。

A. 直径　　B. 角度　　C. 圆度　　D. 颜色

3. 在铅笔工具选项栏中有一个（　　）复选框。选择此复选框，可以实现自动擦除的功能，即可以在前景色上绘制背景色。

A. 复位　　B. 自动抹掉　　C. 喷枪　　D. 不透明度

4. 油漆桶使用（　　）作为填充的颜色。

A. 背景色　　B. 前景色　　C. 渐变色　　D. 图层颜色

5. 渐变颜色应用的方法（　　）。

A. 将指针定位在图像中要设置为渐变起点的位置，然后拖动以定义终点

B. 直接在图像中单击鼠标

C. 在“渐变编辑器”对话框中单击“确定”按钮即可应用

D. 系统集成

二、填空题

1.（　　），顾名思义，可以像使用画笔一样在画板中绘出各种各样的图形。除了使用

默认的画笔类型外，还可以创建新画笔、自定义画笔、存储画笔、载入画笔等。

2. 执行（　）→（　）命令，打开“画笔”面板，从中设置画笔的笔触类型。

3.（　）工具可以在当前图层或所选择的区域内模拟铅笔的效果进行描绘，画出的线条硬、有棱角，就像实际生活当中使用铅笔绘制的图形一样。

4. “不透明度”指定（　）、（　）、（　）、（　）、（　）、（　）、（　）和（　）等工具应用的最大油彩覆盖量。

5.（　）工具可以创建多种颜色间的逐渐混合。使用（　）可非常方便地在图像中产生两种或两种以上的颜色渐变效果。用户可直接使用系统提供的渐变模式，也可自己定义所需的渐变模式。

三、综合实例

利用本章节内容，结合素材制作战斗机的海报，如图 4-114 所示。

扫码观看案例讲解

图 4-114　效果图

第5章

修图工具的应用

Photoshop 作为平面设计的首选软件，对图像进行修改的功能有很多，在工具箱中也提供了很多种修图的工具，通过这些工具可以在图像中直接修改，产生所需的图像效果。本章主要介绍以下工具：图章工具、修补工具、污点修复画笔工具、修复画笔工具、红眼工具；橡皮擦工具、背景橡皮擦工具、魔术橡皮擦工具、涂抹工具；锐化工具、模糊工具、减淡工具、加深工具和海绵工具。

学习目标

- 熟悉图章工具、修补工具、污点修复画笔工具、修复画笔工具和红眼工具
- 熟悉橡皮擦工具、背景橡皮擦工具、魔术橡皮擦工具和涂抹工具
- 熟悉锐化工具、模糊工具、减淡工具、加深工具和海绵工具

5.1 局部修复工具

当图像的局部出现一些瑕疵时，可以使用 Photoshop 中提供的局部修复工具，包括污点修复画笔工具、修复画笔工具、修补工具、红眼工具。

5.1.1 污点修复画笔工具

污点修复画笔工具可以快速移去照片中的污点和其他不理想部分。污点修复画笔工具的工作方式与修复画笔工具类似：它使用图像或图案中的样本像素进行绘画，并将样本像素的纹理、光照、透明度和阴影与所修复的像素相匹配。与修复画笔工具不同，污点修复画笔工具不要求指定样本点，而是自动从所修饰区域的周围取样，如图 5-1 所示。

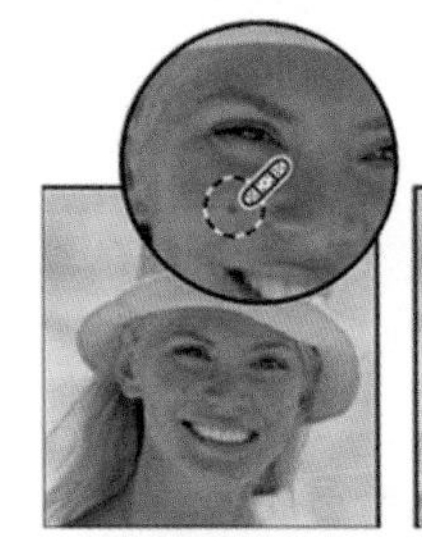

图 5-1 使用污点修复画笔工具移去污点

注意

如果需要修饰大片区域或需要更大程度地控制来源取样，可以使用修复画笔工具而不是污点修复画笔工具。

(1) 单击工具箱中的污点修复画笔工具，显示工具选项栏，如图 5-2 所示。

图 5-2 工具选项栏

(2) 在选项栏中选取一种画笔大小。比要修复的区域稍大一点的画笔最为适合，这样，只需单击一次即可覆盖整个区域。

(3) 在选项栏的“模式”列表中选择“替换”，如图 5-3 所示，这样可以在使用柔边画笔时，保留画笔描边的边缘处的杂色、胶片颗粒和纹理。

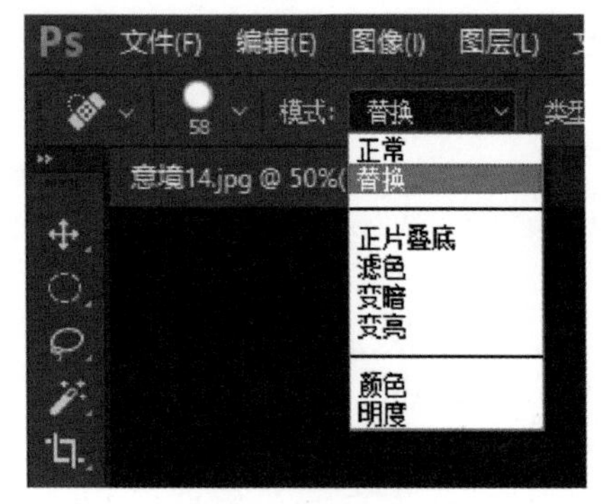

图 5-3 设置模式

(4) 在选项栏中选取一种“类型”选项。

- “近似匹配”：使用选区边缘周围的像素来查找要用作选定区域修补的图像区域。如果此选项的修复效果不能令人满意，可以还原修复并尝试“创建纹理”选项。
- “创建纹理”：使用选区中的所有像素创建一个用于修复该区域的纹理。如果纹理不起作用，可以再次修复该区域。
- “对所有图层取样”：可从所有可见图层中对数据进行取样。如果取消选择“对所有图层取样”，则只从现用图层中取样。

(5) 单击要修复的区域，或单击并拖动以修复较大区域中的不理想部分。

5.1.2 修复画笔工具

修复画笔工具可用于校正瑕疵，使它们消失在周围的图像中。使用修复画笔工具，可以利用图像或图案中的样本像素来绘画，它可将样本像素的纹理、光照、透明度和阴影与所修复的像素进行匹配，从而使修复后的像素不留痕迹地融入图像的其余部分，如图 5-4 所示。具体的修复方法如下。

图 5-4 样本像素和修复后的图像

(1) 单击工具箱中的修复画笔工具，显示工具选项栏，如图 5-5 所示。

图 5-5 修复画笔工具选项栏

(2) 单击选项栏中的“画笔”下拉按钮，并在下拉面板中设置画笔选项。

注意

如果使用压敏的数字化绘图板，从“大小”菜单选取一个选项，以便在描边的过程中改变修复画笔的大小。选取“钢笔压力”根据钢笔压力而变化。选取“光笔轮”根据钢笔拇指轮的位置而变化。如果不想改变大小，选择“关”。

(3) 模式：指定混合模式。选择“替换”可以在使用柔边画笔时，保留画笔描边的边缘处的杂色、胶片颗粒和纹理。

(4) 源：指定用于修复像素的源。“取样”可以使用当前图像的像素，而“图案”可以使用某个图案的像素。如果选择了“图案”，可从“图案”面板中选择一个图案。

(5) 对齐：连续对像素进行取样，即使释放鼠标按钮，也不会丢失当前取样点。如果取消选择“对齐”，则会在每次停止并重新开始绘制时使用初始取样点中的样本像素。

(6) 样本：从指定的图层中进行数据取样。要从现用图层及其下方的可见图层中取样，请选择“当前和下方图层”。要仅从现用图层中取样，请选择“当前图层”。要从所有可见图层中取样，请选择“所有图层”。要从调整图层以外的所有可见图层中取样，请选择“所有图层”，然后单击“取样”右侧的“忽略调整图层”图标。

可通过将指针定位在图像区域的上方，然后按住 Alt 键并单击来设置取样点。

注意

如果要从一幅图像中取样并应用到另一幅图像，则这两个图像的颜色模式必须相同，除非其中一幅图像处于灰度模式。如果要修复的区域边缘有强烈的对比度，则在使用修复画笔工具之前，请先建立一个选区。选区应该比要修复的区域大，但是要精确地遵从对比像素的边界。当用修复画笔工具绘画时，该选区将防止颜色从外部渗入。

5.1.3 修补工具

通过使用修补工具，可以用其他区域或图案中的像素来修复选中的区域。像修复画笔工具一样，修补工具会将样本像素的纹理、光照和阴影与源像素进行匹配，如图 5-6 所示，还可以使用修补工具来仿制图像的隔离区域。

图 5-6 修补图像

(1) 单击工具箱中的修补工具，显示工具选项栏，如图 5-7 所示。

图 5-7 修补工具选项栏

(2) 通过选项栏左侧的四个按钮可调整创建选区，然后将选区拖放到要复制的区域上，那么先选择区域上的图像将替换原选区上的图像。

(3) 使用样本像素修复区域。将指针定位在选区内，并执行下列操作之一。

- 如果在选项栏中选择“源”，可将选区边框拖动到想要从中进行取样的区域。松开鼠标时，原来选中的区域被使用样本像素进行修补。
- 如果在选项栏中选择“目标”，可将选区边界拖动到要修补的区域。释放鼠标时，将使用样本像素修补新选定的区域。

(4) 从选项栏的“图案”面板中选择一个图案。

5.1.4 红眼工具

红眼工具可移去用闪光灯拍摄的人像或动物照片中的红眼，也可以移去用闪光灯拍摄的动物照片中的白色或绿色反光。

(1) 单击工具箱中的红眼工具，显示红眼工具选项栏，如图 5-8 所示。

瞳孔大小：50%　变暗量：50%

图 5-8　红眼工具选项栏

(2) “瞳孔大小”选项可以增大或减小受红眼工具影响的区域。“变暗量”选项可以设置校正的暗度。

(3) 在照片中红眼的部分拖动鼠标，消除人物的红眼，如图 5-9 所示。

图 5-9　消除红眼

注意

红眼是由于相机闪光灯在主体视网膜上反光引起的。在光线暗淡的房间里照相时，由于主体的虹膜张开得很宽，您将会更加频繁地看到红眼。为了避免红眼，请使用相机的红眼消除功能。或者，最好使用可安装在相机上的远离相机镜头位置的独立闪光装置。

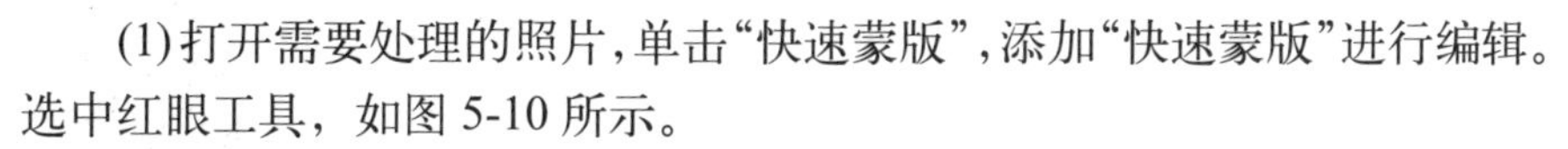

扫码观看案例讲解

下面具体说明如何通过红眼工具修复照相机拍摄的“红眼”，操作步骤如下。

(1) 打开需要处理的照片，单击“快速蒙版”，添加“快速蒙版”进行编辑。选中红眼工具，如图 5-10 所示。

(2) 使用红眼工具在眼球的正中位置单击，红眼立刻变为深色眼球。如图 5-11 所示，是两种眼球对比。

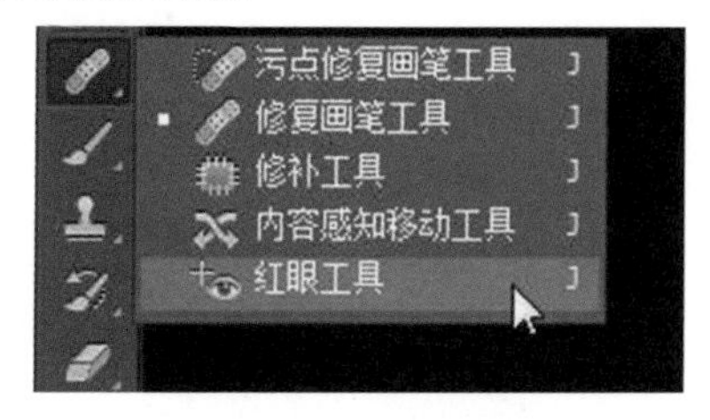

图 5-10　红眼工具

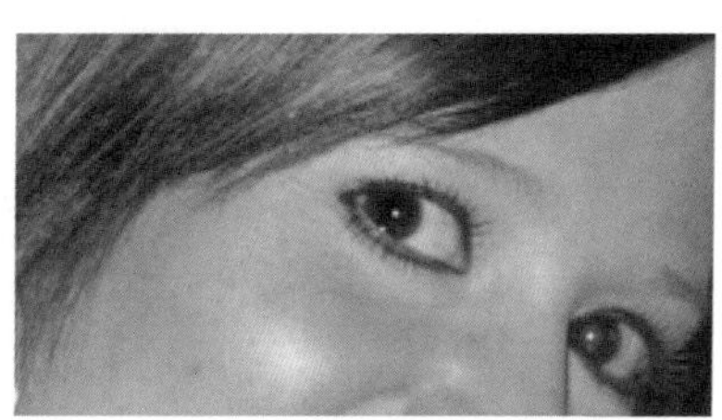

图 5-11　两种眼睛对比

(3) 同上，用红眼工具处理另一只眼球，最终，红眼快速去除，如图 5-12 所示。

(4) 选择磁性套索工具将黑眼球部分框选下来，按 Ctrl+J 快捷键，执行“图像→调整→色阶”命令，进行细微调整，让黑眼球有透光感，效果更加真实，如图 5-13 所示。

图 5-12　处理另一只眼球

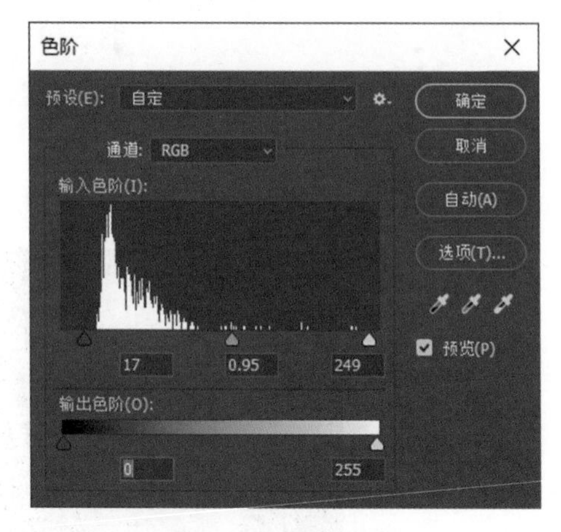

图 5-13　细微调整

(5) 另一只眼球处理同上，最终，红眼消除完成，效果如图 5-14 所示。

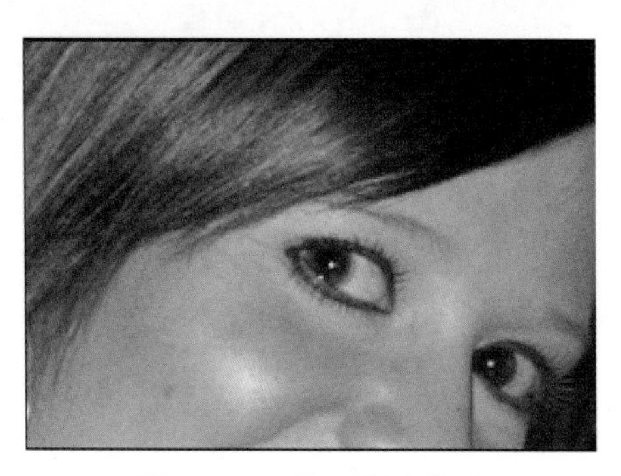

图 5-14　红眼消除完成

5.1.5　课程实例

扫码观看案例讲解

例 5.2　局部修复工具修容

下面具体说明如何通过局部修复工具进行修容，操作步骤如下。

(1) 打开需要处理的照片，按 Ctrl+J 快捷键复制图层，如图 5-15 所示。

(2) 使用污点修复画笔工具，调整画笔大小为 10 像素。修复眼下的皱纹，再单击脸上独立的痘痘和斑点，消除脸上的污点，在单击过程要不断地调整画笔大小，尽量让画笔大小只覆盖污点位置，效果如图 5-16 所示。

(3) 选择修复画笔工具，修复鼻翼上的痘痘。按住 Alt 键，当鼠标指针变成⊕，移动到痘痘附近平整的皮肤上，单击鼠标选择目标皮肤，然后在痘痘上单击把痘痘修掉，如图 5-17 所示。

(4) 用同样的方法把其他痘痘和斑点修掉，效果如图 5-18 所示。

图 5-15　复制图层

图 5-16　使用污点修复画笔工具

图 5-17　修复痘痘

图 5-18　修掉其余痘痘

5.2 图章工具

图章工具，顾名思义，功能与日常生活中使用的图章类似，可以将图章工具上的图像复制到单击的位置，就像平时用图章来盖章一样。在 Photoshop 中提供了两种图章工具，分别为仿制图章工具和图案图章工具，右击工具箱中的“图章工具”按钮，弹出一组菜单，从中选择所需的图章工具，如图 5-19 所示。

图 5-19　图章工具

5.2.1 仿制图章工具

仿制图章工具主要用于将图像的一部分绘制到同一图像的另一部分或绘制到具有相同颜色模式的任何打开的文档的另一部分。也可以将一个图层的一部分绘制到另一个图层。仿制图章工具对于复制对象或移去图像中的缺陷很有用。

(1) 在图 5-19 中选择“仿制图章工具”，此时的工具选项栏，如图 5-20 所示，从中可以设置仿制图章工具的相关属性，其中各项属性的含义如下所示。

图 5-20　仿制图章工具选项栏

- “画笔”：在下拉列表中可选择任意一种画笔样式并可对选择的画笔进行编辑。

- “模式”：在下拉列表中可设置复制生成图像与在底图的混合模式。
- “不透明度”：在下拉列表中可以设置图像的不透明度。
- “流量”：在下拉列表中可以设置图像的流量。
- “对齐”：连续对像素进行取样，即使释放鼠标按钮，也不会丢失当前取样点。如果取消选择“对齐”，则会在每次停止并重新开始绘制时使用初始取样点中的样本像素。
- “样本”：从指定的图层中进行数据取样。要从现用图层及其下方的可见图层中取样，请选择“当前和下方图层”。要仅从现用图层中取样，请选择“当前图层”。要从所有可见图层中取样，请选择“所有图层”。要从调整图层以外的所有可见图层中取样，请选择“所有图层”，然后执行“取样→忽略调整图层”命令。

(2) 可通过将指针放置在任意打开的图像中，然后按住 Alt 键并单击来设置取样点。

(3) 在要校正的图像部分上拖移，如图 5-21 所示。

图 5-21　仿制图像部分

在设置取样点作为仿制源时，可在“仿制源”面板中进行设置，如图 5-22 所示。最多可以设置五个不同的取样源。“仿制源”面板将存储样本源，直到关闭文档为止，其中各选项含义如下。

- 设置样本源：要选择所需样本源。“仿制源”面板中的五个仿制源按钮，表示最多可以设置五个不同的样本源，如图 5-23 所示。单击按钮，即可在左下方显示出样本源所在的文件。

图 5-22　“仿制源”面板

图 5-23　添加的五种样本源

- 位移：要缩放或旋转所仿制的源，输入 W(宽度) 或 H(高度) 的值，或输入旋转角度 △。

- 显示叠加：要显示仿制的源的叠加，选择“显示叠加”选项，并在下面的区域中指定叠加选项。

例 5.3 仿制图章工具复制松鼠

扫码观看案例讲解

下面具体说明如何通过仿制图章工具复制松鼠，操作步骤如下。

(1) 执行“文件→打开”命令(或按Ctrl+O快捷键)，弹出“打开”对话框，选择需要打开的素材图片，单击“打开”按钮，如图 5-24 所示。

(2) 按 Ctrl+J 快捷键复制图层，如 5-25 所示。

图 5-24 打开文件

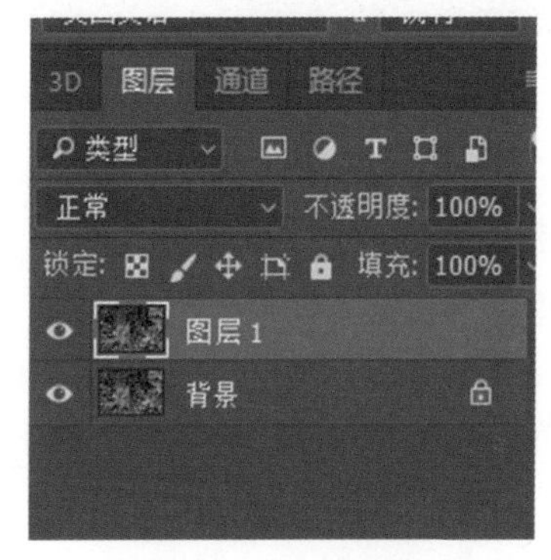

图 5-25 复制图层

(3) 选择仿制图章工具，按住 Alt 键，在松鼠的耳朵上单击选择复制源，如图 5-26 所示。

(4) 选择工具选项栏的按钮，切换到“仿制源”面板，单击水平翻转按钮，如图 5-27 所示。

(5) 新建一个图层，在松鼠右边偏下的位置再复制一只松鼠，注意被树根挡住的脚不画出来，如图 5-28 所示。

(6) 新建一个图层，将前景色设为黑色，“不透明度”设为 10%，在复制的松鼠下方画阴影，最终效果如图 5-29 所示。此时的“图层”面板如图 5-30 所示。

图 5-26 选择复制源

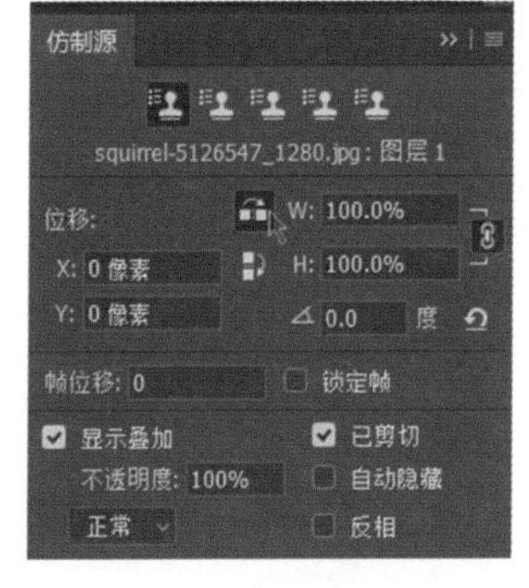

图 5-27 “仿制源”面板

图 5-28 仿制松鼠

图 5-29　最终效果图

图 5-30　“图层”面板

5.2.2　图案图章工具

图案图章工具可以将 Photoshop 自带的图案或定义的图案填充到图像中（也可在创建的选区进行填充）。图案图章工具的工具选项栏如图 5-31 所示，和仿制图章工具的选项设置一样，不同的是图案图章工具直接用图案进行填充，且不需要按住 Alt 键进行取样。

图 5-31　图案图章工具选项栏

- “图案”：在其下拉列表中列出了 Photoshop 自带的图案，选择其中任意一个图案，然后在图像中拖动鼠标即可复制图案图像。
- “印象派效果：使复制的图像效果具有类似于印象派艺术画效果。

在工具选项栏”上有一个“对齐”复选框，当选择该选项时，无论在拖动过程中停顿多少次，产生的复制对象始终是对齐的；不选择该选项时，在拖动过程中断后，产生的对象就无法按最初的顺序排列。

5.3　橡皮擦工具组

当图像中出现多余的部分时，可以直接使用橡皮擦工具组中的工具擦除图像。橡皮擦工具组包括橡皮擦工具、背景橡皮擦工具和魔术橡皮擦工具。

5.3.1　橡皮擦工具

橡皮擦工具可将像素更改为背景色或透明。如果您正在背景中或已锁定透明度的图层中工作，像素将更改为背景色；否则，像素将被抹成透明。

橡皮擦工具用于擦除图像颜色。使用方法很简单，只需将鼠标指针移动到需要擦除的位置然后来回拖动就可以了。如果正在背景中或在透明被锁定的图层中工作，像素将更改为背景色，如图 5-32 所示，否则像素将抹成透明，如图 5-33 所示。

在橡皮擦工具选项栏中，除了可以设置不透明度和流量之外，在“模式”下拉列表中还提供了 3 种擦除方式，如图 5-34 所示，分别是“画笔”“铅笔”和“块”。

图 5-32 擦除背景图层中的颜色时将以背景色填充

图 5-33 擦除普通图层中的颜色时将变为透明

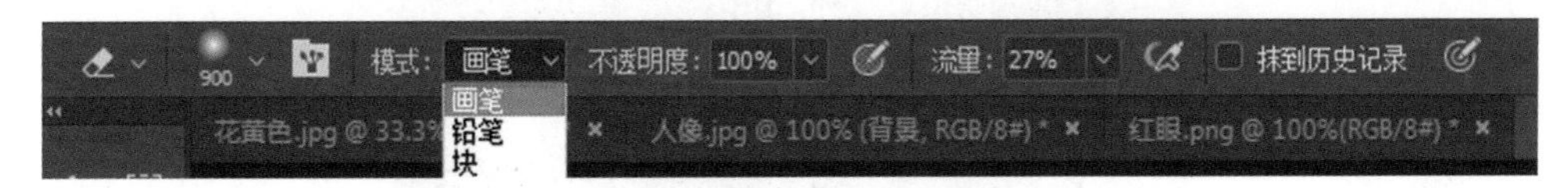

图 5-34 橡皮擦工具选项栏

5.3.2 背景橡皮擦工具

背景橡皮擦工具可用于在拖曳时将图层上的像素抹成透明，从而可以在抹除背景的同时在前景中保留对象的边缘。

使用背景色橡皮擦擦除背景图层中的像素后，背景图层会自动变为透明的图层。

单击工具箱中的背景橡皮擦工具，背景橡皮擦工具选项栏如图 5-35 所示。

图 5-35 背景橡皮擦工具选项栏

(1)“画笔”：设置橡皮擦的画笔大小。

(2)“限制”：在此下拉列表中选择一种擦除模式。

- “不连续”：抹除出现在画笔下任何位置的样本颜色。
- “邻近”：抹除包含样本颜色并且相互连接的区域。
- “查找边缘”：抹除包含样本颜色的连接区域，同时保留形状边缘的锐化程度。

(3)“容差”：用于控制擦除颜色的区域，可输入值或拖曳滑块。低容差仅限于抹除与样本颜色非常相似的区域。高容差会抹除范围更广的颜色。

(4)“保护前景色”：此复选框可防止抹除与图像中的前景色匹配的区域，也就是如果图像中的颜色与工具箱中的前景色相同，当擦除时，这种颜色将受保护，不会被擦除。

5.3.3 魔术橡皮擦工具

魔术橡皮擦工具可以用来擦除图像中相似颜色的像素。如果是在背景中或是在锁定了透明度的图层中工作，像素会更改为背景色，否则像素会抹为透明。在当前图层上，可以选择是只抹除邻近像素，还是要抹除所有相似的像素(如图 5-36 所示)。

在魔术橡皮擦工具选项栏中，选择“消除锯齿”选项可使抹除区域的边缘平滑。选择“用于所有图层”选项，利用所有可见图层中的组合数据采样来抹除色样。

指定不透明度可以定义抹除强度。100% 的不透明度将完全抹除像素，较低的不透明度将部分抹除像素。

图 5-36 抹除相似像素

换句话说，魔术橡皮擦工具的作用 = 魔棒工具 + 背景橡皮擦工具。

例 5.4 制作牛排海报

扫码观看案例讲解

下面具体说明如何通过魔术橡皮擦工具抠图来制作海报，操作步骤如下。

(1) 执行“文件→打开”命令(或按 Ctrl+O 快捷键)，弹出“打开”对话框，选择需要打开的素材图片，单击“打开”按钮，打开素材图片，如图 5-37 所示。

(2) 单击工具箱中的魔术橡皮擦工具，单击背景部分，把牛排和盘子抠出来，如图 5-38 所示。

图 5-37 牛排文档

图 5-38 使用魔术橡皮擦工具抠图

(3) 使用移动工具将抠出来的牛排移动到背景文档中，按 Ctrl+T 快捷键变换选区，把牛排放大，按 Enter 键确认变换，效果如图 5-39 所示。

(4) 将文字素材移动到背景素材中，调整位置，如 5-40 所示。

(5) 使用横排文字工具在牛排右上角输入“今日牛排”字样，最终效果如图 5-41 所示。

图 5-39 移动牛排

图 5-40 移动文字素材

图 5-41 最终效果

5.4 模糊、锐化及涂抹

本节主要讲解模糊工具、锐化工具和涂抹工具，这三个工具位于工具箱中的同一位置，如图 5-42 所示。

图 5-42 三个工具

5.4.1 涂抹工具

涂抹工具用来模拟手指进行涂抹绘制的效果，使用它时将会提取最先单击处的颜色，然后与鼠标拖动经过的颜色融合挤压，产生模糊的效果。涂抹工具不能在位图和索引颜色模式的图像上使用，其工具选项栏如图 5-43 所示。

图 5-43 涂抹工具选项栏

- “强度”：用于设置涂抹工具涂抹的力度，其取值在 0% ~ 100% 之间。设置的值越大，则拖出的线条越长，反之则越短。
- “对所有图层取样”：使涂抹工具的作用范围扩展到图像中所有的可见图层中，其效果是所有可见图层的像素颜色都加以涂抹处理。
- “手指绘画”：当选择该选项时，每次拖拉鼠标绘制的时候，就会使用工具箱中的前景色。如图 5-44 和图 5-45 所示为涂抹前后的图像效果。

图 5-44 涂抹前

图 5-45 涂抹后

5.4.2 模糊工具

模糊工具可使图像产生模糊的效果，降低图像相邻像素之间的对比度，使图像的边界区域变得柔和，从而产生一种柔和的效果。单击工具箱中的模糊工具，其工具选项栏如图 5-46 所示。

图 5-46 模糊工具选项栏

- “强度”：用于设置模糊工具着色的力度，其取值在 0% ~ 100% 之间。
- “对所有图层取样”：使模糊工具的作用范围扩展到图像中所有的可见图层。

如图 5-47、图 5-48 所示中的图像是使用模糊工具前后的变化效果。

图 5-47 模糊前

图 5-48 模糊后

5.4.3 锐化工具

锐化工具的作用与模糊工具相反，它能使图像产生清晰的效果，其原理是通过增大图像相邻像素之间的反差，从而使图像看起来更清晰。这个工具不适合过度使用，否则会使图像产生严重的失真。其工具选项栏如图 5-49 所示。

图 5-49 锐化工具选项栏

如图 5-50 和图 5-51 所示的是图像使用锐化工具前后的变化效果。

图 5-50 锐化前

图 5-51 锐化后

例 5.5 增加小猫细节

扫码观看案例讲解

(1) 执行“文件→打开”命令，弹出“打开”对话框，选择素材中的小猫文件，如图 5-52 所示。

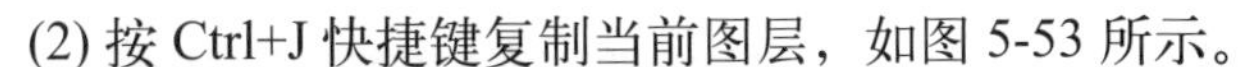

(2) 按 Ctrl+J 快捷键复制当前图层，如图 5-53 所示。

图 5-52　打开素材

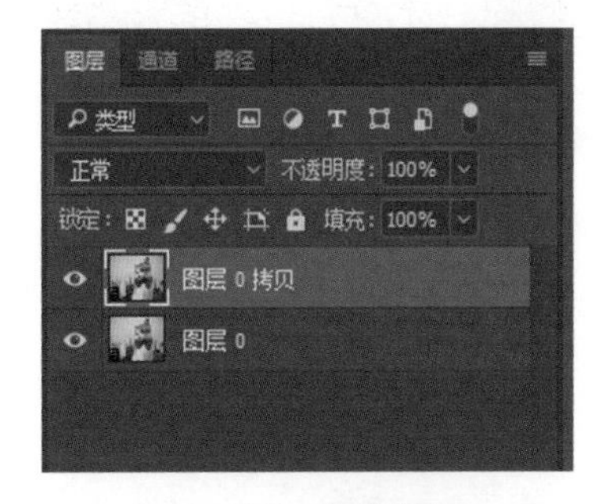

图 5-53　复制图层

(3) 单击工具箱中的锐化工具，将画笔大小设为 45，如图 5-54 所示。

(4) 在小猫身体进行涂抹，增加小猫身上的细节，效果如图 5-55 所示。

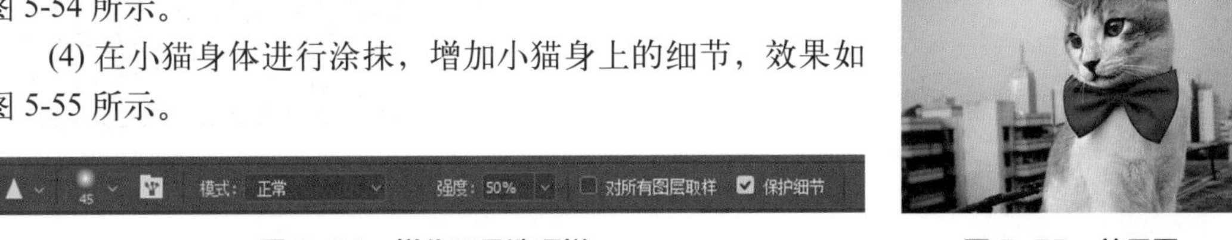

图 5-54　锐化工具选项栏

图 5-55　效果图

5.4.4 课程实例

例 5.6 利用模糊、锐化工具突出图像主体

扫码观看案例讲解

(1) 按 Ctrl+ O 快捷键，打开一个文件，如图 5-56 所示。

(2) 将“背景”图层拖曳到“创建新图层”按钮上，得到“背景 拷贝”图层，如图 5-57 所示。

(3) 选择椭圆选框工具创建椭圆选区，按 Shift+Ctrl+I 组合键反向选择选区，效果如图 5-58 所示。

图 5-56　打开文件

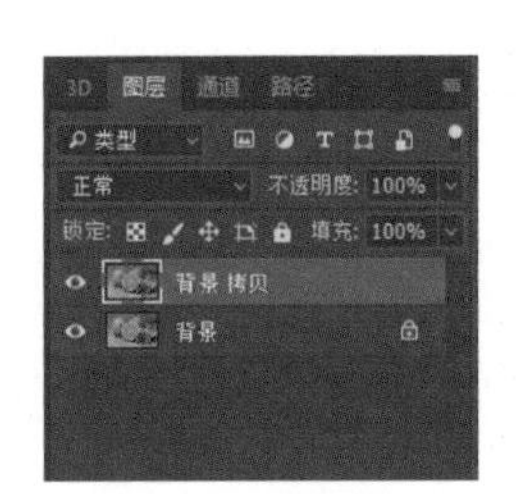

图 5-57　“图层”面板

图 5-58　椭圆选区

(4) 选择模糊工具，设置模糊工具的大小为 200，硬度为 100%，强度为 100%，对选区进行涂抹，效果如图 5-59 所示。

(5) 选择锐化工具对橙子肉进行锐化处理，使橙子更加饱满，最终效果如图 5-60 所示。

图 5-59　模糊工具处理图像

图 5-60　效果图

5.5　加深、减淡及海绵

本节主要讲解加深工具、减淡工具和海绵工具，这三个工具位于工具箱中的同一位置，如图 5-61 所示。

图 5-61　减淡、加深及海绵工具

5.5.1　减淡工具

使用减淡工具可以改变图像特定区域的曝光度，使图像变亮，其工具选项栏如图 5-62 所示。

范围：中间调　曝光度：50%　保护色调

图 5-62　减淡工具选项栏

工具选项栏中的“范围”选项用于设置加深的作用范围，在其下拉列表中可选择暗调、中间调或高光。“曝光度”用于设置对图像加深的程度，其取值在 0 ~ 100% 之间，输入的数值越大，对图像减淡的效果越明显。如图 5-63 所示为减淡前的原始图像，如图 5-64 所示为减淡后的图像效果。

图 5-63　减淡前

图 5-64　减淡后

5.5.2 加深工具

使用加深工具可以改变图像特定区域的曝光度，使图像变暗。其工具选项栏如图5-65所示。

图 5-65 加深工具选项栏

如图 5-66 所示为加深前的原始图像，如图 5-67 所示为加深后的图像效果。

图 5-66 加深前

图 5-67 加深后

5.5.3 海绵工具

使用海绵工具则可增加或减少图像的饱和度，其工具选项栏如图 5-68 所示。

图 5-68 海绵工具选项栏

在“模式”下拉列表中有两个选项：“去色”和“加色”。选择“去色”会降低图像颜色的饱和度，选择“加色”则增加图像颜色的饱和度；“流量”选项用来设置去色或加色的程度，另外也可选择喷枪效果。如图 5-69 所示为原始图像，如图 5-70 所示为使用海绵工具(“模式”设置为“去色”)后的图像效果。

图 5-69 原始图像

图 5-70 应用海绵工具后

若将“模式”设置为“加色”时，海绵工具可作为图像的上色工具。

5.6 本章小结

本章主要讲解了 Photoshop 提供修图工具的应用方法，所含知识点包括：图章工具、修补工具、污点修复画笔工具、修复画笔工具、红眼工具、橡皮擦工具、背景橡皮擦工具、魔术橡皮擦工具、涂抹工具、锐化工具、模糊工具、减淡工具、加深工具、海绵工具等。

5.7 课后习题

一、选择题

1. 下面工具中，(　　) 不属于对图像编辑的工具。
   A. 画笔工具　　B. 橡皮擦工具　　C. 图章工具　　D. 文本工具
2. 使用背景橡皮擦工具擦除图像后，其背景色将变为 (　　)。
   A. 透明色　　B. 白色
   C. 与当前所设的背景色颜色相同　　D. 以上都不对
3. 下面的工具中，(　　) 不能设置不透明度。
   A. 铅笔工具　　B. 画笔工具　　C. 橡皮擦工具　　D. 涂抹工具
4. (　　) 可用于调整图像饱和度。
   A. 涂抹工具　　B. 加深工具　　C. 海绵工具　　D. 减淡工具
5. (　　) 是模拟用手指搅拌绘制的效果。
   A. 模糊工具　　B. 锐化工具　　C. 涂抹工具　　D. 橡皮擦工具

二、填空题

1. (　　) 工具主要用于将图像的一部分绘制到同一图像的另一部分或绘制到具有相同颜色模式的任何打开的文档的另一部分。

2. 污点修复画笔工具的工作方式与 (　　) 类似，它使用图像或图案中的样本像素进行绘画，并将样本像素的纹理、光照、透明度和阴影与所修复的像素相匹配。

3. (　　) 可移去用闪光灯拍摄的人像或动物照片中的红眼，也可以移去用闪光灯拍摄的动物照片中的白色或绿色反光。

4. (　　) 工具可将像素更改为背景色或透明。如果您正在背景中或已锁定透明度的图层中工作，像素将更改为 (　　)；否则，像素将被抹成 (　　)。

5. 涂抹工具不能在 (　　) 和 (　　) 模式的图像上使用。

6. 锐化工具的作用与 (　　) 工具相反，它能使图像产生清晰的效果，其原理是通过增大图像相邻像素之间的反差，从而使图像看起来更 (　　)。

三、上机操作题

利用本节内容给人物修容，制作圣诞照片，如图 5-71 所示。

扫码观看案例讲解

图 5-71　圣诞照片效果图

第6章 色彩及色彩调整

本章主要讲述颜色模式及其转换，以及颜色选取的各种方法。颜色模式是指同一属性下的不同颜色的集合，明确图像的使用目的是选择颜色模式的关键。各种颜色模式之间可以进行转换，但是每次转换后都需要对图像进行重新处理。选取绘图颜色是绘制处理图像的重要步骤，可以运用多种方法来进行颜色选取。

学习目标

- 了解 CMYK 模式、RGB 模式、Lab 模式、HSB 模式以及它们之间的转换方法
- 了解基本的颜色调整技巧
- 了解对图像的色相、饱和度，以及明度的调整

6.1 色彩的基本概念

从人的视觉系统来看，色彩可用色相、明度、纯度来描述。人眼看到的任何色彩都是这三个特性的综合效果。这三个特性被称为色彩的三要素，也称色彩三属性。

6.1.1 色相

色相即色彩的本来面貌名称，如大红、橘红、草绿、湖蓝、群青等。色相是区别色彩的主要依据，是色彩的最大特征。

色相的称谓，命名方法比较多。有以自然界的植物、矿物质命名的，如玫瑰红、紫罗兰、土红、赭石等；有以地名命名的，如印度红、普鲁士蓝等；有以化工原料命名的，如钛青蓝、铬绿等。

6.1.2 明度

明度即色彩的明暗差别程度。色彩的明度差别主要包括以下几个方面：一是指某一色相的深浅变化，如粉红、大红、深红，都是红，但前面比后面淡；二是指不同色相间存在的明度差别，如六种标准色中最浅的黄，最深的紫，橙和绿、红和蓝处于相近的明度之间。

6.1.3 纯度

纯度即各色彩中包含的单种标准色成分的多少，也被称为颜色的饱和度。纯的色感比较强，不纯的色感比较弱。纯度与明度有着不可分割的制约关系。概括起来有三种：一是加白色能增强明度，降低纯度；二是加黑色使色彩的明度和纯度全降低；三是加灰色（即同时加白和黑）或其他中性颜色使色彩产生丰富的变化。

6.1.4 冷暖

造成色彩冷暖感觉的原因，既有生理因素，也有心理因素。色性本身并不具有独立存在的价值，它主要是依附于色相、明度、纯度三种属性而产生的综合反映。

色彩冷暖感的相对性，主要体现在两个方面：一是冷暖色本身具有相对性，如红、黄、橙三色在感觉和心理上被定为暖色，而蓝为冷色，绿和紫为中性色，其他如红、橙两色在特定的环境下也具有冷暖变化；二是黑、白、灰三色本身是无彩的，一旦和其他色彩相混也会产生冷暖上的变化，同时也要注意黑、白、灰成分的多少会起一定的调和作用。

至于灰色的冷暖变化则更加丰富，通常在直接用黑白调成灰色外，其他的灰色都具有冷暖性。

6.2 色彩的调整

色彩是 Photoshop 平面设计中非常重要的一个方面，一幅好的图像离不开好的色彩。

对图像色彩细微的调整，均将影响最终的视觉效果。Photoshop 提供有丰富的色彩校正工具，充分利用这些工具可实现对图像的各种色彩校正及色彩改变。

Photoshop 提供了色彩模式的转换，而如图 6-1 所示的“图像→调整”子菜单中则提供了对图像色彩进行各种调整的命令。

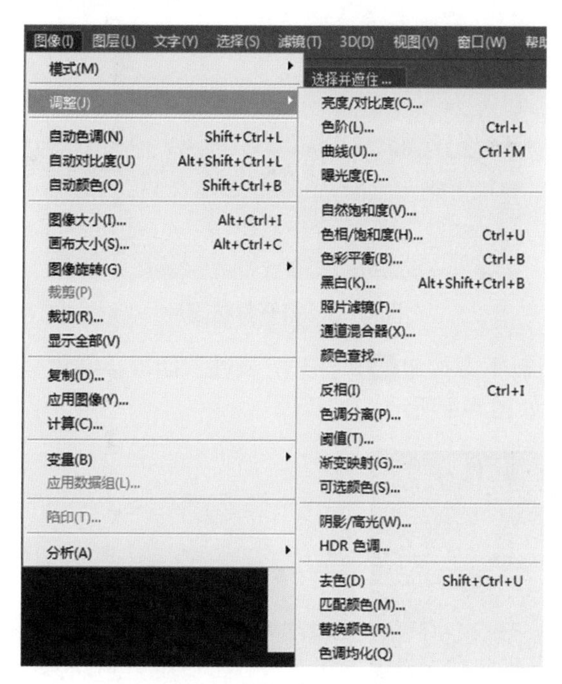

图 6-1 色彩“调整”命令

6.2.1 色彩平衡

“色彩平衡”命令可以控制图像的颜色分布，使图像整体达到色彩平衡。色彩平衡的调色，是根据互补色原理。打开一幅图像后，执行“图像→调整→色彩平衡”命令，打开如图 6-2 所示的“色彩平衡”对话框。

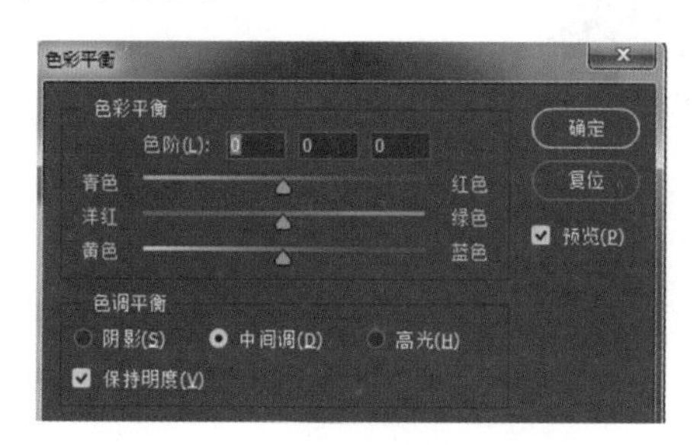

图 6-2 “色彩平衡”对话框

- “色阶”：三个文本框对应下面的三个滑杆，可通过输入数值或移动滑块来调整色彩平衡，输入的数值为 -100 ～ 100，表示颜色数减少或增加。
- “色调平衡”：可选择阴影、中间调或高光分别调整其相应的色阶值；选中“保持明度”复选框，可在 RGB 模式图像颜色更改时保持色调平衡。

例 6.1 清晨变黄昏

(1) 打开素材文件中的图片，如图 6-3 所示。

扫码观看案例讲解

图 6-3 打开素材图片

(2) 单击“图层”面板下方按钮，打开“属性”面板，创建“色彩平衡”调整图层，设置“中间调”参数，如图 6-4 所示。

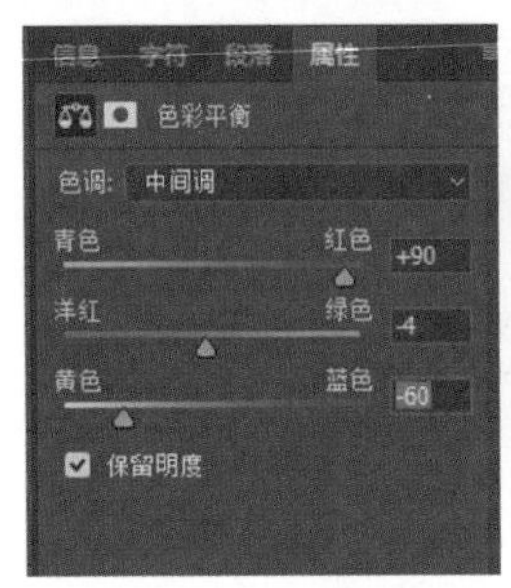

图 6-4 色彩平衡“中间调”参数

(3) 设置“阴影”参数如图 6-5 所示，最终效果如图 6-6 所示。

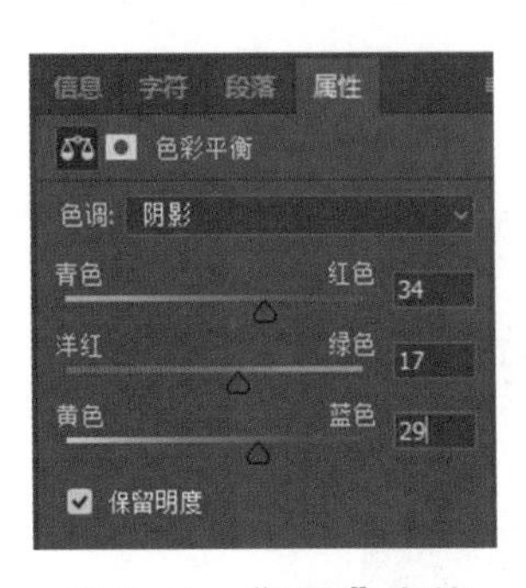

图 6-5 “阴影”参数

图 6-6 效果图

6.2.2 亮度 / 对比度

该命令可以对图像的色调范围进行简单的调整。执行“图像→调整→亮度 / 对比度”命令，打开如图 6-7 所示的对话框。

图 6-7　“亮度 / 对比度”对话框

文本框中的数值为 0 ～ 100，可直接输入或移动下面的滑块来进行调整。

- “亮度”：将滑块向右移动会增加亮度值并扩展图像高光，而将滑块向左移动会减少亮度值并扩展阴影。
- “对比度”：对比度就是指不同颜色之间的差异。对比度对视觉效果的影响非常关键，一般来说对比度越大，图像越清晰醒目，色彩也越鲜明艳丽；而对比度小，则会让整个画面都灰蒙蒙的。

6.2.3　色相 / 饱和度

使用色相 / 饱和度，可以调整图像中特定颜色范围的色相、饱和度和亮度，或者同时调整图像中的所有颜色。色相即色彩颜色，饱和度即色彩纯度，明度即黑白颜色的百分量。注意此处的明度不同于“亮度 / 对比度”中的亮度；改变明度的同时，色彩纯度和对比度保持不变；而改变亮度会同时影响色彩纯度和对比度。此调整尤其适用于微调 CMYK 图像中的颜色，使它们处在输出设备的色域内。

执行“图像→调整→色相 / 饱和度”命令，打开如图 6-8 所示的对话框。

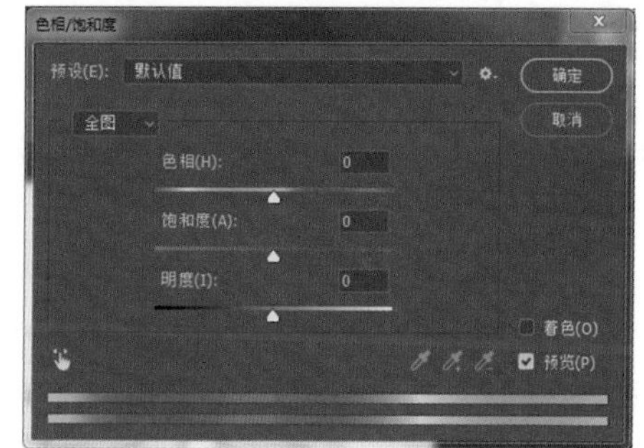

图 6-8　“色相 / 饱和度”对话框

- “编辑”：可选择“红色”“黄色”“绿色”“青色”“蓝色”和“洋红”调整单一颜色，或选择“全图”调整整个图像的色相与饱和度。
- “色相”“饱和度”“明度”：可直接输入数值或拖动滑块调整。
- 颜色条：底部的两个颜色条，上面的表示调整前的状态，下面的表示调整后的状态。
- “着色”：选中时，可将灰色或黑白图像染上单一颜色，或将彩色图像转变为单色。

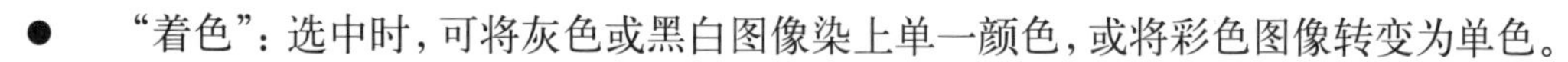

6.2.4　使用调整图层给照片上色

使用调整图层可以对图像试用颜色、进行色彩调整，而不会永久地修改图像中的像素。每个调整图层都带有一个图层蒙版，可对图层蒙版进行编辑或修改以符合我们的要求。单击如图 6-9 所示的“图层”面板的相应按钮，弹出如图 6-10 所示的菜单，选择“色相 / 饱和度”选项进行创建。

使用调整图层给照片上色的最大好处就是不对原图做任何改动。当我们需要对其中的某一部分进行调整时会很方便，可以通过改变笔刷的大小和压力对图像做精细的调整，还可随心所欲地添加效果。

图 6-9 “图层”面板

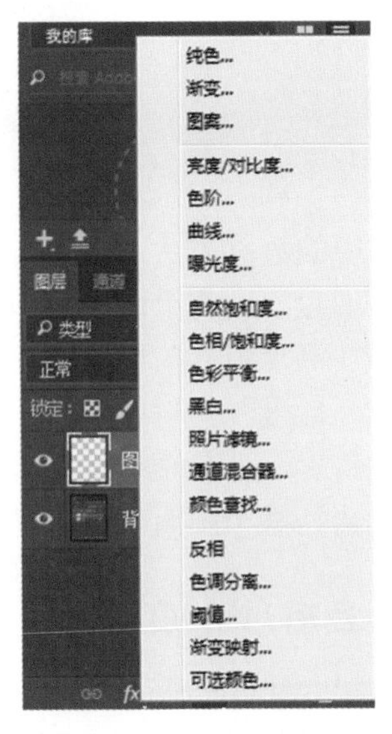

图 6-10 调整图层类型菜单

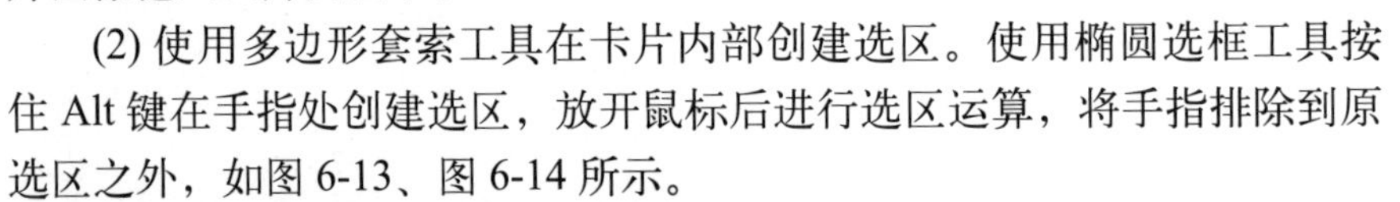

6.2.5 课程案例

例 6.2 制作趣味照片

扫码观看案例讲解

(1) 打开两个素材文件，如图 6-11、图 6-12 所示。使用移动工具将卡片图像拖入照片文档中。

(2) 使用多边形套索工具在卡片内部创建选区。使用椭圆选框工具按住 Alt 键在手指处创建选区，放开鼠标后进行选区运算，将手指排除到原选区之外，如图 6-13、图 6-14 所示。

图 6-11 打开文件 1

图 6-12 打开文件 2

图 6-13　使用多边形套索工具

图 6-14　选区运算

(3) 按 Delete 键将选区内容删除，如图 6-15 所示。

(4) 单击“图层”面板下方按钮，选择“色彩平衡”选项，创建色彩平衡调整图层，设置参数，如图 6-16、图 6-17 所示。

图 6-15　删除

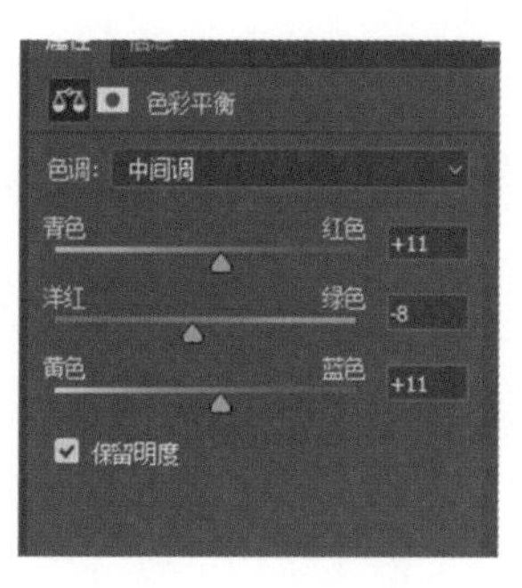

图 6-16　色彩平衡

图 6-17　调整效果

(5) 单击“图层”面板下方按钮，选择“亮度 / 对比度”选项，创建亮度 / 对比度调整图层，设置参数，如图 6-18、图 6-19 所示。

图 6-18　亮度 / 对比度

图 6-19　调整效果

(6) 单击“图层”面板下方按钮，选择“色相 / 饱和度”选项，创建色相 / 饱和度调整图层，设置参数如图 6-20 所示，最终效果如图 6-21 所示。

图 6-20　色相 / 饱和度

图 6-21　最终效果

6.3　图像的亮度与对比度调整

在图像中，亮度和对比度的调整是非常重要的，特别是对于一些比较灰暗的图像而言，我们必须对它进行适当的处理。

前面介绍了 Photoshop 中“图像→调整”菜单中的部分功能，下面继续介绍亮度、对比度调整的常用工具“色阶”“曲线”的使用方法。

6.3.1　色阶

“色阶”命令不仅可以针对图像进行明暗对比的调整，还可以对图像的阴影、中间调和高光强度级别进行调整，以及分别对各个通道进行调整，以修改图像明暗对比或者色彩倾向。打开一幅图像，执行“图像→调整→色阶”命令，打开如图 6-22 所示的对话框。

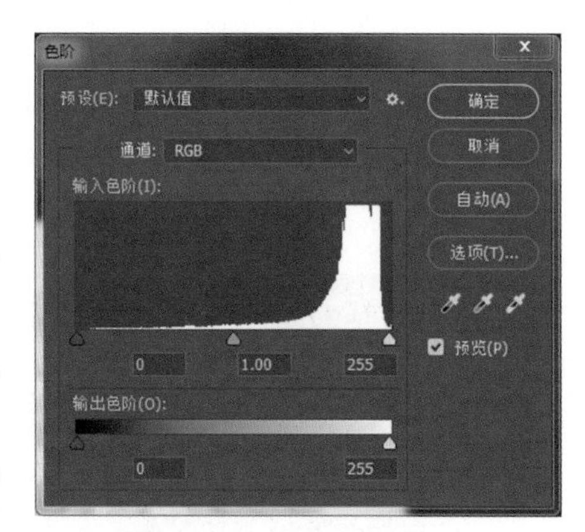

图 6-22　“色阶”对话框

- “通道”：选择 RGB 则调整对所有通道起作用，选择红、绿、蓝则对单一通道起作用。
- “输入色阶”：直接输入数值或利用滑块调整图像的暗调、中间调和高光。左侧框中的数值可增加图像暗部的色调，原理是将图像中亮度值小于该数值的所有像素都变成黑色；中间框中的数值可调整图像的中间色调，数值小于 1.00 时中间色调变暗，大于 1.00 时中间色调变亮；右侧框中的数值可增加图像亮部的色调，它会将所有亮度值大于该数值的像素都变成白色。一幅色调好的图像，“输入色阶”的上述三个滑块对应处都应有较均匀的像素分布。

- “输出色阶”：主要是限定图像输出的亮度范围，它会降低图像的对比度。左侧框中的数值可调整亮部色调；右侧框中的数值可调整暗部色调。
- “在图像中取样以设置黑场”：使用该吸管在图像中单击取样，可以将单击点的像素调整为黑色，同时图像中比该单击点暗的像素也会变成黑色。
- “在图像中取样以设置灰场”：使用该吸管在图像中单击取样，可以根据单击点像素的亮度来调整其他中间调的平均亮度。
- “在图像中取样以设置白场”：使用该吸管在图像中单击取样，可以将单击点的像素调整为白色，同时图像中比该单击点暗的像素也会变成白色。

如图 6-23 和图 6-24 分别为原图片及调整色阶后的对照图。

图 6-23　原图

图 6-24　调整色阶后的效果图

在“图像→调整”菜单中还有一项“自动色阶”，用于对图像的色阶进行自动调整。

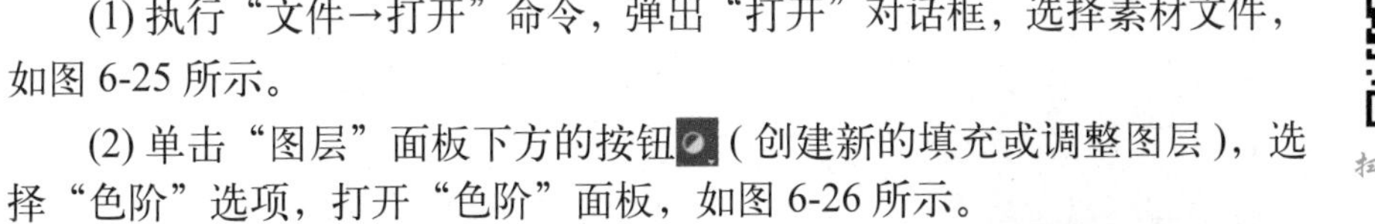

例 6.3　降低亮度，提高对比度，复原过曝的照片

扫码观看案例讲解

(1) 执行“文件→打开”命令，弹出“打开”对话框，选择素材文件，如图 6-25 所示。

(2) 单击“图层”面板下方的按钮（创建新的填充或调整图层），选择“色阶”选项，打开“色阶”面板，如图 6-26 所示。

图 6-25　打开素材

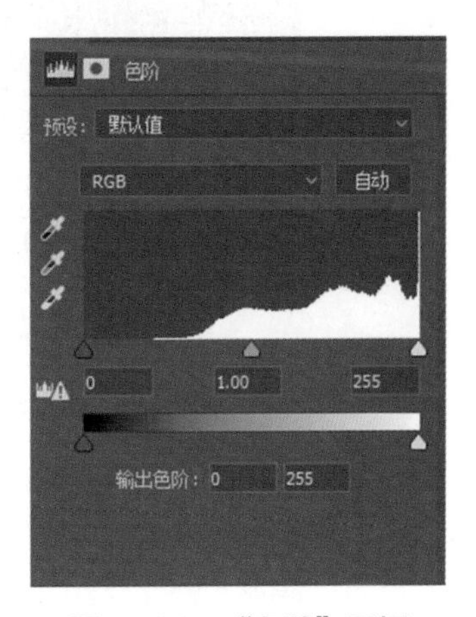

图 6-26　“色阶”面板

(3) 调整色阶参数，如图 6-27 所示。

(4) 最终效果如图 6-28 所示。

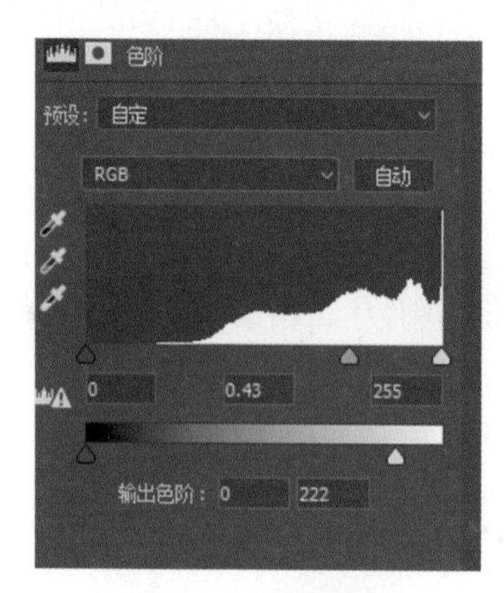

图 6−27　调整参数

图 6−28　效果图

6.3.2　曲线

“曲线”命令与“色阶”作用相似，但功能更强，它不但可以调整图像的亮度，还能调整图像的对比度和色彩。打开一幅图像，执行“图像→调整→曲线”命令，打开如图 6-29 所示的对话框。

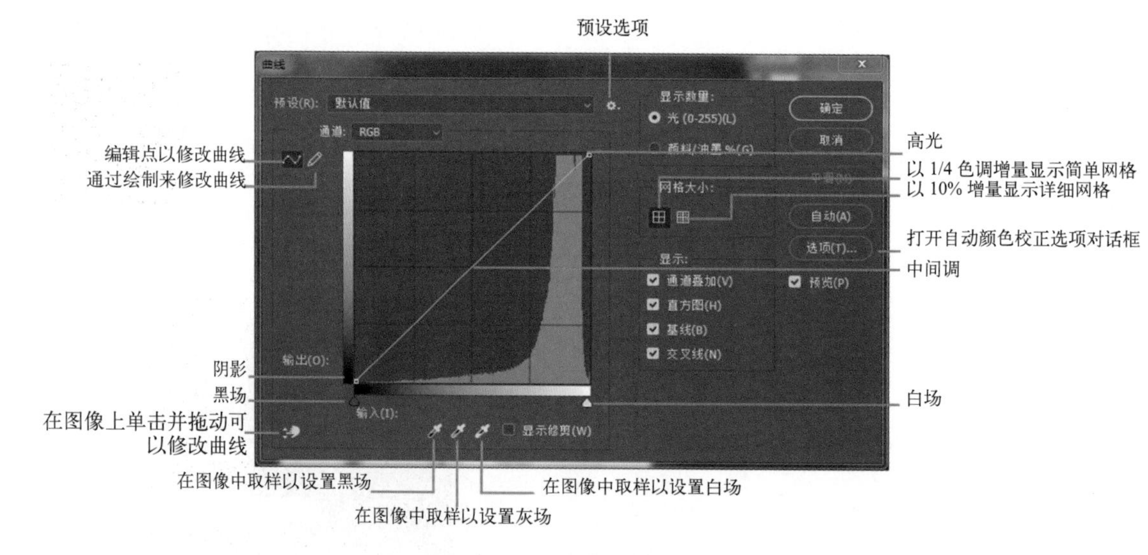

图 6−29　“曲线”对话框

图中的直线代表了 RGB 通道的色调值，中心垂直虚线格代表了中间色调分区（按住 Alt 键同时单击虚线区域，虚线格将实现 4 个与 10 个的切换，便于精确控制），表格横坐标代表输入色阶，纵坐标代表输出色阶，和色阶图中的输入输出色阶相似。

改变图中的曲线形态就可改变当前图像的亮度分布。选择表格右下方的曲线工具，可拖曳曲线改变形态，在曲线上单击会产生小节点，拖曳这些小节点会改变曲线形态；如要删除某节点，可将节点拖至表格外。选择铅笔工具，可自由绘制曲线，此时“平滑”按钮激活。

在亮度杆的正常方向下，色阶曲线越向左上凸，图像会越亮，反之则越暗。

在前面已介绍过“亮度 / 对比度”，在“图像→调整”菜单中还有一项“自动对比度”，用于自动调整图像的对比度。

例 6.4 营造暴雨前氛围

扫码观看案例讲解

(1) 打开文件素材，如图 6-30 所示。暴雨前的氛围主要是黑暗沉闷，但是局部很亮。分析照片发现整体偏灰，我们需要要把照片暗处变黑，可以使用曲线工具来实现。

图 6-30　打开文件

(2) 单击“图层”面板下方按钮，选择“曲线”选项，创建曲线调整图层，把黑场前部分曲线下压，把暗部变成纯黑，如图 6-31 所示，效果如图 6-32 所示。

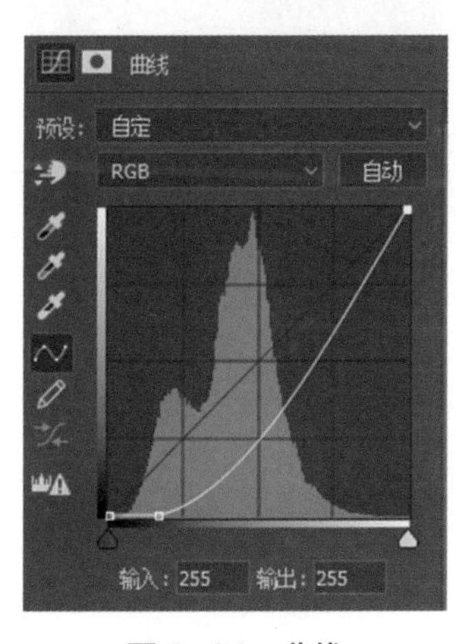

图 6-31　曲线

图 6-32　调整效果

(3) 把右边的曲线上拉，提高高光的亮度，如图 6-33、图 6-34 所示。

(4) 此时天空还是有点亮，新建一个曲线调整图层，把曲线下拉，再降低亮度，如图 6-35、图 6-36 所示。

(5) 现在天空基本表现暴雨前的暗沉了，但是山体变得很黑。将前景色设为黑色，使用画笔工具涂抹山体，最终效果如图 6-37 所示，此时的“图层”面板如图 6-38 所示。

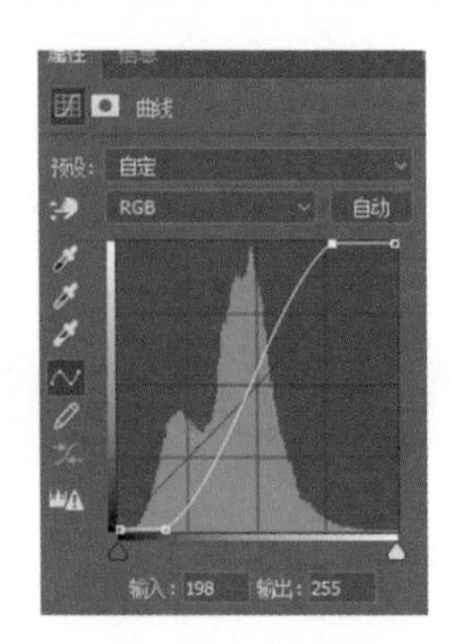

图 6-33 曲线

图 6-34 调整效果

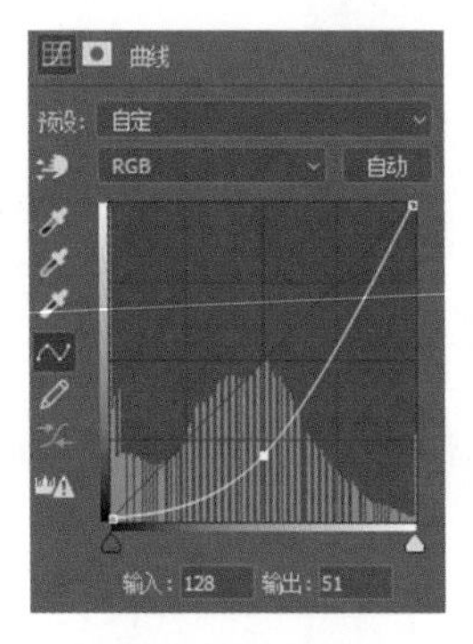

图 6-35 曲线

图 6-36 调整效果

图 6-37 画笔最终效果

图 6-38 “图层”面板

6.3.3 课程案例

例 6.5 为偏灰的照片去灰

扫码观看案例讲解

(1) 打开素材图像文件，按 Ctrl+J 快捷键复制图层，在复制图层上进行更改，如图 6-39 所示。

(2) 执行“图像→调整→曲线”命令，打开“曲线”对话框，通过曲线对 RGB 通道进行调节，提升照片的亮度，如图 6-40 所示。

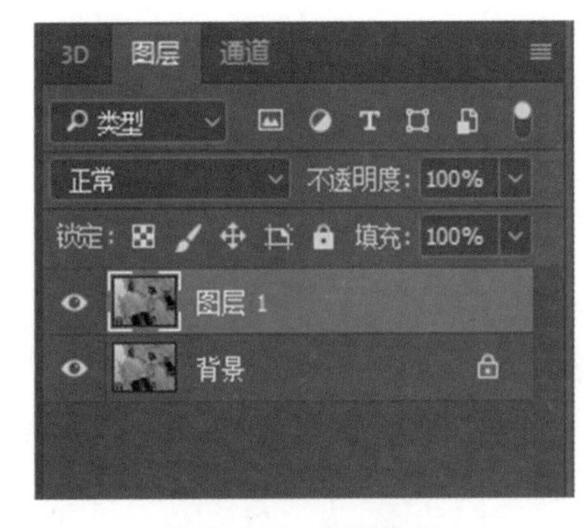

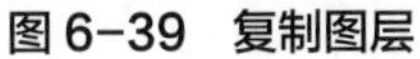

图 6-39　复制图层

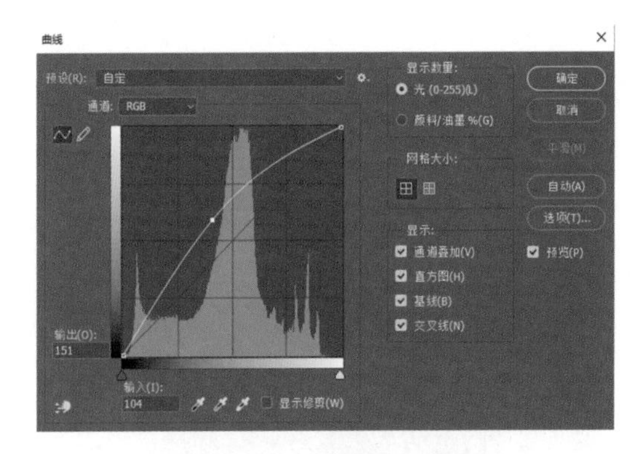

图 6-40　“曲线”对话框

(3) 通过曲线对“红”通道进行调节，详细参数如图 6-41 所示。

(4) 通过曲线对“绿”通道进行调节，详细参数如图 6-42 所示。

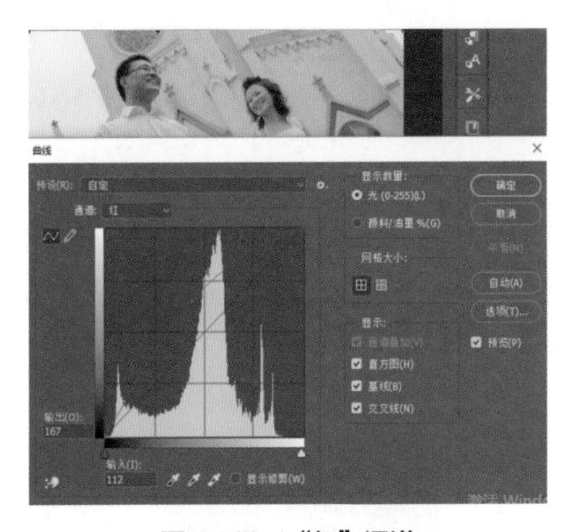

图 6-41　“红”通道

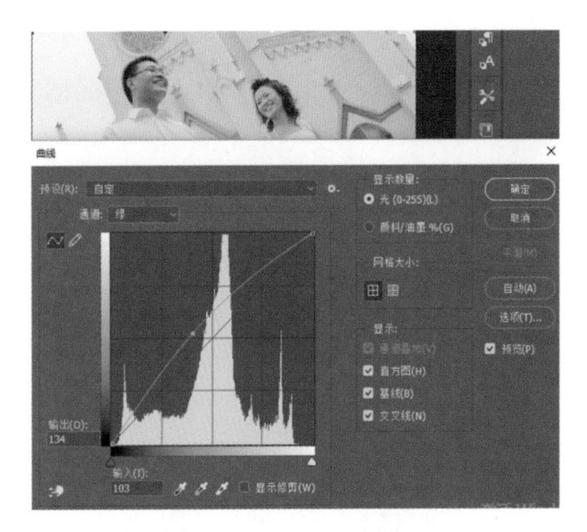

图 6-42　“绿”通道

(5) 现在画面的灰色已经不明显了，但是还是有点偏黄，可以通过曲线对“蓝”通道进行调节，详细参数如图 6-43 所示。单击“确定”按钮完成曲线的调整。

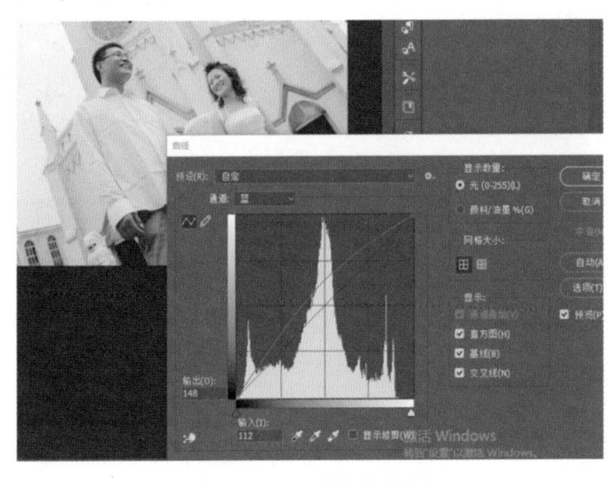

图 6-43　“蓝”通道

(6) 执行“图像→调整→色阶”命令，打开“色阶”面板，通过对输入色阶的调节，提升照片的对比度，参数如图 6-44 所示。最终效果如图 6-45 所示。

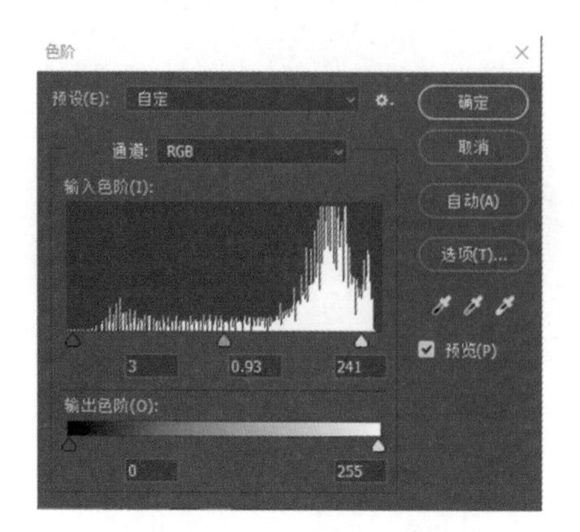

图 6-44 “色阶”面板

图 6-45 最终效果

6.4 图像的色相与饱和度调整

图像的色彩调整在图像的修饰中是非常重要的一项内容，改变图像的色相、饱和度可随心所欲地改变图像或部分色彩，达到以假乱真的效果。通过本节的学习读者可了解“去色”“替换颜色”“可选颜色”和“色彩平衡”的功能及基本操作，掌握图像的色相与饱和度的应用方法。

6.4.1 去色

该命令会将彩色图像中所有颜色的饱和度变为 0，即将彩色图像转化为黑白图像。但该命令和将图像转换成灰度图不同，它不会改变图像的色彩模式。打开彩色图像后，执行“图像→调整→去色”命令，即将图像转化为黑白图像。

6.4.2 替换颜色

该命令用于对某一特定颜色进行色彩的调整。打开一幅图像，执行“图像→调整→替换颜色”命令，弹出如图 6-46 所示的对话框。

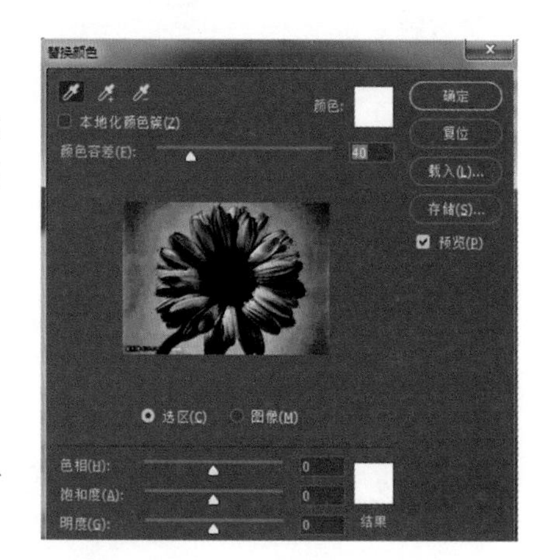

图 6-46 “替换颜色”对话框

6.4.3 可选颜色

该命令可用于对 RGB、CMYK 和灰度等色彩模式的图像进行色彩的调整，即用来校正输入和输出时的色彩含量，这个命令不是很常用。打开一幅图像，执行“图像→调整→可选颜色”命令，弹出如图 6-47 所示的对话框。

图 6-47 “可选颜色”对话框

在图 6-47 中，“颜色”下拉列表可选择需要修改的颜色，分别拖动下面 CMYK 4 种颜色的滑块可改变当前颜色比重，没选择的颜色分量则不会改变。例如，选择红色来减少红色像素中黄色成分的含量，但其他颜色，如绿色、蓝色等的黄色分量不会改变。该功能常用于分色程序。

6.4.4 匹配颜色

该命令将一个图像 (源图像) 的颜色与另一个图像 (目标图像) 相匹配。当使不同照片中的颜色看上去一致，或者一个图像中特定元素的颜色 (如肤色) 必须与另一个图像中某个元素的颜色相匹配时，该命令非常有用。执行“图像→调整→匹配颜色”命令，可打开如图 6-48 所示的对话框。

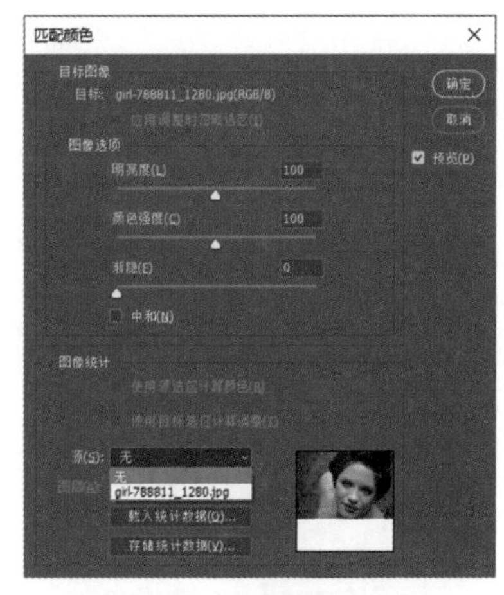

图 6-48 “匹配颜色”对话框

在“源”下拉列表中可选择打开的文件进行颜色匹配。

6.5 图像局部的颜色调整技术

在日常生活中，经常会碰到颜色有偏差或偏暗的照片，这就需要进行颜色调整。通过节学习读者可掌握利用色阶 (或曲线)、通道混和器、自动色阶等功能调整图像的偏色及局部颜色效果的方法。

6.5.1 通道混和器

该命令可改变某一通道中的颜色，并混和到主通道中产生一种图像合成效果。打开图像后，执行“图像→调整→通道混和器”命令，打开如图 6-49 所示对话框。

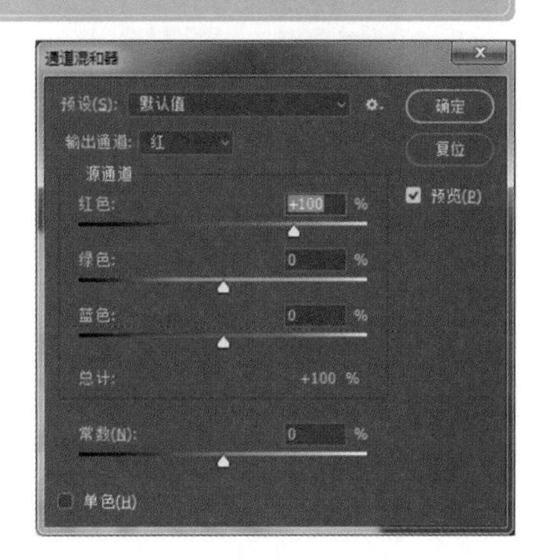

图 6-49 “通道混和器”对话框

其中“输出通道”可选择要调整的通道，在“源通道”处输入数值或拖动滑块改变所选通道的颜色，在“常数”处指定通道的不透明度，“单色”选项可用于制作灰度图像。

6.5.2 渐变映射

该命令将渐变的色彩效果应用到图像中，这是个不常用的命令。打开图像后，执行“图像→调整→渐变映射”命令，打开如图 6-50 所示对话框。

图 6-50 “渐变映射”对话框

可选中“渐变选项”选项组下的任一复选框选择一种渐变类型。“仿色”使色彩过渡更平滑，“反向”使现有的渐变色逆转方向。

例 6.6 对图片进行调色

下面说明如何通过“渐变映射”命令对图片进行调色，具体操作步骤如下。

扫码观看案例讲解

(1) 打开原图，复制图层，单击“图层”面板中的按钮，选择“渐变映射”选项，如图 6-51 所示。

图 6-51 选择“渐变映射”选项

(2) 弹出渐变映射“属性”面板，双击渐变颜色条，如图 6-52 所示。

(3) 弹出“渐变编辑器”对话框，设置两个色标颜色分别为黄色和蓝色，如图 6-53 所示。

图 6-52　“属性”面板

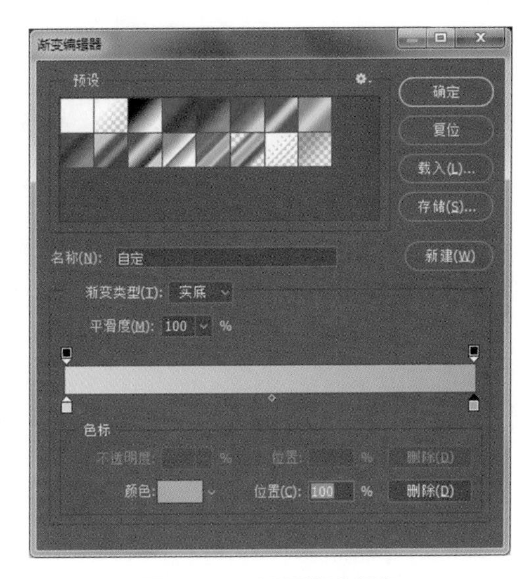

图 6-53　设置渐变颜色

(4) 降低不透明度，效果如图 6-54 所示。

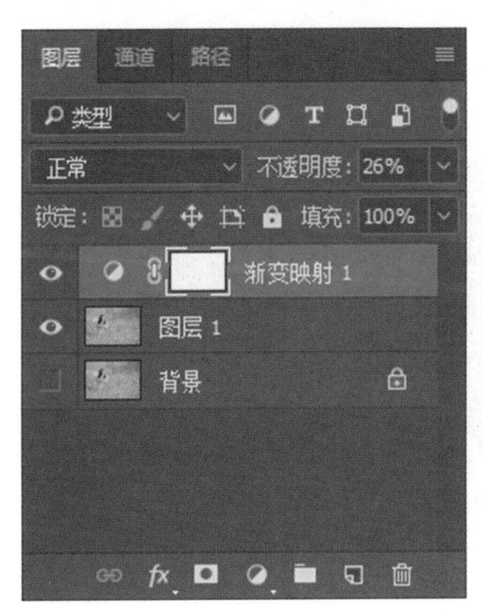

图 6-54　降低不透明度

(5) 单击工具箱的画笔工具，调整不透明度和流量，如图 6-55 所示。

图 6-55　画笔工具

(6) 调整画笔大小并对人像进行涂抹，使人像更突出，最终效果如图 6-56 所示。

图 6-56　最终效果

6.6　图像色彩的特殊调整技术

为实现一些特殊的色彩效果，在图像色彩调整中会用到前面几节中没有提及的几种方法，如“反相”“色调均化”“阈值”和“色调分离”。通过本节的学习，读者可掌握图像色彩的一些特殊调整技术。

6.6.1　反相

该命令能将图像转换成反相效果，应用它可将图像转化为阴片，或将阴片转换为图像。打开图像后，执行“图像→调整→反相”命令，“反相”前后的效果对比如图 6-57 所示。

图 6-57　反相的对比效果

6.6.2　色调均化

有时图像中的色彩显得较复杂，容易让人感到眼花缭乱，这时只要执行“图像→调整→色调均化”命令，Photoshop 就会自动进行色调均化调整，均匀分布图像画面中的除最深与最浅处以外的中间像素。

6.6.3　阈值

该命令能将彩色或灰度图像转换为高对比度的黑白图像，其选项就是定义一个色阶为阈值，比这个值亮的像素转变为白色，比这个值暗的像素转变为黑色，这个命令较常用。

执行“图像→调整→阈值”命令，打开如图 6-58 所示对话框，“阈值色阶”值要视图像效果来确定。

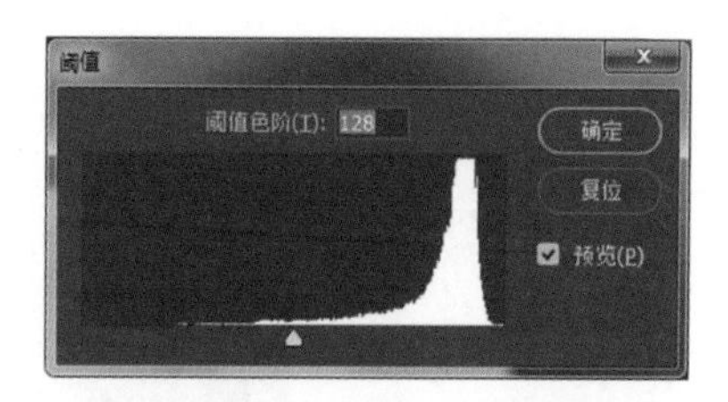

图 6-58 “阈值”对话框

6.6.4 色调分离

该命令将指定图像每个通道的色调级别，即亮度值的数目，并将指定亮度的像素映射为最接近的匹配色调。执行“图像→调整→色调分离”命令，打开如图 6-59 所示的对话框，输入合适的“色阶”值即可。

图 6-59 “色调分离”对话框

6.6.5 课程案例

例 6.7 人物字母海报

扫码观看案例讲解

(1) 打开人物图片，使用裁剪工具，设置裁剪比例为“1 ： 1(方形)”，如图 6-60 所示。将人物移动到裁剪区域内，如图 6-61 所示。

(2) 按 Enter 键，完成裁剪。使用快速选择工具选取人物主体，按 Ctrl+J 快捷键复制人物图层，如图 6-62 所示。

图 6-60 裁剪工具选项栏

图 6-61 裁剪图片

(3) 按 Ctrl+D 快捷键取消选区，在“图层”面板隐藏“背景”图层。选中“图层 1”，按 Ctrl+M 快捷键调出“曲线”对话框，调节曲线参数及效果如图 6-63 所示。

(4) 执行“图像→调整→阈值”命令，调整参数使五官清晰，如图 6-64 所示。

(5) 执行“选择→色彩范围”按钮，打开“色彩范围”对话框，用取样器单击白色部分，将颜色容差设为 0，单击“确定”，选中所有白色区域，如图 6-65 所示。

(6) 按 Delete 键删除白色部分。在“背景”图层上方新建一个图层填充白色，如图 6-66 所示。

(7) 新建一个文档，使用横排文字工具输入 Sexy girl，执行“编辑→定义画笔预设”命令，输入名称 Sexy girl，单击“确定”按钮，完成画笔设置如图 6-67 所示。

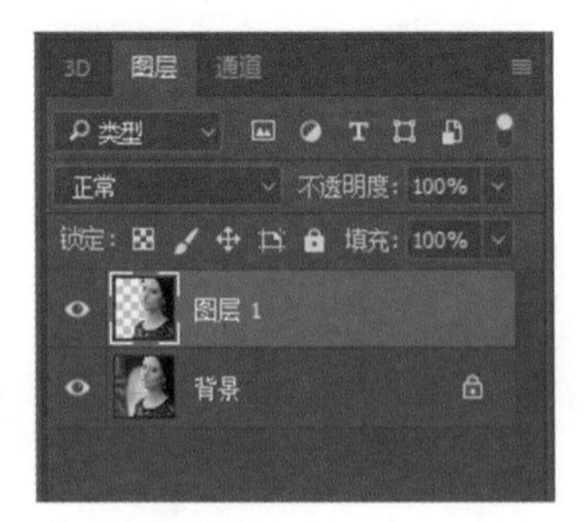

图 6-62 复制人物图层

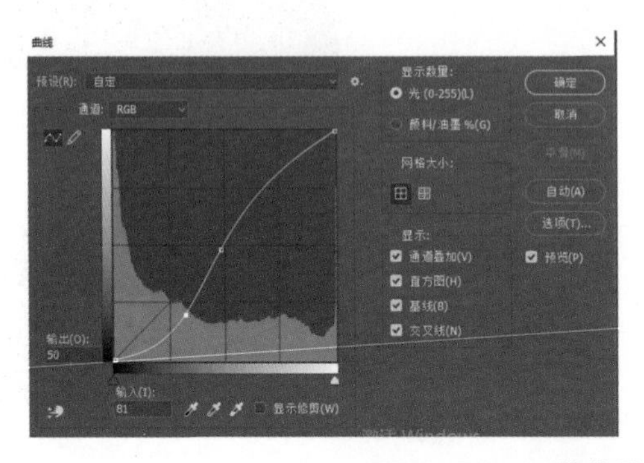

图 6-63 调整曲线及效果

图 6-64 阈值

图 6-65 色彩范围

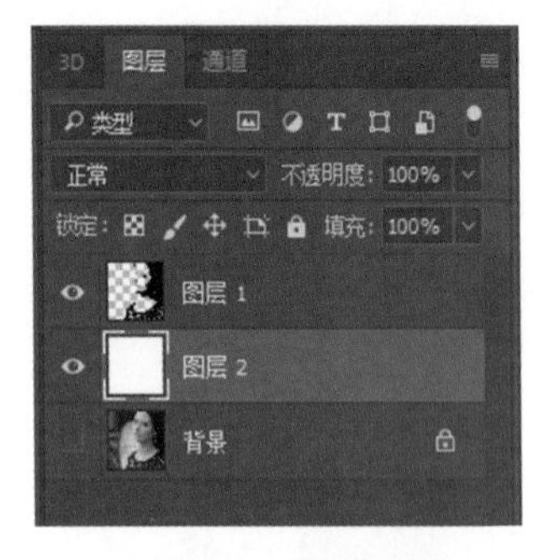

图 6-66 新建图层

图 6-67 画笔预设

(8) 回到人物文档，选择画笔工具，找到刚刚设置的画笔，单击工具选项栏的“画笔面板”，打开画笔设置。调整“形状动态”参数，如图 6-68 所示。

(9) 将人物图层的不透明度设为 40%，按住 Ctrl 键单击人物图层的缩略图，调取选区。在人物图层上方新建图层，如图 6-69 所示。

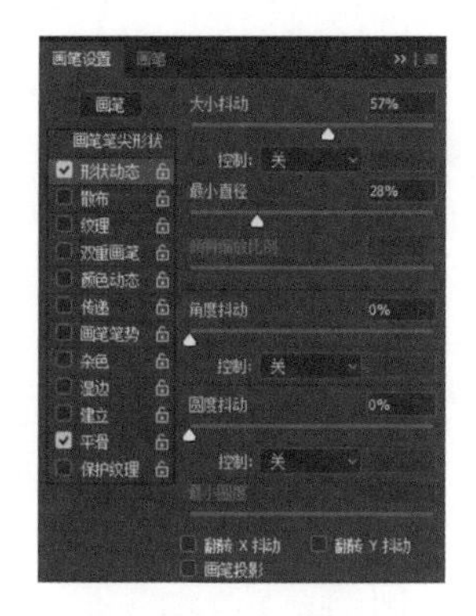

图 6-68 形状动态

图 6-69 新建图层

(10) 使用画笔工具在“图层 3”上制作字母海报，在制作过程不断地调整画笔大小，完成后将人物图层隐藏，按 Ctrl+D 快捷键取消选区，效果如图 6-70 所示。

(11) 新建“图层 4”，使用渐变工具，选择“蓝、红、黄渐变”给“图层 4”填充渐变。执行“图像→调整→反相”命令改变“图层 4”的颜色。在图层 4 上右击，选择“创建剪贴蒙版”命令，效果如图 6-71 所示。

图 6-70 调整效果

图 6-71 渐变填充剪贴图层

(12) 选择合适的字体，使用横排文字工具在左边空白处，输入单词 Sexy girl，按 Enter 键完成文字输入，最终效果如图 6-72 所示。

图 6-72 最终效果

6.7 本章小结

本章主要介绍图像颜色的各种模式及其转换，以及颜色选取的各种方法。这些颜色模式正是图像能够在屏幕和印刷品上成功表现的重要保障。在这些色彩模式中，经常可以用到的有CMYK模式、RGB模式、Lab模式，以及HSB模式。这些模式都可以在“模式”子菜单下选择，每种颜色模式都有不同的色域并且可以相互转换。另外，本章还介绍了基本的颜色调整技巧，图像调整是Photoshop CC的基本功能之一。通过学习对图像的色相、饱和度以及明度的调整，可以使图像的效果更加贴近需求；关于具体在实际中的应用，只有通过不懈地学习和实践才能够熟练掌握。

6.8 课后习题

一、选择题

1. 下面（　　）不属于彩色图像模式。

A. RGB模式　　B. Lab模式
C. CMYK模式　　D. 位图模式

2. 下面（　　）命令具有调整图像的亮度和对比度（不同颜色间的差异），将可一次性调整图像中所有像素（包括高光、中间调和暗调）的功能。

A. 色彩平衡　　B. 亮度/对比度　　C. 色相/饱和度　　D. 色阶

3.（　　）命令可改变某一通道中的颜色，并混合到主通道中产生一种图像合成效果。

A. 通道混和器　　B. 渐变映射　　C. 阈值　　D. 色调分离

4. “曲线”命令与（　　）作用相似，但功能更强，它不但可以调整图像的亮度，还能调整图像的对比度和色彩。

A. 色调均化　　B. 渐变映射　　C. 色阶　　D. 阈值

二、填空题

1.（　　）命令用于改变各色彩在图像中的混合效果，即改变彩色图像中颜色的组成。

2.（　　）命令会将彩色图像中所有颜色的饱和度变为0，即将彩色图像转化为黑白图像。但该命令和将图像转换成“灰度”图不同，它不会改变图像的色彩模式。

三、上机操作题

利用本章内容，为素材中的模特化一个彩妆，如图6-73所示，彩妆效果如图6-74所示。

扫码观看案例讲解

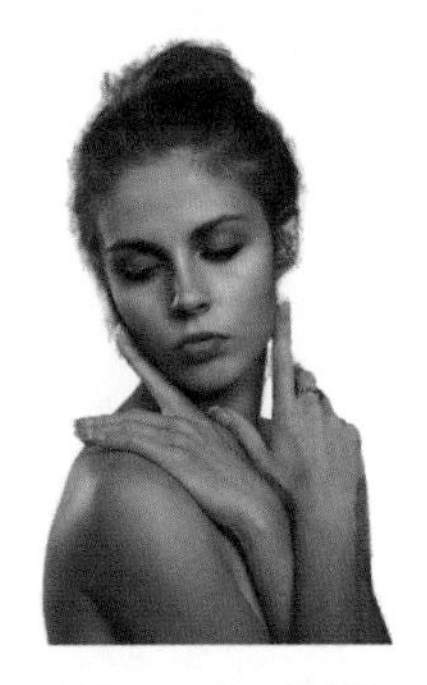

图6-73　原图

图6-74　效果图

第 7 章 图层的使用

Photoshop 的图层功能十分强大，图层可以将一个图像中的各个部分独立出来，然后可以对其中的任何一个部分进行处理，而这些处理不会影响到别的部分。利用图层功能可以创造出许多令人难以想象的特殊效果，结合图层的混合模式、不透明度，以及图层的样式，才能真正发挥Photoshop强大的功能。

学习目标

- 能使用“图层”面板创建和管理图层
- 应用图层样式实现特殊的图层效果
- 掌握图层的各种使用技巧

7.1 图层的概念和“图层”面板

Photoshop 中的图层，表示将一幅图像分为几个独立的部分，每一部分放在相对独立的图层上。在合并图层之前，图像中每个图层的内容都是相互独立的，对其中某一个图层中的元素进行绘制、编辑、粘贴和重新定位等操作时，不会影响其他图层。各个图层还可以通过一定的模式混合在一起，从而得到千变万化的效果。

7.1.1 图层的概念

图层的概念来源于动画制作领域。在动画制作过程中，为了减少不必要的工作量，动画制作人员使用透明纸来进行绘图，将动画中变动的部分和背景图分别画在不同的透明纸上。这样背景图就不必重复绘制了，需要时叠放在一起即可。

Photoshop 中的图层与动画中所用到的图层相似，也是将图像的各个部分放在不同的图层上。图层中没有图像的部分是透明的，而有图像的部分是不透明的，将这些图层叠放起来，形成一幅完整的图像，如图 7-1 所示。

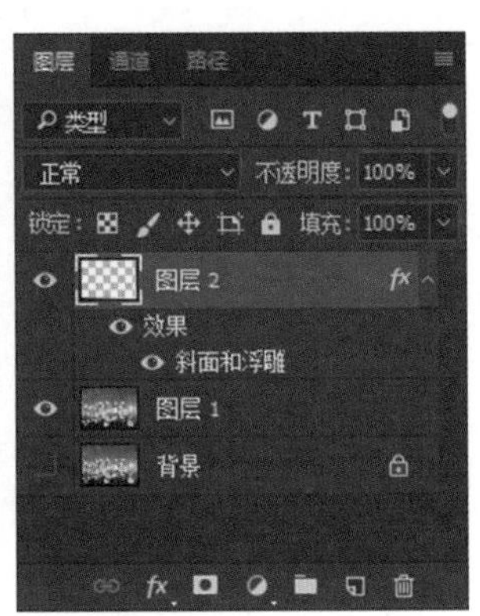

图 7-1　Photoshop 制作效果所显示的图层

图层具有以下一些特点。

- 对一个图层的操作可以是独立的，丝毫不影响其他图层，这些操作包括剪切、复制、粘贴和填充，以及工具箱中各种工具的使用。
- 图层中没有图像的部分是完全透明的，有图像的部分可以调节其透明度。
- 对图层的编辑处理工作，既可以通过“图层”菜单中的命令来实现，也可以使用“图层”面板进行操作。

7.1.2 “图层”面板

对图层的操作绝大部分都是在“图层”面板中完成。如果“图层”面板没有显示，可以执行“窗口→图层”命令，显示“图层”面板，如图 7-2 所示。

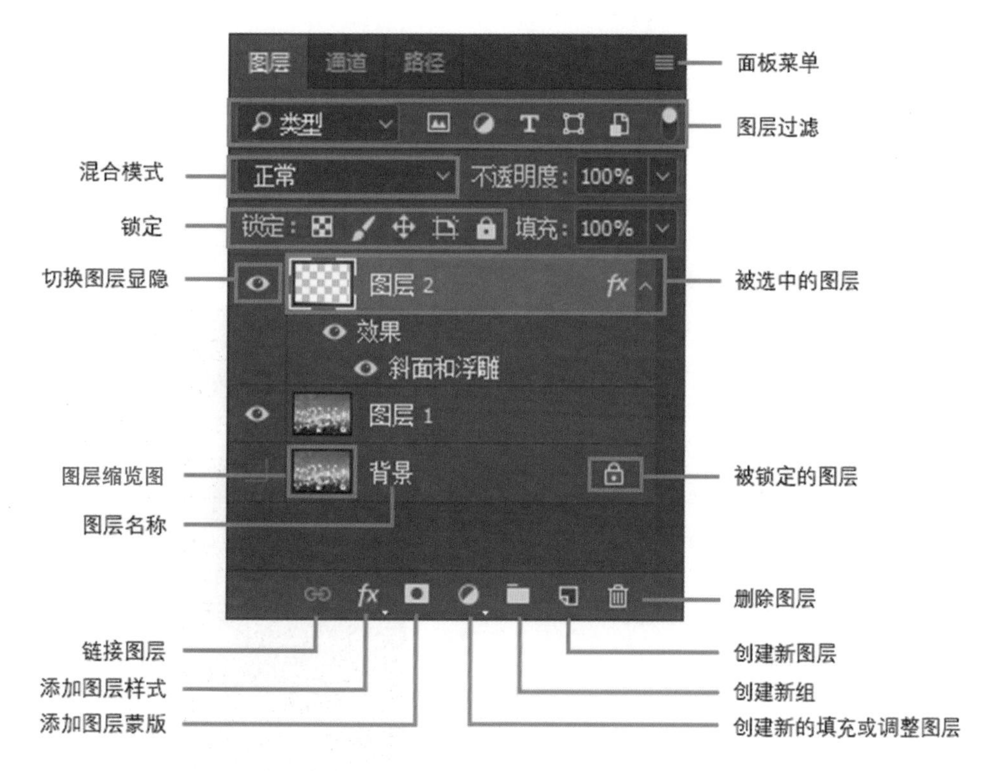

图 7-2 “图层”面板

在“图层”面板的上方，各项含义如下所示。

- 正常（图层混合模式）：在此列表框中可以选择不同图层混合模式，来决定这一图层图像与其他图层叠合在一起的效果。
- 不透明度：100%（不透明度）：用于设置图层总体不透明度。当切换作用图层时，不透明度也会随之切换为当前作用图层的设置值。
- （锁定透明像素）：锁定当前图层的透明区域，使透明区域不能被编辑。
- （锁定图像像素）：使当前图层和透明区域不能被编辑。
- （锁定位置）：使当前图层不能被移动。
- （锁定全部）：使当前图层或序列完全被锁定。
- 填充：100%（设置图层的内部不透明度）：用于设置内部不透明度。

在“图层”面板的下方有一排按钮，各项含义介绍如下。

- （链接图层）：将两个或两个以上的图层进行链接，链接后的图层可以同时进行移动、旋转和变换等操作。
- （添加图层样式）：单击此按钮可以打开一个菜单，从中选择一种图层样式以应用于当前所选图层。
- （添加图层蒙版）：将在当前图层上创建一个蒙版。
- （创建新的填充或调整图层）：单击此按钮可以打开一个菜单，从中创建一个填充图层或者调整图层。

- （创建新组）：新建一个文件夹，可放入图层。
- （创建新图层）：在当前层的上面创建一个新层。
- （删除图层）：单击此按钮可以将当前所选图层删除，拖动图层到该按钮上也可以删除图层。

除了这些按钮外，在“图层”面板中还会有一些显示图层当前状态的图标，其具体含义如下。

- 图层名称：在图层中定义出不同的名称以便区分，如果在建立图层时没有命名，Photoshop 会自动定名为“图层 1”“图层 2”，依此类推。
- 图层缩览图：显示当前图层中图像缩览图，通过它可以迅速辨识每一个图层。
- 眼睛图标：用于显示或隐藏图层。单击眼睛图标可以切换显示或隐藏状态。
- 图层链接：前面讲到了“链接图层”按钮，单击此按钮后，将在图层名称后显示链接的图标。

对图层操作时，一些常用的控制命令，如新建、复制和删除图层等可以通过“图层”面板菜单中的命令来完成，这样可以大大提高工作效率，菜单如图 7-3 所示。

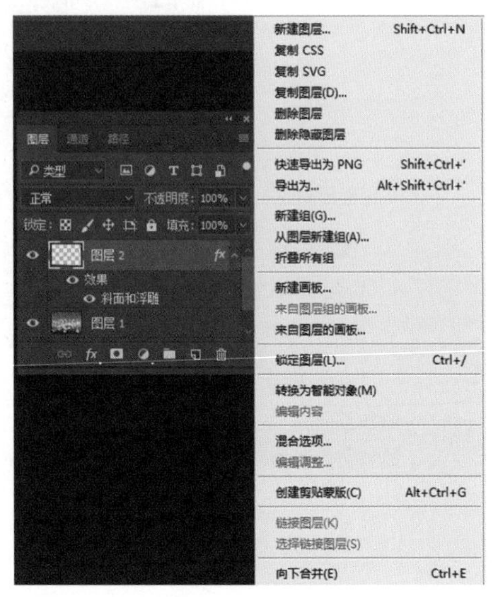

图 7-3　面板菜单

7.1.3　图层类型

在 Photoshop 中，不同种类图层的属性和功能略有差别，可以将图层分为以下几类。

- 普通图层：这是最基本也是最常用的图层形态，对图像的操作基本上都是在普通图层中进行。
- 背景图层：背景图层与普通图层的区别在于，背景图层永远位于图像的最底层，且许多适合于普通图层的操作在背景图层中不能完成。背景图层和普通图层之间可以互相转换。双击背景图层或执行“图层→新建→背景图层”命令，打开“新图层”对话框，设置后单击“确定”按钮，背景图层就会转变为普通图层。
- 调整图层：利用图层的色彩调整功能创建的图层，与色彩调整命令相比，调整图层可以调整其下边所有图层的色彩，而不改变各图层的内容。
- 文字图层：由文字工具创建的图层。在文字图层中可以进行大部分的图像处理，但有些滤镜功能无法使用。文字图层可以转化为普通图层，转化后不能再进行文本编辑。
- 填充图层：填充图层可以在当前图层中填入一种颜色（纯色或渐变色）或图案，并结合图层蒙版的功能，从而产生一种遮盖特效。

- 形状图层：利用形状工具创建的图层，由填充图层和形状路径两部分组成。前者用于确定向量对象的着色模式，后者用于确定向量对象的外形。

7.2 图层编辑操作

图层的基本操作包括创建和删除图层、移动和复制图层、图层的链接和合并、图层修饰等。图层的基本操作主要是在“图层”面板中完成。

7.2.1 创建和删除图层

在“图层”面板中可以新建图层，或者删除不需要的图层。

1. 创建图层

创建新图层有以下几种方法。

(1) 用按钮创建新图层。

创建图层最简单的方法是直接单击“图层”面板上的按钮，即可在当前图层的上面创建一个新图层，图层的名字默认为“图层 1”“图层 2”……，双击图层的名字可以将其重命名。

(2) 通过新建图层命令创建新图层。

执行“图层→新建→图层”命令，将弹出“新图层”对话框。

- “名称”：设置新图层的名称。
- “使用前一图层创建剪贴蒙版”：新建的图层位于前一图层的下方，通过前一个图层创建剪贴蒙版效果。
- “颜色”：用来设置图层操作状态区域和眼睛图标区域的颜色。
- “模式”：用于指定该图层中的像素和其下图层中像素的混合模式。
- “不透明度”：设置图层的不透明度。

(3) 通过粘贴图像创建新图层。

当向某一层中直接粘贴剪贴板的图像时，这幅图像将会在该层上面形成一个新的图层。如果粘贴之前在原有的层上没有选区，则剪贴板的图像会位于整个新层的中央，如果在原来层上有选区，则剪贴板的图像会位于选区的中央。

2. 删除图层

可以通过以下方法删除图层。

(1) 选择所要删除的图层，将其拖到“图层”面板右下角的按钮上，完成对此图层的删除。

(2) 选中所要删除的图层后，单击按钮，此时弹出询问对话框，单击“是”按钮确定删除图层，单击“否”按钮取消删除。

(3) 通过面板菜单命令来删除图层。在“图层”面板菜单中，包括“删除图层”“删除链接图层”两种删除图层命令，其意义分别是删除当前图层、删除具有链接关系的图层。

7.2.2 移动和复制图层

所有的图层均显示在“图层”面板中，图层在面板中的排列次序直接影响到显示的效果。对于某个图层，可以进行的操作有移动其位置或复制图层。

1. 移动图层

要移动图层中的图像，可以使用移动工具来移动。如果要移动整个图层内容，只需将要移动的图层设为作用层，然后用移动工具就可以移动图像；如果是要移动图层中的某一块区域，则必须先选取要移动的区域，再使用移动工具进行移动。

2. 复制图层

复制图层的方法有两种。

(1) 将要复制的图层拖到“图层”面板的按钮 上，即可将图层复制，图层名称为原图层名后面加上“拷贝”。

(2) 使用面板菜单中的命令可复制图层。先选择要复制的图层，执行面板菜单的“复制图层”命令或“图层→复制图层”菜单命令，弹出“复制图层”对话框，在文本框中设置新图层的名称。在“文档”下拉列表中选择将新图层复制到哪个文档中，默认为原图层所在的文档。

7.2.3 调整图层的叠放次序

图像一般由多个图层组成，而图层的叠放次序直接影响图像显示的真实效果，上面的图层总是遮盖其底下的图层。在编辑图像时，可以调整各图层之间的叠放次序来实现最终的效果。调整图层叠放次序的方法如下。

(1) 通过执行“图层→排列”命令可调整图层次序，如图 7-4 所示。在执行命令之前，需要先选定要调整次序的图层，然后再执行“排列”子菜单中的命令。

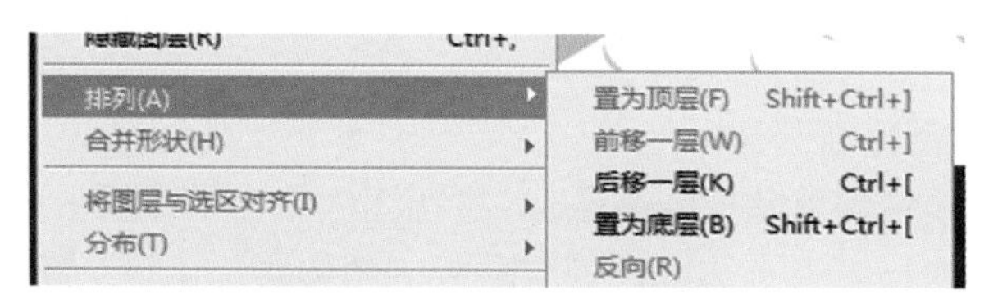

图 7-4 “排列”子菜单

(2) 在“图层”面板中选择要调整次序的图层，然后拖动鼠标至适当的位置，也可以完成图层的次序调整。

7.2.4 图层的链接与合并

前面讲到了“链接图层”按钮，本节主要讲解链接与合并。链接与合并均是将多个图层组合的操作，只是组合的方式不同。

1. 图层链接

对图层的链接是比较常用的图层操作之一，将相关的图层链接到一起，可以将某些操作同时应用于具有链接关系的图层。例如，可以同时移动链接图层，可以调整图层的位置关系等。要进行图层链接，首先在“图层”面板中选定链接的多个图层，单击“图层”面板下方的按钮，所选图层链接在一起，如图 7-5 所示。

如果要取消图层的链接关系，则单击该图层操作状态区域的图标，使其消失，即表明已取消了该图层与当前图层的链接关系。

2. 图层合并

在一幅图像中，建立的图层越多，则该文件所占用的磁盘空间也就越多。因此，对一些不必要分开的图层可以将它们合并，以减少文件所占用的磁盘空间，同时也可以提高操作速度。图层的合并主要通过菜单命令来完成，打开“图层”面板菜单，单击其中的合并命令即可。合并的方式包括以下几种，如图 7-6 所示。

图 7-5　链接图层

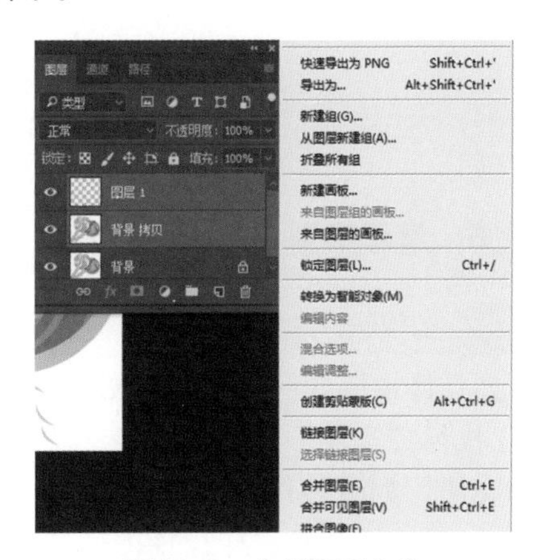

图 7-6　合并图层命令

(1)“合并图层”：用来把当前图层和其下边的图层合并，合并后的新图层的名称为下边图层的名称。

(2)“合并可见图层”：将所有可见图层合并。合并后的名称为当前图层的名称。

(3)“拼合图层”：合并所有的图层，包括可见和不可见图层。合并后的图像将不显示那些不可见的图层。

7.2.5　图层组

图层组即将若干图层组成为一组，在图层组中的图层关系比链接的图层关系更紧密，基本上与图层相差无几。

执行“图层→新建→图层组”命令，弹出“新建组”对话框，如图 7-7 所示。

单击“确定”按钮，在“图层”面板中出现类似文件夹图标，可以拖动图层将其放入图层组中，如图 7-8 所示。

对图层组的其他操作与对图层的操作基本相同，所不同的是不能直接对图层组套用图层样式。另外，当删除图层组时，系统会弹出询问对话框，如图 7-9 所示。单击“组和内容”按钮，则删除图层组及其中的图层；单击“仅组”按钮，只删除图层组；单击“取消”按钮，则取消删除。

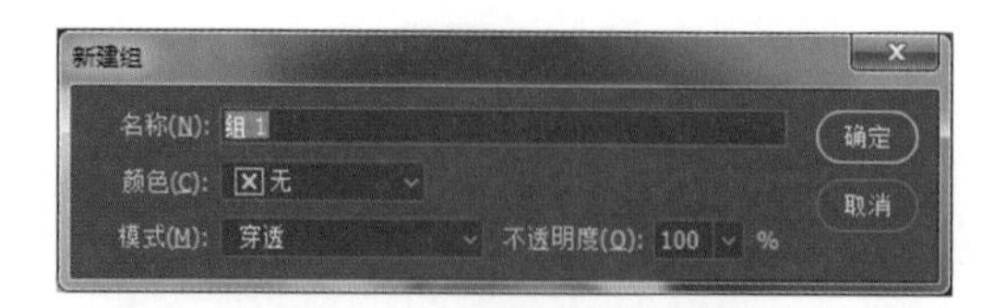

图 7-7 “新建组”对话框

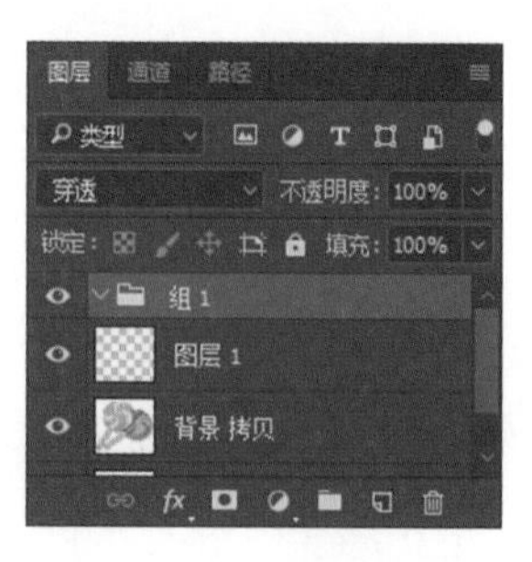

图 7-8 将图层分组

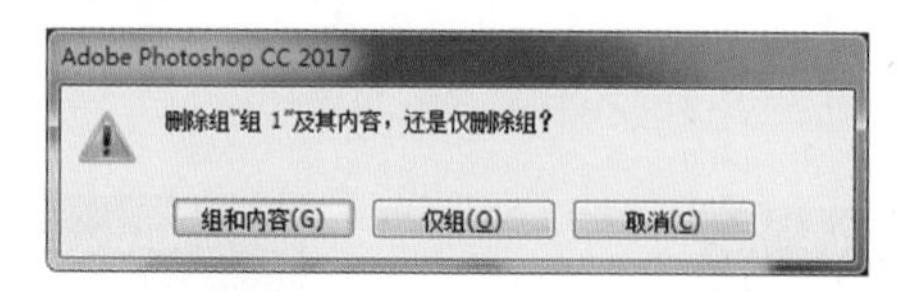

图 7-9 删除组询问对话框

7.2.6 课程案例

例 7.1 制作玫瑰文身效果

扫码观看案例讲解

下面具体说明如何制作玫瑰文身效果，操作步骤如下。

(1) 执行“文件→打开”命令，弹出“打开”对话框，选择需要打开的素材文件，如图 7-10 所示。

(2) 使用魔棒工具选择玫瑰图像的白色背景，反向后选择玫瑰图像部分，将其拖到另一幅素材中，如图 7-11 所示。

图 7-10 打开素材

图 7-11 移动图像

(3) 按 Ctrl+T 快捷键进入自由变换状态，拖动编辑点改变图片的大小和位置，如图 7-12 所示。

(4) 将“图层 1”即玫瑰的不透明度降低，效果如图 7-13 所示。

(5) 隐藏玫瑰图层，使用魔棒工具选择中间的文字部分，按 Ctrl+C 和 Ctrl+V 快捷键复制和粘贴成新的图层。

(6) 将生成的“图层 2”拖动到“图层 1”的上方，显示玫瑰“图层 1”，此时文字置于玫瑰的上方，最终效果如图 7-14 所示。

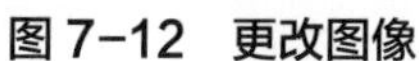
图 7-12　更改图像

图 7-13　降低不透明度

图 7-14　最终效果

7.3　图层样式

图层样式为利用图层处理图像提供了更方便的处理手段。利用图层样式，可以直接制作不同形状却具有相同样式的对象。可以直接从“样式”面板套用已有的样式，也可以通过对各种样式的参数进行设置从而制作出各种特殊效果。

7.3.1　使用图层样式

图层样式的使用非常简单，其操作步骤如下。

(1) 打开一幅图像，选中要应用图层样式的图层。

(2) 执行“图层→图层样式”命令，弹出子菜单，如图 7-15 所示。单击“图层”面板中的fx.按钮，如图 7-16 所示；或者双击图层，均可弹出对话框。

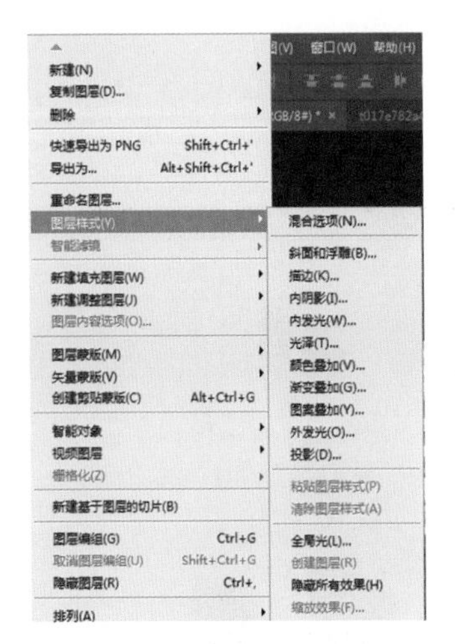

图 7-15 “图层样式”子菜单

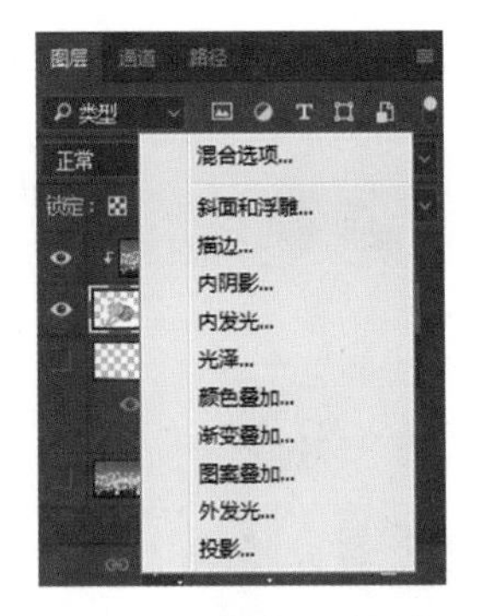

图 7-16 “图层”面板中的命令

(3) 打开“图层样式”对话框，如图 7-17 所示，在此对话框中设置混合效果的参数。

(4) 完成设置，单击“确定”按钮，即可得到如图 7-18 所示的混合效果。

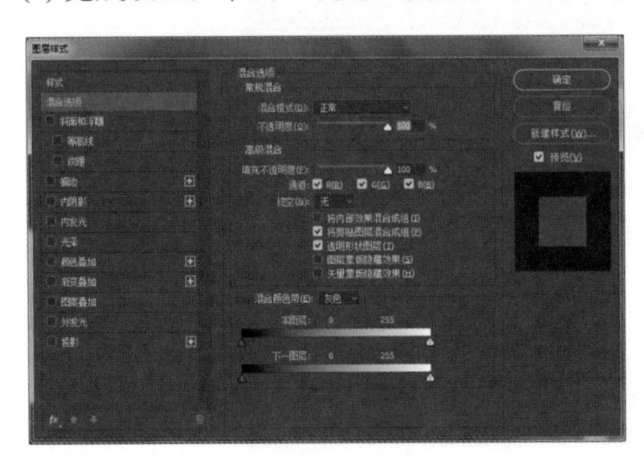

图 7-17 “图层样式”对话框

图 7-18 混合效果

7.3.2 常用的图层样式

在“图层样式”对话框中，有 10 种图层样式可供选择，各图层样式的参数在“图层样式”对话框中进行设置。

1. 阴影效果

对于任何一个平面处理的设计师来说，阴影制作是基本功。无论是文字、按钮、边框还是一个物体，如果加上一个阴影，顿时会产生层次感，为图像增色不少。因此，阴影制作在任何时候都被非常频繁地使用，不管是在图书封面上，还是在报纸杂志、海报上，经常会看到拥有阴影效果的文字。

Photoshop 提供了两种阴影效果，分别为投影和内阴影。这两种阴影效果的区别在于：投影是在图层对象背后产生阴影，从而产生投影视觉；而内阴影则是紧靠在图层内容的边缘内添加阴影，使图层具有凹陷外观。这两种图层样式只是产生的图像效果不同，而其参数选项是一样的，如图 7-19 所示，各选项含义如下。

(1)“混合模式”：选定投影的图层混合模式，在其右侧有一颜色框，单击它可以打开对话框选择阴影颜色。

(2)“不透明度”：设置阴影的不透明度，值越大阴影颜色越深。

(3)“角度”：用于设置光线照明角度，即阴影的方向会随角度的变化而产生变化。

(4)“使用全局光”：可以为同一图像中的所有图层样式设置相同的光线照明角度。

(5)“距离”：设置阴影的距离，变化范围为 0 ～ 30 000，值越大距离越远。

(6)“扩展”：设置光线的强度，变化范围为 10% ～ 100%，值越大投影效果越强烈。

(7)“大小”：设置阴影柔化效果，变化范围为 0 ～ 250，值越大柔化程度越大。当其值为 0 时，该选项的调整将不会产生任何效果。

(8)“品质”：在此选项组中可通过设置“等高线”和“杂色”选项来改变阴影效果。

(9)“图层挖空投影”：控制投影在半透明图层中的可视性或闭合。

如图 7-20 所示是设置的阴影效果。

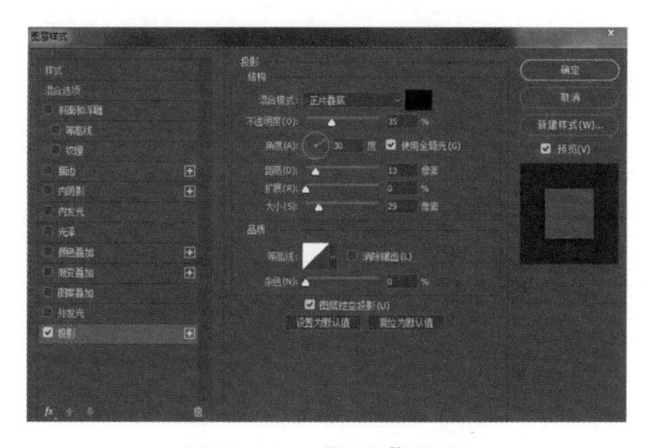

图 7-19 “投影”选项

图 7-20 设置的阴影效

2. 发光效果

在图像制作过程中，经常看到如图 7-21 所示的文字或物体发光的效果。发光效果制作方法简单，使用图层样式中的“外发光”和“内发光”命令即可。

在制作外发光和内发光的效果之前，先选定要制作发光效果的图层，然后打开“图层样式”对话框，设置好发光效果的各项参数。内发光的效果如图 7-22 所示。

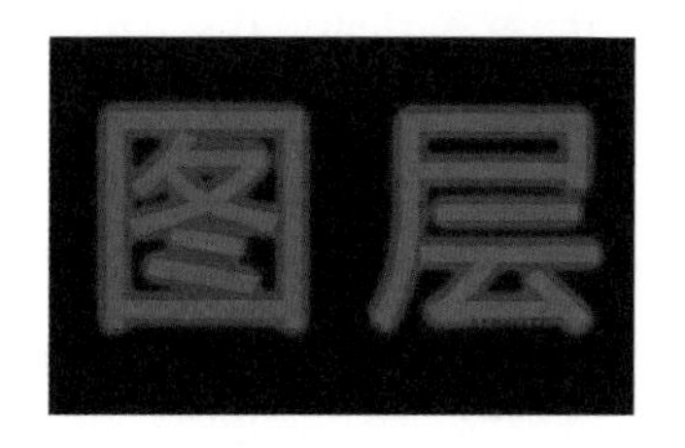

图 7-21 外发光效果

图 7-22 内发光效果

3. 斜面和浮雕效果

执行“斜面和浮雕”命令，可以制作出立体感的文字。在制作特效文字时，这种效果的应用是非常普遍的，选项参数如图 7-23 所示，可以按如下步骤进行设置。

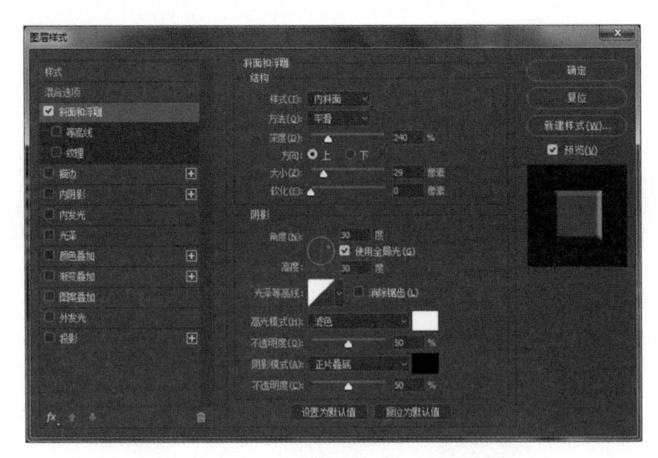

图 7-23 “斜面和浮雕”参数设置

(1) 在“图层样式”对话框左侧中选择“斜面和浮雕”复选框，接着在右侧的“结构”选项组“样式”下拉列表中选择一种图层样式。

- “外斜面”：可以在图层内容的外部边缘产生一种斜面的光线照明效果，此效果类似于投影效果，只不过在图像两侧都有光线照明效果而已。
- “内斜面”：可以在图层内容的内部边缘产生一种斜面的光线照明效果，此效果与内投影效果非常相似。
- “浮雕效果”：创建图层内容相对它下面的图层凸出的效果。
- “枕状浮雕”：创建图层内容的边缘陷进下面图层的效果。
- “描边浮雕”：创建边缘浮雕效果。

(2) 在“方法”下拉列表中选择一种斜面表现方式。

- “平滑”：斜面比较平滑。
- “雕刻清晰”：产生一个较生硬的平面效果。
- “雕刻柔和”：产生一个柔和的平面效果。

(3) 设置斜面的深度、方向、作用范围大小、软化程度。

(4) 在“阴影”选项组中设置阴影的角度、高度、光泽等高线，以及设置斜面阴影的亮部和暗部的不透明度和混合模式。

(5) 设置完毕后，单击“确定”按钮即可完成斜面和浮雕效果的制作，如图 7-24 所示是各种斜面和浮雕效果的图像。

图 7-24 “斜面和浮雕”的效果

4. 其他图层样式

除上面介绍的阴影、发光、斜面和浮雕之外，Photoshop 还有其他几种图层样式，它们的功能如下。

(1)“光泽”：在图层内部根据图层的形状应用阴影，创建出光滑的磨光效果。

(2)“颜色叠加”：可以在图层上填充一种纯色。此图层样式与使用“填充”命令填充前景色的功能相同，与建立一个纯色的填充图层类似，只不过“颜色叠加”图层样式比上述两种方法更方便，因为可以随便更改已填充的颜色。

(3)“渐变叠加”：可以在图层内容上填充一种渐变颜色。此图层样式与在图层中填充渐变颜色的功能相同，与创建渐变填充图层的功能相似。

(4)“图案叠加”：可以在图层内容上填充一种图案。此图层样式与使用“填充”命令填充图案的功能相似，与创建图案填充图层功能相似。

(5)“描边”：此样式会在图层内容边缘产生一种描边的效果。功能类似于“描边”命令，但它具有可修改的特性，因此使用起来更方便。

7.3.3 使用“样式”面板

Photoshop 提供了一个“样式”面板。该面板专门用于保存图层样式，在下次使用时，就不必再次编辑，而可以直接进行应用。下面讲解“样式”面板的使用方法。

执行“窗口→样式”命令，可以显示“样式”面板。Photoshop 带有大量的已经设置好的图层样式，可以通过“样式”面板菜单载入各种样式库，如图 7-25 所示。

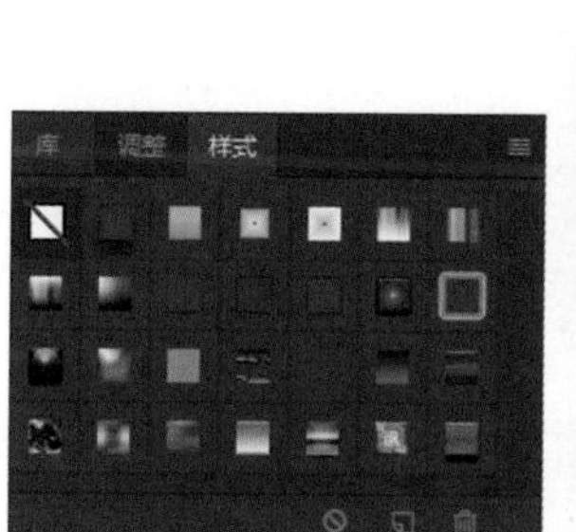

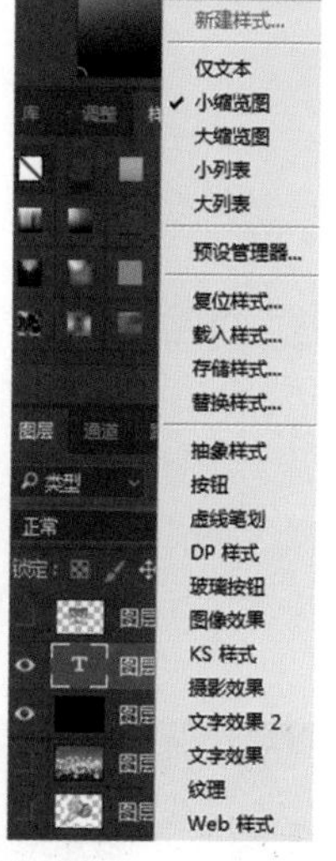

图 7-25 “样式”面板

只需单击这些样式选项，就可以直接套用所选样式。

7.3.4 课程案例

例 7.2 给图片制作拼图效果

扫码观看案例讲解

(1) 打开需要制作的图片，按 Shift+Ctrl+N 快捷键新建图层，并将背景图层隐藏起来，如图 7-26 所示。

(2) 如图 7-27 所示，选择矩形工具，将“样式”更改为“固定大小”，“宽度”与“高度”均为 100 像素。

图 7-26　打开图片

图 7-27　矩形工具选项栏

(3) 如图 7-28 所示，在新建图层左侧绘制一个矩形。选择油漆桶工具，给选区填充任意颜色。以同样方式绘制一个黑色的矩形，并放置在右下角。

(4) 在矩形边缘处，使用铅笔工具绘制 4 个圆形，效果如图 7-29 所示。

(5) 使用魔棒工具选中四个圆形，按 Delete 键删除，如图 7-30 所示。

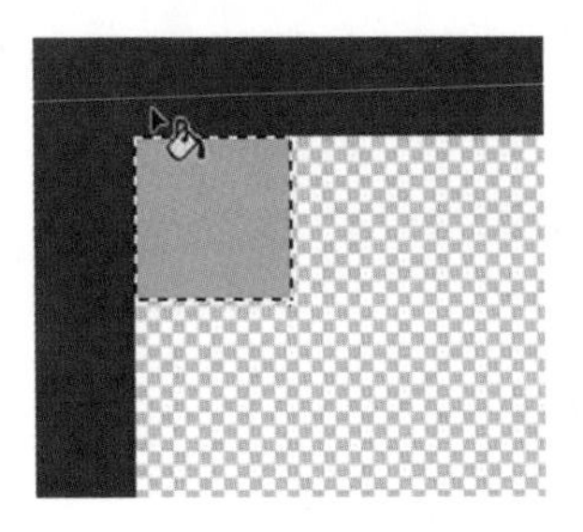

图 7-28　油漆桶

图 7-29　铅笔工具

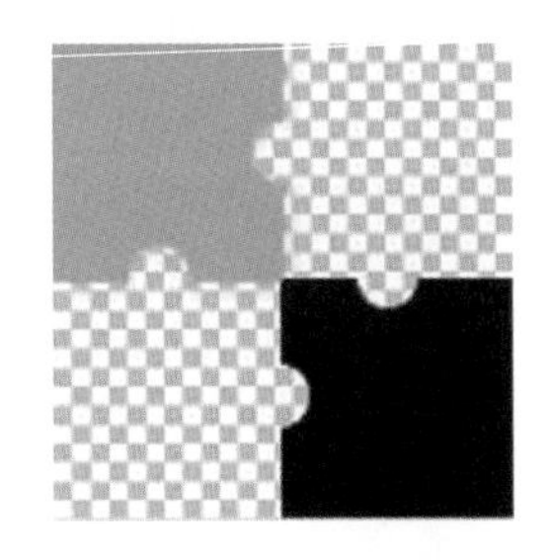

图 7-30　删除图形

(6) 将这两个矩形全选，单击右键，选择“合并图层”命令。将这个图层合理地分布在整个画面之中，分布完成后，将所有拼图合并，如图 7-31 所示。

(7) 如图 7-32 所示，应用图层样式，选择“斜面和浮雕”，对“斜面和浮雕”的参数进行调整，设置“样式”为“枕状浮雕”，“深度”为 160%，“大小”为 5 像素，“角度”为 120 度，“高度”为 30 度，“不透明度”均为 75%。

图 7-31　合并

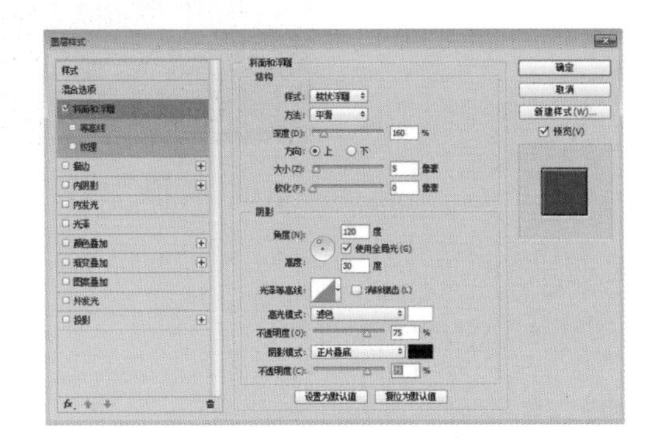

图 7-32　斜面和浮雕

(8) 执行“图像→调整→去色”命令，效果如图 7-33 所示。把图层混合模式更改为“变暗”，如图 7-34 所示。

(9) 执行“图像→调整→亮度 / 对比度”命令，将数值均改为 100，如图 7-35 所示。

(10) 最终效果如图 7-36 所示。

图 7-33　去色

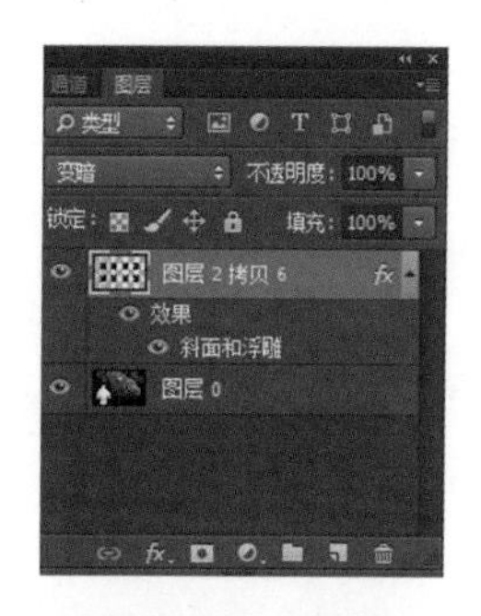

图 7-34　变暗

图 7-35　亮度 / 对比度

图 7-36　效果图

7.4　填充图层与调整图层的运用

本节主要讲解填充图层与调整图层的运用。

7.4.1　填充图层

填充图层是一种带蒙版的图层，其内容可以为纯色、渐变色或图案，操作方法为：

选择图层，单击“图层”面板底部的 按钮，或执行“图层→新建填充图层→纯色”命令，然后在弹出的对话框中单击“颜色”图标，选择红色，单击“确定”按钮，此时“图层”面板如图 7-37 所示。

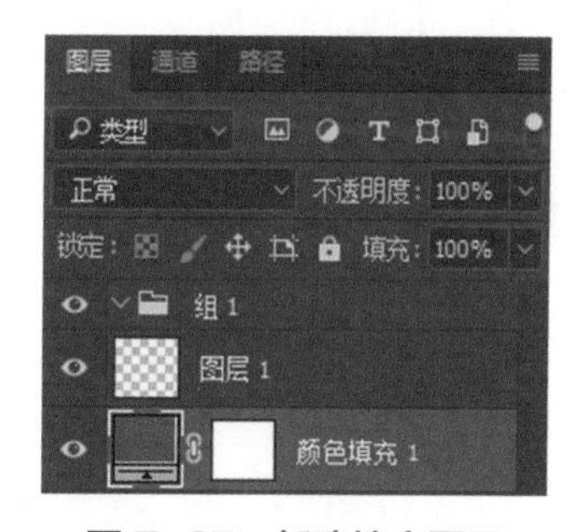

图 7-37　新建填充图层

例 7.3　使用纯色填充图层制作手指

(1) 执行“文件→打开”命令，弹出“打开”对话框，选择素材中的文件，如图 7-38 所示。

(2) 单击“图层”面板下方的 (创建新的填充或调整图层) 按钮，选择“纯色”选项，打开“拾色器 (纯色)”对话框 (如图 7-39 所示)，设置颜色为橙色 (#f15a24)，效果如图 7-40 所示。

(3) 使用白色画笔工具，在图层蒙版上画出手指，给手指填色，如图 7-41 所示。

图 7-38　打开素材

图 7-39　“拾色器（纯色）”对话框

图 7-40　“图层”面板

图 7-41　给手指填色

(4) 使用快速选择工具，选中一根手指，如图 7-42 所示。

(5) 单击“图层”面板下方的◙(创建新的填充或调整图层)按钮，选择“纯色”选项，打开“拾色器”面板，设置颜色为绿色 (#7cbb45)，单击“确定”按钮，给手指填色，如图 7-43 所示。

图 7-42　给手指填色

图 7-43　给手指填色

(6) 用同样的方法给其他手指填色，最终效果及“图层”面板显示如图 7-44 和图 7-45 所示。

图 7-44 效果图

图 7-45 “图层”面板

7.4.2 调整图层

利用调整图层，可以将色阶等效果单独放在一个图层中，而不改变原图像。

选择图层，单击“图层”面板底部的按钮，在弹出的列表中选择“色阶”选项，或执行“图层→新建调整图层→色阶”命令，打开“色阶”对话框，设置好以后，单击“确定”按钮，“图层”面板显示如图 7-46 所示。

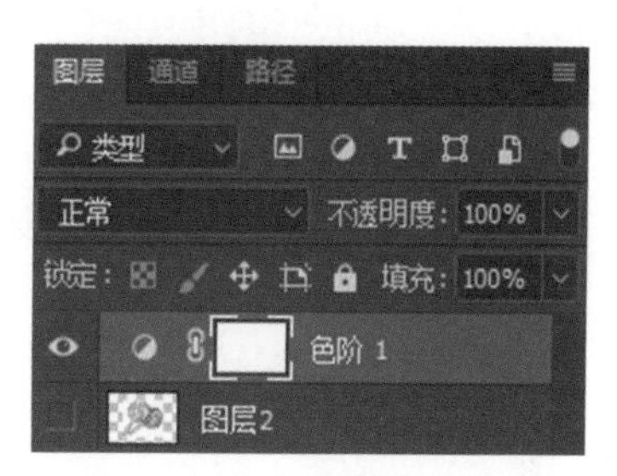

图 7-46 新建调整图层

7.5 图层蒙版的应用

创建图层蒙版，可控制图层中的不同区域如何隐藏和显示。通过改变图层蒙版，可以将大量的特殊效果应用到图层，而不会影响到图层上的像素。

蒙版用来保护特定区域，让该区域不受任何编辑操作的影响，而只对未保护的区域产生作用。蒙版只对它所在的图层起作用，不影响其他层的可见程度。

打开一幅图片，将背景层转化为普通图层，单击“图层”面板底部的按钮，就添加了一个图层蒙版，如图 7-47 所示。

蒙版制作完成后，可以对蒙版本身进行操作。执行“图层→图层蒙版→停用”命令，“图层”面板上会出现红色的交叉符号，图片又恢复了最初的状态，如图 7-48 所示。

图 7-47 添加图层蒙版

图 7-48 停用图层蒙版

若蒙版停用后，还希望再使用蒙版，则执行“图层→图层蒙版→启用”命令，就会恢复蒙版的使用。

如果希望将蒙版去除，则执行“图层→图层蒙版→删除”命令，蒙版就会去掉，蒙版效果也就会消失；执行“图层→图层蒙版→应用”命令，蒙版也会去掉，并且效果应用于当前的图层内。

7.6 本章小结

本章介绍了图层的基本概念和基本操作方法，以及图层的功能、使用方法和应用技巧。通过本章相关知识的学习，读者应能使用“图层”面板创建和管理图层；应用图层样式实现特殊的图层效果；掌握图层的各种使用技巧。所含知识点包括：图层概念、“图层”面板、图层编辑、图层样式、图层混合模式，图层蒙版等。

7.7 课后习题

一、选择题

1. 下面（　　）不属于图层的分类。

   A. 填充图层　　　　B. 文字图层

   C. 普通图层　　　　D. 图层样式

2. 下面（　　）方法可以复制图层。

   A. 执行“图层→复制图层”命令

   B. 执行“编辑→拷贝”命令

   C. 按 Ctrl+C 快捷键

   D. 直接双击需要复制的图层

3. 更改图层的叠放次序时，（　　）用鼠标拖动图层。

   A. 不可以　　　　B. 可以

   C. 有时可以　　　　D. 不能

4. 在“图层样式”对话框中，有（　　）种图层样式可供选择。

   A. 5　　B. 9　　C. 8　　D. 10

5. Photoshop 提供了两种阴影效果，分别为（　　）和（　　）。

   A. 投影　　B. 内阴影　　C. 外发光　　D. 内发光

二、填空题

1. 执行“（　　）→（　　）”命令，即可打开显示（　　）面板。

2. 执行“（　　）→（　　）→（　　）”命令，将弹出“新图层”对话框，从中即可创建新图层。

3. （　　）是一种带蒙版的图层，其内容可以为纯色、渐变色或图案。

4. 执行“（　　）→（　　）→（　　）”命令，然后在弹出的菜单中选择“纯色”命令，打开“拾色器”对话框。

5. 创建 (　　) 可控制图层中的不同区域如何隐藏和显示。通过改变图层蒙版，可以将大量的特殊效果应用到图层，而不会影响到图层上的 (　　)。

三、上机操作题

利用所给的素材，结合本章知识点制作篮球社团的招新海报，效果如图 7-49 所示。

扫码观看案例讲解

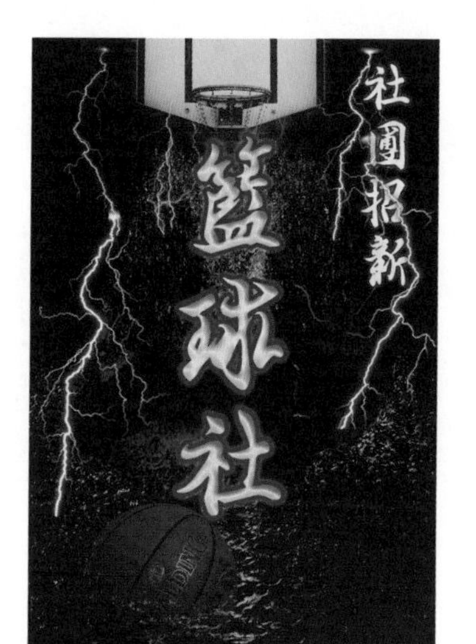

图 7-49　效果图

第8章 路径与形状的应用

路径不仅能够用来绘制矢量形状和线条，而且还是创立精确形状或选区的重要工具。由于路径是基于矢量而不是基于像素的，路径的形状可以任意改变，而且它能和选取范围相互转换，因此可以制作出形状很复杂的选取范围，大大方便了用户。通过本章的学习和练习，学生应掌握路径的基本知识，并能运用路径工具创建较复杂的路径造型。

学习目标

- 了解路径的基本概念
- 熟悉路径工具的一些基本使用方法和技巧
- 掌握路径在图像处理中的实际应用
- 掌握路径在图像特效制作中的技巧

8.1 路径的概念

在 Photoshop 中处理图像时，图像的处理效果往往与精确的选区和精美的绘图紧密相关，而选择区域的准确与图形绘制的细致精美又往往很难做到，因此在 Photoshop 中提供了路径来辅助精确选择区域和编辑图形，以进行复杂、精美的图像处理。

矢量式图像是由路径和点组成的。计算机通过记录图形中各点的坐标值，以及点与点之间的连接关系来描述路径，通过记录封闭路径中填充的颜色参数来表现图形。因此，我们可以认为路径是组成矢量图像的基本要素。

在 Photoshop 中，使用路径工具绘制的线条、矢量图形轮廓和形状统称为路径，路径由节点、控制手柄和两点之间的连线组成。通过移动节点的位置，可以调整路径的长度和方向。路径没有颜色，因此，节点、控制手柄和路径线条均只能在屏幕上显示，而不能被打印出来。但是闭合路径可以填充，所得到的矢量图形，事实上是填充了颜色的路径而非路径本身。在 Photoshop 中，可以利用描边和填充命令，实现渲染路径和路径区域的各种效果。

在图像上，路径由多个点组成，这些点称为节点或锚点。锚点又有平滑点和拐点之分，其中平滑点是处于平滑过渡的曲线上的，两侧各有一个控制句柄，当调节其中的一个控制句柄时，另外的一个控制句柄也会相应移动；而拐点连接的可以是两条直线、两条曲线，或者是一条直线和一条曲线，两侧也各有一个控制句柄，但当调节其中的一个控制句柄时，另外一个不会做相应移动。

路径主要用于进行光滑图像区域选择及辅助抠图，绘制光滑线条，定义画笔等工具的绘制轨迹，输出、输入路径和在选择区域之间转换，在 Photoshop CC 2017 中还增加了利用路径来定义文字轨迹的功能。在辅助抠图上，路径也突出了强大的可编辑性，具有特有的光滑曲率属性。与通道相比，路径有着更精确、更光滑的特点。

8.2 绘制路径

要得到精确的路径，快速、准确地绘制路径至关重要。而路径的正确、准确绘制又与路径工具的使用、路径绘制方式的选择和综合运用各种路径绘制技巧有关。制作路径的工具主要包括“钢笔工具”组和“路径选择工具”组。

8.2.1 “钢笔工具”组

Photoshop 中提供了一组用于生成、编辑、设置路径的工具组，它们位于 Photoshop 中的工具箱中，默认情况下其按钮呈现为钢笔形状，当用鼠标在此处停留片刻，系统将会弹出工具名称提示。在“钢笔工具”按钮上右击，则显现出隐藏的工具组，如图 8-1 所示，包含 5 个工具，各工具的功能介绍如下。

- “钢笔工具”：可以绘制由多个点连接而成的线段或曲线。

- “自由钢笔工具”：自由钢笔工具可用于随意绘图，就像用铅笔在纸上绘图一样。在绘图时，将自动添加锚点，无须确定锚点的位置，完成路径后可进一步对其进行调整。
- “添加锚点工具”：可以在现有的路径上增加一个锚点。
- “删除锚点工具”：可以在现有的路径上删除一个锚点。
- “转换点工具”：可以在平滑曲线的转折点和直线转折点之间进行转换。

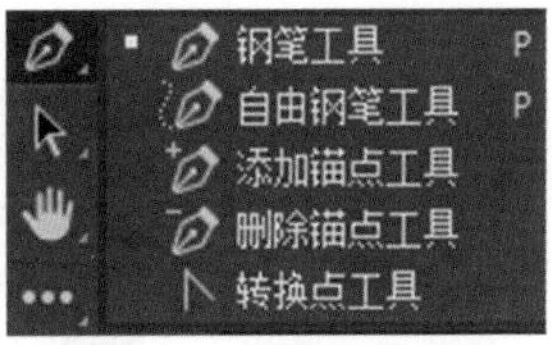

图 8-1　钢笔工具组

按照其功能，可将这 5 个工具分成以下 3 大类分别如下。

1. 锚点定义工具

包括钢笔工具和自由钢笔工具，主要用于路径的锚点定义及初步规划。钢笔工具是最常用的路径锚点定义工具，使用方法如下。

(1) 选择此工具，然后直接在图像中根据需要单击即可进行锚点定义，每单击一次即生成一个路径的锚点，依据单击顺序，每个锚点分别由一条贝赛尔曲线进行连接。

> **注意**
>
> 路径并不完全等同于选择区域，用户可以定义闭合路径，也可以定义未闭合路径，同时，路径也可以具有相交的特性。当鼠标指针位于起始锚点时，鼠标指针处钢笔符号的右下方将显示出一个小 o，表示可进行路径闭合。

(2) 选择钢笔工具，可在工具选项栏中对钢笔工具的各项属性根据需要设置参数，如图 8-2 所示。

图 8-2　钢笔工具选项栏

在钢笔工具选项栏上单击按钮可进行钢笔选项设置。在该设置中只有一项可供选择，即“橡皮带”选项，如图 8-3 所示。如果选择了该项，则定义下一锚点的过程中，屏幕上将会显示辅助的橡皮带，用于帮助定位和调节曲线的曲率。

图 8-3　钢笔选项

而自由钢笔工具选项栏的钢笔选项设置，如图 8-4 所示。

- “曲线拟合”：决定在沿物体外边界描绘出路径时所允许的最大误差，此选项的设置单位为像素。此值越小，所生成的路径也越接近物体真实的外轮廓，但分辨率小的图片轮廓会有明显的阶梯效果，所以合理调整值才会得到相对平滑的路径。
- “磁性的”：可以对自由钢笔工具的宽度、对比和频率进行设置。其中“宽度”值用于定义参照用的目标区域（正圆形）的直径。“对比”值决定着当对比度达到多少时，可产生磁性吸引效果，此值越小，越容易在对比度较低的区域产生吸引现象，可以抠出精细的边界轮廓。“频率”决定着在使用自由钢笔工具沿物体边界拖动的过程中，所产生的锚点的密度。

图 8-4 自由钢笔工具选项栏

- “钢笔压力”：只对于使用电子手写板的用户有效。当此选项有效时，表明可以通过电子手写板所传递的用户笔触压力的大小来即时改变磁性套索的宽度大小。

当按住 Shift 键时，将使创建出的锚点与原先最后一锚点的连线保持以 45° 的整数倍的角；当按住 Alt 键时，则钢笔工具将变成转换点工具；当按住 Ctrl 键时，钢笔工具将变换成直接选择工具。另外的一个特别功能是在工具选项栏中选中“自动添加 / 删除”，则在定义锚点和调整路径的过程中，当指针移至已经定义过的锚点上时（非起始点），钢笔工具将立刻变换成删除锚点工具，此时即可删除当前锚点；如果指针移动至连接两锚点的直线段中时，钢笔工具将变换成添加锚点工具，使得增删锚点的工作变得非常简单。

2. 锚点增删工具

锚点增删工具组包括（添加锚点工具），（删除锚点工具），它们用于根据实际需要增删路径的锚点。选用任何用于创建路径的工具，当指针移至路径轨迹处时，光标自动变成添加锚点工具；当指针移至路径的锚点位置处时，光标自动变成删除锚点工具。

3. 锚点调整工具

转换点工具用于平滑点与拐点相互转换和调节某段路径的控制句柄，即调节当前路径曲线的曲率。

选择转换点工具，在路径上单击某一点（或为平滑点或为拐点）。如果转换的这个点是曲线的平滑点，单击后相连的两条曲线变为直线，然后可拖出两个控制句柄，平滑点变为拐点；如果转换的这个点是拐点，单击后变为曲线的平滑点，即可进行平滑点两侧的曲率的调整。

8.2.2 “路径选择工具”组

创建路径后，对路径进行编辑就要用到路径选择工具。“路径选择工具”组包括路径选择工具和直接选择工具两部分，如图 8-5 所示，这两个工具的功能如下。

图 8-5 路径选择工具

- “路径选择工具”：可以选择单个路径，按住 Shift 键可以选择多个路径。
- “直接选择工具”：用来选择路径上的单个或者多个锚点，可以移动锚点、调整方向线。单击可以选择其中某一个锚点；框选或者按住 Shift 键单击，可以选择多个锚点。

8.2.3 路径的创建与绘制

钢笔工具是创建路径的基本工具，使用该工具可以创建直线路径和曲线路径。在创建路径之前，先介绍一下钢笔工具在创建路径过程中的几种状态。

- ：此时钢笔符号右下角有一个“*”号，单击鼠标将确定路径起点。
- ：将钢笔工具移至当前所绘制路径的终点时，钢笔形状为该符号。这里有两种情况，如果当前锚点为直线锚点，此时单击并拖动可将该锚点转换为曲线锚点，并为其创建控制句柄，从而影响后面所绘制路径的形状；如果当前锚点为曲线锚点，则此时单击并拖动，将同时影响上一路径段和后面所绘路径段的形状。
- ：此时钢笔符号右下角有一个“+”号，单击可在路径上增加锚点，且钢笔形状将变为钢笔符号右下角有一个“-”号。
- ：钢笔符号右下角有一个“-”号，表明已选中绘制路径的某个锚点。此时单击将删除该锚点，同时会改变已绘制路径的形状。
- ：在绘制路径过程中当钢笔工具移至路径的起点时，钢笔形状变为该符号，此时单击可封闭路径。
- ：使用路径选择工具选择某路径后，如果希望延伸该路径，可将钢笔工具移至该路径的起点或终点位置，钢笔将呈现该形状，此时单击即可继续在该路径的基础上绘制后面的路径线段。

1. 绘制直线路径

画直线是路径绘制中最简单的一种，首先选择工具箱的钢笔工具，在图像上一个合适的位置单击，创建直线路径的起始点。移动到图像的另一目标位置，再单击，创建直线路径的第二个锚点，在两个点之间自动连接上一条直线段，如图 8-6 所示。

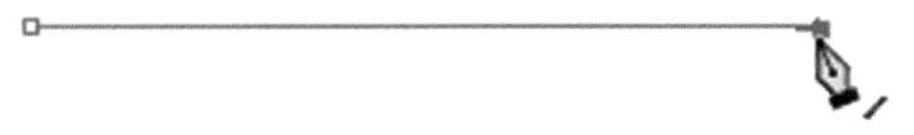

图 8-6　直线路径

作为起点的锚点变成空心点，作为终点的锚点变为实心点，实心的锚点称为当前锚点。如果继续移动，在图像的其他位置单击，会连接当前锚点又生成一条直线线段，两条直线线段就连成了一条折线。如此反复，最后单击所生成的锚点总是成为当前锚点，锚点之间总是以直线线段相连。

要结束开放路径，可单击工具箱上的钢笔工具或按住 Ctrl 快捷键（此时鼠标指针变成 ）单击路径以外的任何位置；如结束闭合路径，只需将鼠标指针移到起始锚点上（鼠标指针右下角会出现一个小圆圈）然后单击，最终得到含有多个锚点且锚点之间以直线段相连的折线路径。

用同样的方法，依次创建多个节点。最终将光标移到起始处，关闭路径，将钢笔指针定位在第一个锚点上。如果放置的位置正确，笔尖旁将出现一个小圈。这时单击可关闭路径，这样轮廓就创建完成了，如图 8-7 所示。

2. 绘制曲线路径

利用钢笔工具同样可以绘制出曲线路径，曲线路径可以是单峰型或 S 型，由曲线两端点的方向线之间的夹角来决定。

具体绘制方法是单击工具箱中的钢笔工具，在图像上一个合适的位置单击，创建第一个点，这时不要松开鼠标，向要使平滑曲线隆起的方向拖动，便可出现以起点为中心的一对控制句柄，如图 8-8 所示。

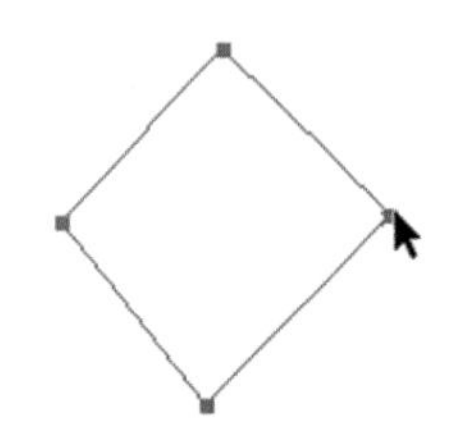

图 8-7　直线多节点路径

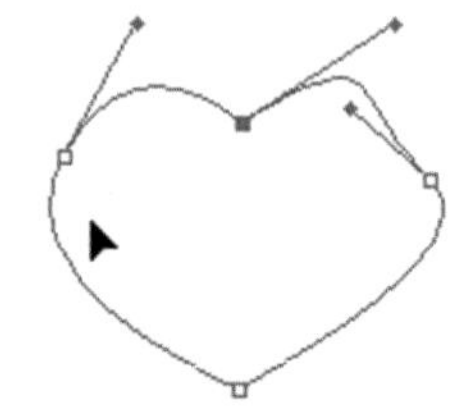

图 8-8　曲线多节点路径

注意

图 8-8 绘制的是一个开放的路径和封闭的路径。若绘制的是一个封闭路径，当锚点的终点和起点重合时，在鼠标的右下方会出现一个小圆圈，表示终点已经连接到起点，此时单击可以完成一个封闭的路径制作。

如果要使曲线向上拱起，从下向上拖动控制句柄；如果要使曲线向下凹进，则从上向下拖动控制句柄（两控制句柄的长度与夹角决定曲线的形状，以后还可以再作调整）。绘出第一个控制句柄后，松开鼠标，在图像的另一目标位置单击，创建第二个锚点，不松开鼠标，此时若向与起始点方向线的反方向拖动，释放鼠标就形成一条单峰曲线线段；若向与起始点方向线相同的方向拖动，释放鼠标就形成一条 S 形曲线线段。继续拖动当前锚点的控制句柄，仍可以调节与当前锚点相边的曲线的形状。

3. 绘制任意路径

用自由钢笔工具可以画出任意形状的路径，这完全由用户自由控制。单击工具箱中的钢笔工具组，选择其中的自由钢笔工具，选择“磁性的”复选框，再移动鼠标指针至图中物体的边缘单击，制作出路径的开始点，沿着图像边缘移动鼠标，当出现明显锯齿时，减慢鼠标拖动的速度，如图 8-9 所示。重复上述操作，当绘制好全部锚点后，单击钢笔工具组，然后单击路径外的任何位置，就绘制完成了。

4. 根据选择范围创建路径

选区只能转换成工作路径，需要时可以对创建的工作路径作进一步的处理。

当图像上有选区存在时，选择“路径”面板菜单中的“建立工作路径”命令，弹出“建立工作路径”对话框，设置好“容差”后单击“确定”按钮即可，如图 8-10 所示。另外，单击“路径”面板下方的“根据选区生成工作路径”按钮，可快速地将选区转换为路径。

5. 使用形状工具创建路径

使用形状工具新建路径的方法是，选择形状工具，如图 8-11 所示，在其选项栏上选择路径，然后在图像上单击并拖动鼠标即可绘制出所需路径。

图 8-9　绘制任意路径

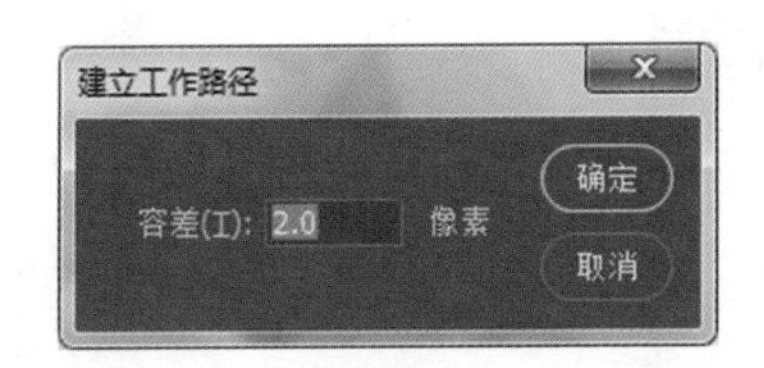

图 8-10　根据选区生成工作路径

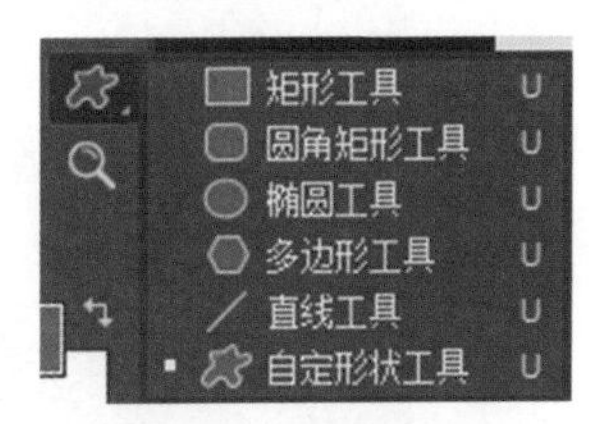

图 8-11　形状工具

例 8.1　合成电闪雷鸣的效果图片

扫码观看案例讲解

(1) 打开背景素材图片，这里使用的是一张城市夜景图片，如图 8-12 所示。

(2) 按 Ctrl+J 快捷键复制背景图层，图层模式更改为“叠加”，如图 8-13 所示。

图 8-12　打开图片

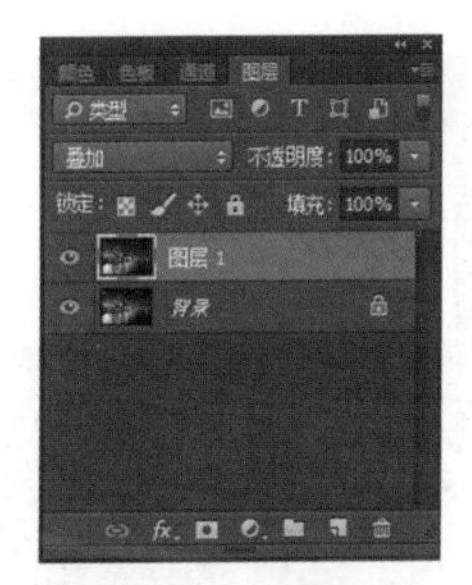

图 8-13　复制图层

(3) 使用钢笔工具在天空中绘制闪电效果路径，如图 8-14 所示。

(4) 使用直接选择工具选择闪电中的主线，它将会是最粗最亮的，如图 8-15 所示。

图 8-14　钢笔工具绘制闪电

图 8-15　直接选择工具选择主线

(5) 选择画笔工具，按 F5 键打开“画笔预设”面板，分别对“画笔笔尖形状”和“形状动态”进行调整，如图 8-16、图 8-17 所示。

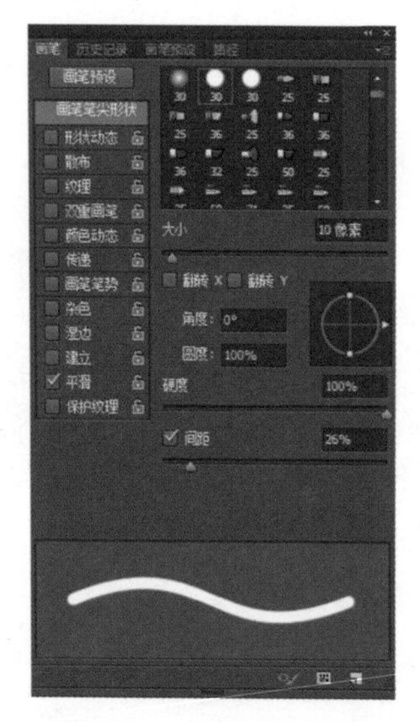

图 8-16　画笔笔尖形状

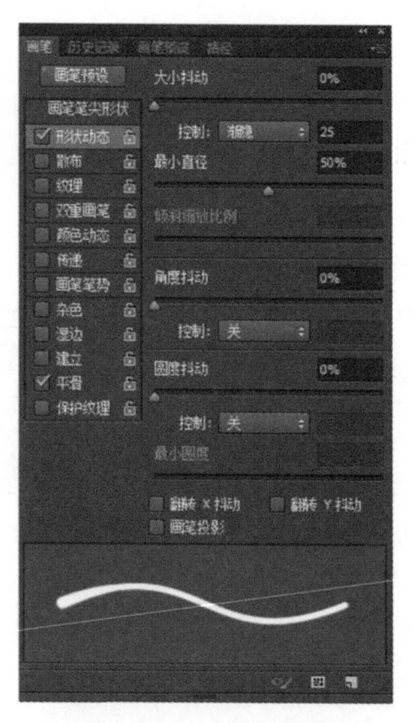

图 8-17　形状动态

(6) 新建图层，右击闪电主线路径，选择“描边子路径”选项，“工具”模式选择“画笔”，如图 8-18 所示，效果如图 8-19 所示。

图 8-18　描边子路径

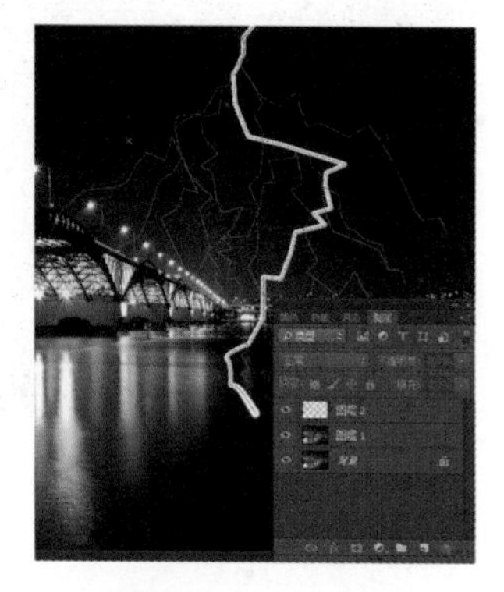

图 8-19　效果图

(7) 选择“外发光”图层样式，增加闪电的发光效果，如图 8-20 所示。

(8) 接下来制作闪电分支部分，与主线设置方式相同，按 F5 键打开“画笔”面板，将之前的参数改小一些即可，如图 8-21 所示。

(9) 闪电形状效果，如图 8-22 所示。

(10) 给主线与分支所在的两个图层增加图层蒙版，如图 8-23 所示，去掉闪电尾部不自然的地方。在涂抹时，可将笔刷硬度调整为 0，看起来更加柔和自然，效果如图 8-24 所示。

(11) 复制闪电所在的所有图层，按 Ctrl+T 快捷键将闪电进行翻转变形，调整大小与位置，作为另一道闪电，如图 8-25 所示。

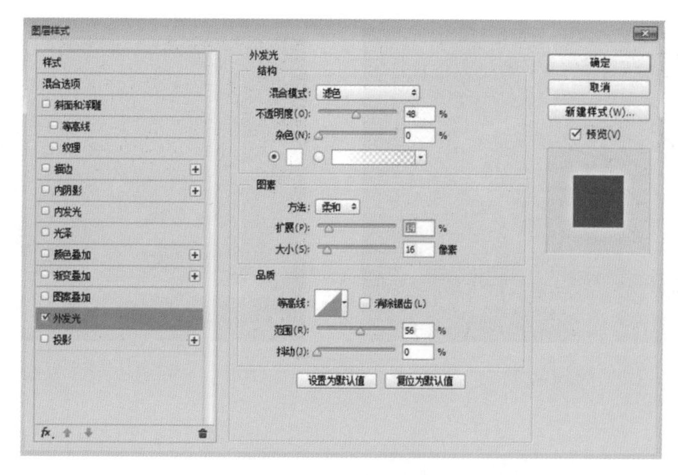

图 8-20 外发光

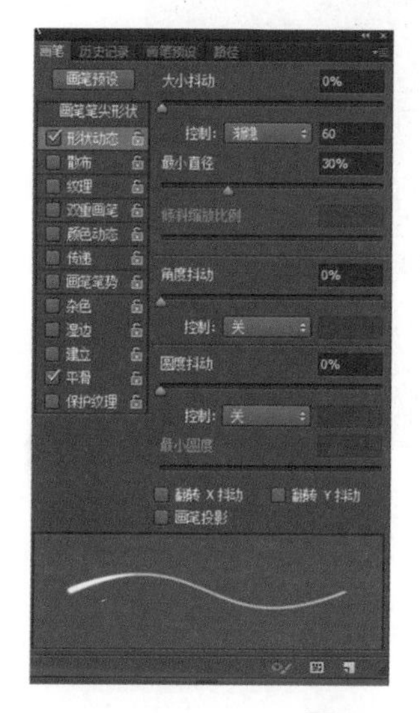

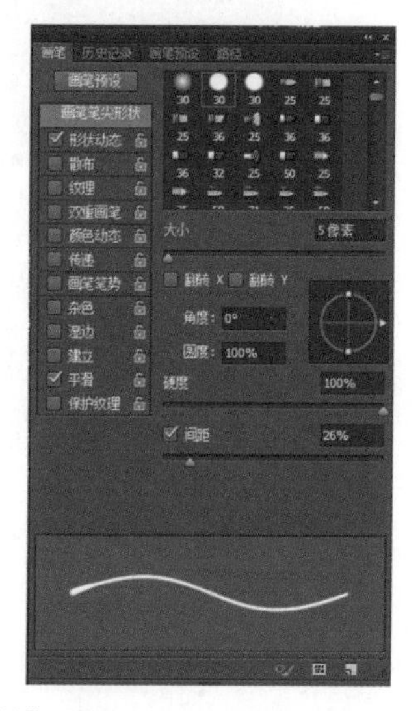

图 8-21 “画笔”面板

图 8-22 效果图

图 8-23 图层蒙版

图 8-24　涂抹效果

图 8-25　复制图层

(12) 新建图层，使用紫色柔性画笔工具在闪电区域涂抹，将图层不透明度设为 10%，给闪电增加一些紫色效果，最终效果如图 8-26 所示。

图 8-26　最终效果图

8.3　编辑路径

编辑路径主要是对路径的形状和位置进行调整和编辑，以及对路径进行移动、删除、关闭和隐藏等操作。

8.3.1　打开 / 关闭路径

路径绘制完成后，该路径始终出现在图像中。在对图像进行编辑时，显示的路径会带来诸多不便，此时，就需要关闭路径。

要关闭路径，首先在“路径”面板中选中要关闭的路径名称，然后在“路径”面板中除了路径名称以外的任何地方单击鼠标，即可以关闭路径，如图 8-27 所示是关闭路径后的图像。

用户也可以通过按住 Shift 键单击路径名称快速关闭当前路径。要打开路径，只需在“路径”面板中单击要显示的路径名称。

路径可以关闭，也可以隐藏。执行“视图→显示→目标路径”命令或按 Ctrl+Shift+H

快捷键，可以隐藏路径。此时虽然在图像窗口中看不见路径的形状，但并不是将其删除，在“路径”面板中该路径仍然处于打开状态。若要重新显示路径，可以再次执行“视图→显示→目标路径”命令或按 Ctrl+Shift+H 快捷键。

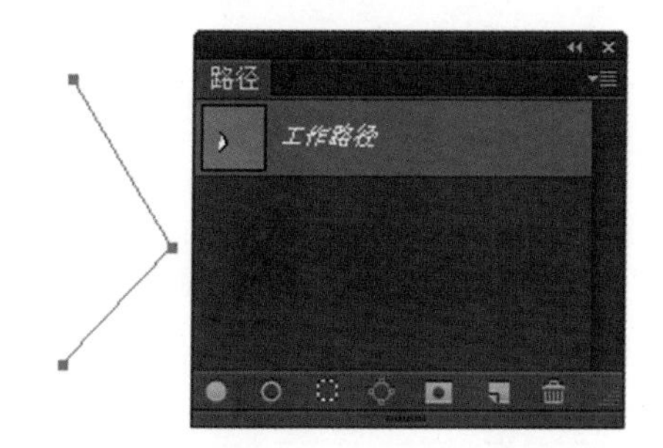

图 8-27　关闭路径

8.3.2　选择路径或锚点

在编辑路径之前要先选中路径或锚点。

选择路径可以使用以下几种方法。

- 使用路径选择工具选择路径，只需移动鼠标指针在路径之内的任何区域单击即可，此时将选择整个路径，被选中的路径以实心点的方式显示各个锚点，如图 8-28 所示。拖动鼠标可移动整个路径。
- 使用直接选择工具选择路径，必须移动鼠标指针在路径线上单击，才可选中路径。被选中的路径以空心点的方式显示各个锚点，如图 8-29 所示。在选中某个锚点后，可拖动鼠标移动该锚点。

图 8-28　路径选择工具

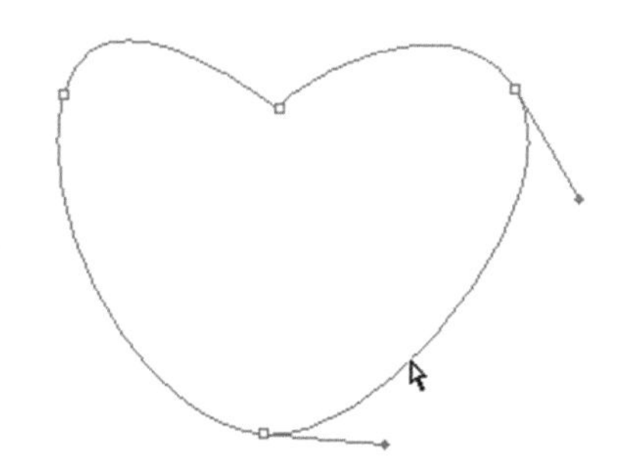

图 8-29　直接选择工具

- 直接选中路径选择工具，移动鼠标指针在图像窗口中拖出一个选择框，如图 8-30 所示，然后释放鼠标键，这样路径就会被选中，如图 8-31 所示。

如果要调整路径中的某一锚点，可以按如下方法进行。

(1) 使用直接选择工具单击路径线上的任一位置，选中当前路径。

(2) 将鼠标移至需要移动的锚点上单击，该锚点被选中之后会变成实心点。

(3) 拖动鼠标，即可改变路径形状。

图 8-30　拖动鼠标框选路径

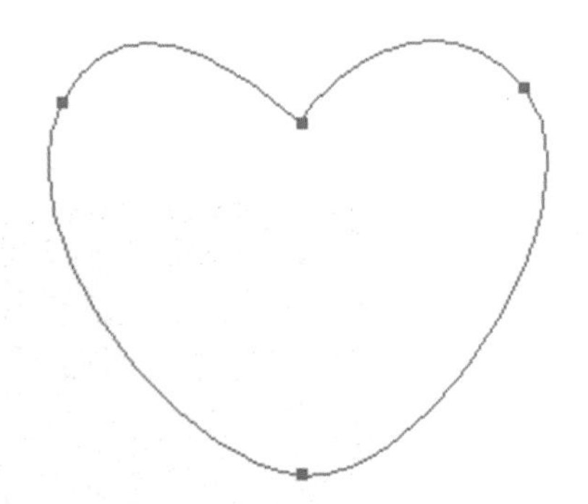

图 8-31　选中后的路径

如果路径中的锚点太少以至不足以很好地完成路径调整，可以增加锚点。反之，如果锚点太多，可以删除锚点。增删锚点时，可以利用钢笔工具的“自动添加 / 删除”属性来完成，也可利用添加锚点工具和删除锚点工具来完成。使用转换点工具，可以在平滑点和拐点之间进行转换。使用方法是将 工具放在要转换的锚点上单击即可完成转换。

8.3.3　路径操作

使用钢笔工具或形状工具绘制多个路径，可以选择相应的操作方式进行绘制，路径操作方式能设置路径之间的加减运算关系。

选择钢笔工具或形状工具，在工具选项栏中选择“形状”模式，打开“路径操作”下拉面板，如图 8-32 所示。

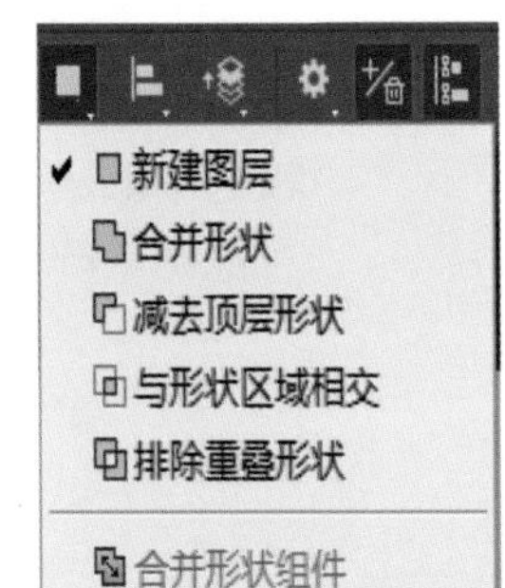

图 8-32　形状

- “新建图层”：新建一个形状图层；如选择其他操作方式，则新形状与原形状在同一层运算。
- “合并形状”：新绘制的形状会添加到原有的形状中。

单击工具箱中自定义形状工具，选择图形，绘制图形如图 8-33 所示，确认在合并形状运算模式下，选择图形 添加到原有的形状中，结合后的效果如图 8-34 所示。

图 8-33　原图

图 8-34　合并形状

- “减去顶层形状”：从原有的形状中减去新绘制的形状。减去后的效果如图 8-35 所示。
- “与形状区域相交”：得到新绘制的形状与原有形状相交叉的形状，效果如图 8-36 所示。
- “排除重叠形状”：得到新绘制的形状与原有形状重叠之外的形状，效果如图 8-37 所示。
- “合并形状组件”：合并重叠的路径组件。

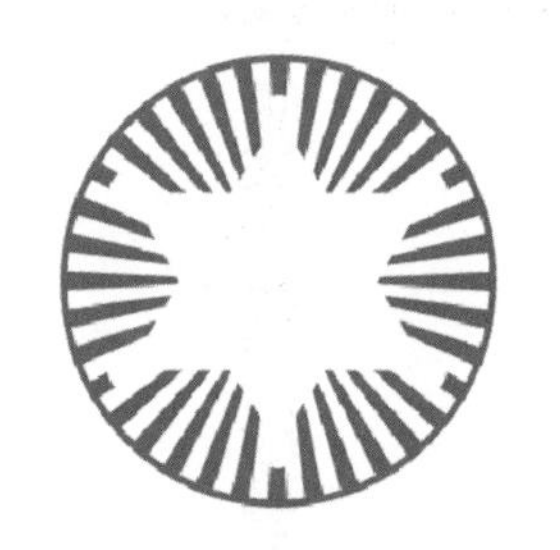

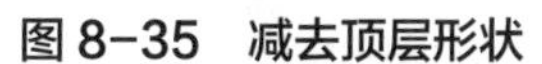

图 8-35　减去顶层形状

图 8-36　与形状区域相交

图 8-37　排除重叠形状

8.3.4　变换路径

当需要对路径进行整体的变换时，可以利用路径选择工具，或执行“编辑→变换路径”命令。利用路径选择工具对路径进行变换时，工具选项栏如图 8-38 所示。

图 8-38　路径选择工具选项栏

在图像上选择需要变换的路径，即整体移动被选中路径或利用被选择路径周围的控制句柄对路径进行各种变换；当鼠标移出路径区域之外，鼠标形状变为 ↶ 时还可以对整条路径进行旋转变换。

在变换过程中，工具选项栏发生变化如图 8-39 所示，这时也可在工具选项栏中直接输入数值进行相应的变换，变换完成后按 Enter 键确认所做的变换操作即可。

图 8-39　路径选择工具选项栏

执行“编辑→变换路径”命令对路径进行变换时，首先应利用路径选择工具或直接选择工具选择整条路径，执行“编辑→自由变换路径”命令，对所选路径进行自由变换；或执行“编辑→变换路径”命令，然后利用其子菜单对所选路径进行各种变换。

8.4　路径面板

执行“窗口→路径”命令，可打开“路径”面板。在创建路径以后，该面板才会显示路径的相关信息。

(1) 路径名称：用于设置路径名称。若在存储路径时，不输入新路径的名称，则 Photoshop 会自动依次命名为路径 1、路径 2、路径 3，依此类推。

(2) 路径缩览图：用于显示当前路径的内容，利用它可以迅速地辨识每一条路径的形状，如图 8-40 所示。单击“路径”面板右上方的小三角，选择其中的“面板选项”命令，则可打开“路径面板选项”对话框，从中可选择缩览图的大小。

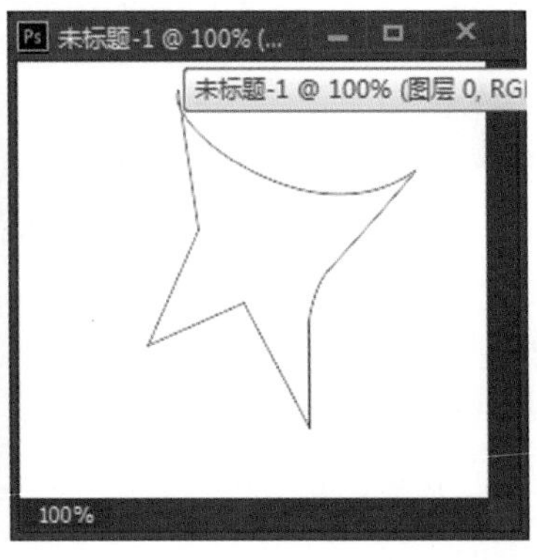

图 8-40　“路径”面板

在“路径”面板的工具按钮区中共有 6 个工具按钮，它们分别是（用前景色填充路径），（用画笔描边路径）（将路径作为选区载入），（由选区生成工作路径），（创建新路径）和（删除当前路径）。

单击“路径”面板右上角的按钮，选择“面板选项”命令，弹出“路径面板选项”对话框，如图 8-41 所示，从中可选择编辑路径的命令。

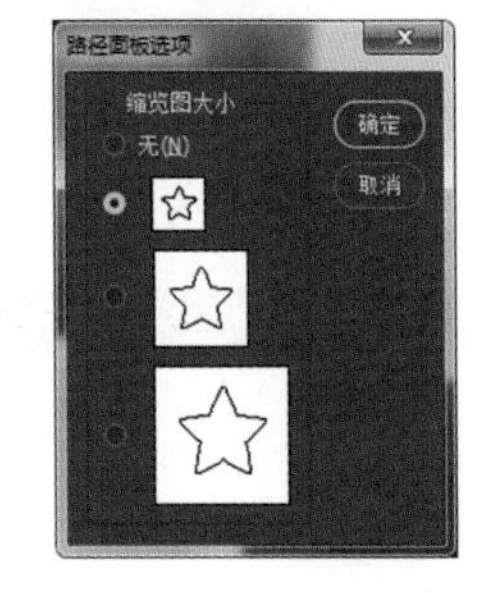

图 8-41　“路径面板选项”对话框

注意

正常情况下，如果使用位于工具箱中的路径工具来绘制出一条路径，“路径”面板中将自动生成一个名为“工作路径”的路径层。路径层只是用来存放路径的，各个路径层之间不存在层次关系。在图像中只能显示当前路径层中的路径，而不能同时显示多个路径层中的路径。在 Photoshop 中绘制路径时，如果没有新建路径层，新绘制的路径会被暂时存放在工作路径层中，但工作路径不能永久保存。例如，当在“路径”面板中单击工作路径以外的任意空白处时，将结束当前路径的绘制并关闭路径，以后再绘制路径，新绘制的路径内容将取代以前的内容。如果需要将此路径层固定下来，则可以将当前的工作路径层拖到“路径”面板下方的“创建新路径”按钮上，或打开“路径”面板菜单并从中选择“存储路径”命令，这样当前的工作路径层将自动被命名为“路径 1”（自动路径层命名规则为“路径 1”依次累加）。

8.4.1 新建和删除路径

1. 创建新路径

在“路径”面板中单击按钮，即可增加一个新的路径层。和其他的同类工具按钮一样，按住 Alt 键的同时单击工具按钮，则可以弹出“新建路径”对话框，如图 8-42 所示。

图 8-42 “新建路径”对话框

其中“名称”用于设置当前新建路径层的名称。

注意

按钮的另外一个作用是快速完成路径层的复制工作。如果需要得到一个已经存在的路径层的副本，则可以直接将此路径层列表条拖动至工具按钮处，释放鼠标后即可完成复制此路径层的工作，得到名为“路径 1 拷贝”，内容与路径 1 完全相同的新路径层，如图 8-43 所示。

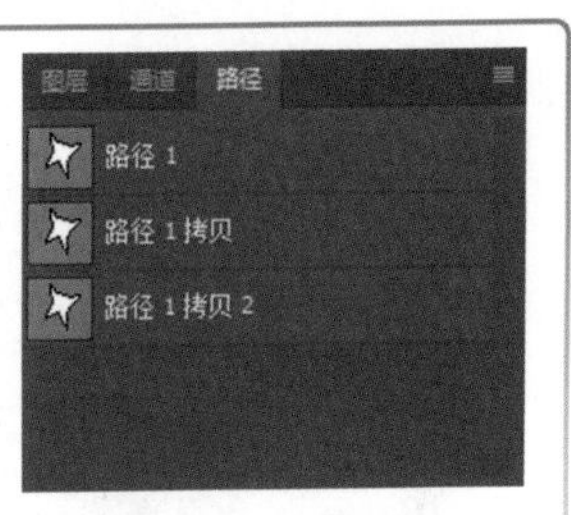

图 8-43 复制路径层

2. 删除当前路径

按钮用于删除路径。要删除一个无用的路径层，用户可以先选择此层，然后单击按钮即可。当然，也可以直接将要删除的路径层列表条拖动到按钮上来完成删除当前路径的工作。只不过前者会出现对话框来进行再次确认，后者则不会。

与其他面板类似，单击“路径”面板上方的面板菜单按钮，即可弹出“路径”面板菜单，其中的菜单项可以完成“路径”面板中的所有按钮功能。其中的部分命令所起的作用，与前面讲的面板工具按钮所代表的功能完全一致。如图 8-44 所示，显示了“路径”菜单的全部菜单选项。

- “新建路径”：用于创建一个新的路径层，与面板中的“创建新路径”按钮功能一致。必须要设置的选项为新建路径层的名称。
- “复制路径”：用于复制出一个已有的路径层的副本。此功能与将某路径层列表条拖动到“创建新路径”按钮处进行复制的作用完全一样。
- “删除路径”：用于删除一个已经存在但是已经不需要的路径层。其功能与“路径”面板中的“删除当前路径”按钮功能完全一样。
- “建立工作路径”：将当前的选择区域转换成路径。此功能与面板中的相应工具按钮功能一致。调用此功能时，所需要的属性设置可以在弹出的“新建路径”对话框中进行。
- “建立选区”：将当前的路径转换成选择区域，此功能与面板中的相应工具按钮功能一致。调用此功能时，所需要的属性设置可以在弹出的“建立选区”对话框中进行。

- “填充路径”：用于填充当前被选中的路径所包含的区域。如果未选择任何路径，则 Photoshop 将使用全部路径。此功能与面板中的相应工具按钮功能一致。调用此功能时，所需要的属性设置可以在弹出的“用前景色填充路径”对话框中进行。
- “描边路径”：用于描绘出当前路径的外轮廓，此功能与面板中的相应工具按钮功能一致。调用此功能时，所需要的属性设置可以在弹出的“描边路径”对话框中进行。
- “剪贴路径”：这是菜单中所独有的功能。剪贴路径用于将用户选定的某条路径作为此图像的剪贴路径，这样的一个图像文件便具有类似透明效果的特性，即位于剪贴路径以外的区域被透明化。这一特性使得类似的图像在被导入 PageMaker 等排版软件中进行排版时，可具有抠除背景图像的特性。利用“剪贴路径”功能，可输出路径之内的图像。使用剪贴路径命令时，将出现“剪贴路径”对话框，如图 8-45 所示。

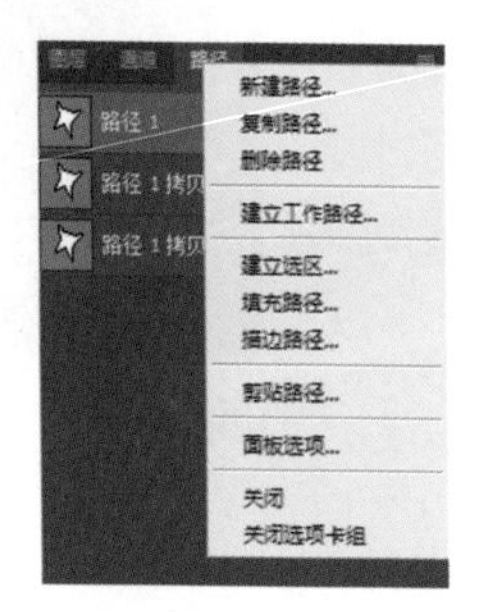

图 8-44　路径菜单

图 8-45　“剪贴路径”对话框

其中“路径”用于指定所使用的路径来源于哪一个路径层。“展平度”决定在多大的像素误差允许下进行剪贴路径的简化工作，这样可以防止剪贴路径过于复杂。设置的展平度越大，曲线路径就越平滑。一般情况下，对于 1200 ~ 2400dpi 的图像而言，将展平度设置为 8 ~ 10；对于 300 ~ 600 dpi 的图像，将展平度设置为 1 ~ 3。

- “面板选项”：用于设置“路径”面板中是否显示路径层缩览图及调整其显示大小。

8.4.2　路径的复制和存储

1. 复制路径

在绘制路径后，若需要多个这样的路径，可以对路径进行复制，复制的方法主要包括以下两种。

(1) 在同一个 Photoshop 文件中复制路径。

有 3 种方法：第一，在“路径”面板中选择要复制的路径，然后拖动至“路径”面板下方的“创建新路径”按钮上；第二，选择需要复制的路径层后右击，并在弹出的快捷菜单中选择“复制路径”选项；第三，使用“路径”面板菜单中的“复制路径”命令，出现如图 8-46 所示的对话框，其中的“名称”用来定义复制的目标路径层的名称。

(2) 在两个 Photoshop 文件之间复制路径。

同样有 3 种方法：第一，打开两个图像，使用直接选择工具在要复制的源图像中选择路径，将源图像中的路径拖动到目的图像中；第二，将路径从源图像的“路径”面板中拖动到目的图像；第三，在源图像中执行“编辑→拷贝”命令，然后在目的图像中再执行“编辑→粘贴”命令，则路径被复制到“路径”面板中的现用路径上。

2. 存储路径

在“路径”面板还没有选择任何路径的情况下，使用钢笔工具在图像上绘制路径，在“路径”面板上会自动创建工作路径，如果不保存工作路径，在没有选择任何路径的情况下使用钢笔工具在图像上绘制路径，那么原工作路径的内容将丢失，如果在以后的图像编辑过程中要使用原路径，就需要把它先保存起来。

在“路径”面板上选择工作路径，单击“路径”面板右上角的 按钮，在弹出的面板菜单中执行“存储路径”命令，打开“存储路径”对话框，如图 8-47 所示。

图 8-46 “复制路径”对话框

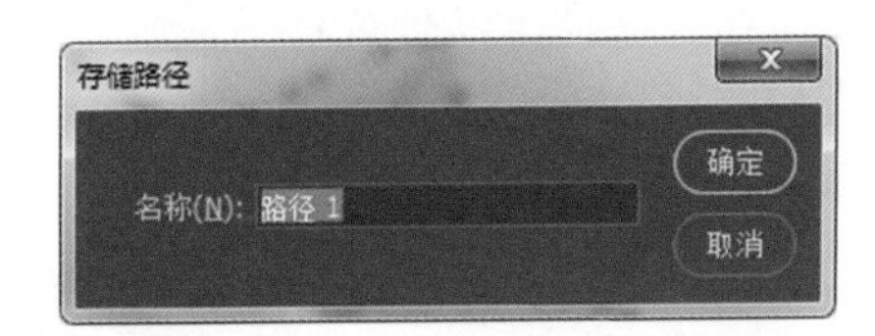

图 8-47 “存储路径”对话框

在此项中直接给要存储的路径命名，否则系统按照“路径 1”“路径 2”等默认名称给存储的路径命名。

8.4.3 路径与选区相互转换

1. 将路径作为选区载入

将当前被选中的路径转换成处理图像时用以定义处理范围的选择区域，则可以使用路径转换工具来完成转换过程。

如果按住 Alt 键的同时，单击 按钮，则可以弹出“建立选区”对话框，如图 8-48 所示。

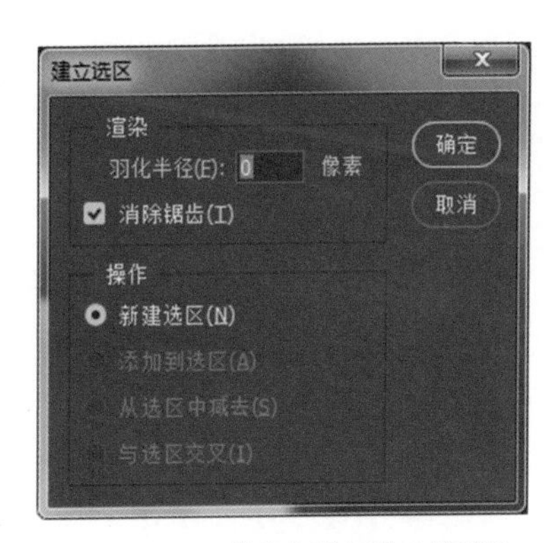

图 8-48 “建立选区”对话框

(1) “渲染”选项：功能同“填充路径”中的选项。

(2) “操作”选项组：只有在当前图像中已经存在选择区域时才全部有效，此设置决定着转换后所得到的选择区域与原来的选择区域如何合成，总共有 4 个子选项。

- “新建选区”：当前图像中原来无选择区域时，建立新选区；当前图像中原来已经存在选择区域时，则直接替代原来的选择区域。
- “添加到选区”：与原来的区域合并。
- “从选区中减去”：在原来选择区域的基础上减去当前转换后所得到的选择区域，即所谓的布尔减法。

- “与选区交叉”：求两个选择区域的交集，即保留它们的共有部分，即所谓的布尔加法。

对于开放型路径，系统将自动用直线段连接起点与终点，以组成系统默认的闭合区域。而一条由两个端点构成的路径即直线段，不能进行单独转换。基于同样的原因，一条由多个锚点组成的一次贝赛尔曲线组，也不能进行转换。

2. 从选区生成工作路径

在 Photoshop 中，不仅能够进行路径转换为选区的操作，反过来将选择区域转换为路径也是可以的，这一操作使用了位于“路径”面板中的按钮。

将选择区域转换成路径是一个非常实用的操作。如将扫描后所得到的毛笔字转换成矢量描述文件，这样可以将其外观直接导入如 3ds Max、SoftImage 等三维或矢量图形工具中进行编辑等操作。

按住 Alt 键，然后单击按钮，弹出“建立工作路径”对话框，如图 8-49 所示。

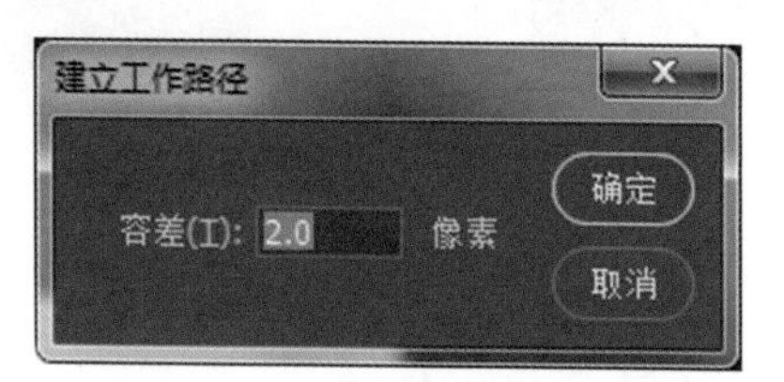

图 8-49 “建立工作路径”对话框

其中的“容差”选项决定着转换过程所允许的误差范围，其设置范围为 0.5 ~ 10 像素，其设置值越小，则转换精确度越高，代价是所得到的路径上锚点数量也越多。默认情况下，此值为 2.0 像素。

一般不需改动默认值，已经够用。如果锚点实在不够，可以在以后的操作中适当增加，这样可以避免走一些不必要的弯路。

8.4.4 填充路径

“用前景色填充路径”按钮用于将当前的路径内部填充设定内容。如果只选中一条路径的局部或者选中了一条未闭合的路径，则 Photoshop 将填充路径的首尾以直线段连接后所确定的闭合区域。

如果需要进行填充设置，则可以在按住 Alt 键的同时，单击按钮，则在填充前会弹出一个对话框，用于设置填充路径的相应属性，如图 8-50 所示。

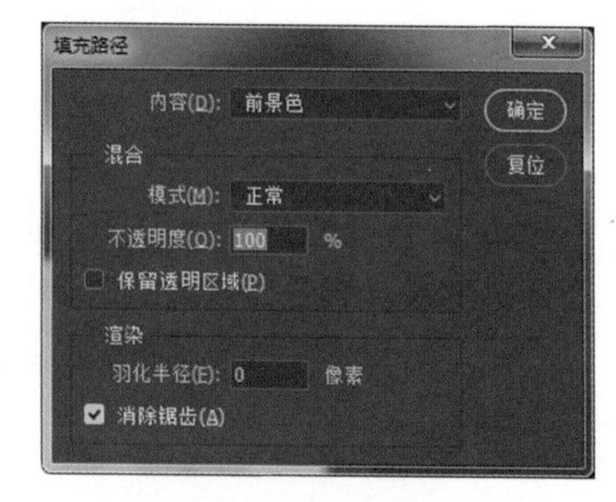

图 8-50 填充路径

“填充路径”对话框参数设置如下。

(1)“内容”：区域用于确定具体所使用的填充色或填充类型，默认情况下使用的是前景色。

- “前景色”：表示使用前景色填充。
- “背景色”：表示使用背景色填充。
- “图案”：表示使用定义的图案填充。
- “黑色”：表示使用黑色填充。
- “50% 灰色”：表示使用中灰色进行填充。
- “白色”：表示使用白色进行填充。

(2)“混合”区域中各选项的含义。

- “模式”：用于设置合成模式。
- “不透明度”：用于设置填充色的不透明度。
- “保留透明区域”：用在非背景层的图层中，用于保护图层中的透明区域。

(3)“渲染”区中有两个选项，主要是为了防止填充区域边缘出现锯齿效果。

- “羽化半径”：决定羽化范围，单位为像素（羽化值越大，填充内容边缘晕开的效果越明显）。
- “消除锯齿”：决定是否使用抗锯齿功能。

8.4.5 画笔描边路径

“用画笔描边路径”按钮的作用是使用前景色沿路径的外轮廓进行路径描边，主要就是为了在图像中留下路径的外观。

从严格意义上讲，按钮实际上是使用某个 Photoshop 绘图工具沿着路径以一定的步长进行移动所得到的效果。如果按住 Alt 键的同时单击按钮，则会弹出“描边路径”对话框，如图 8-51 所示。

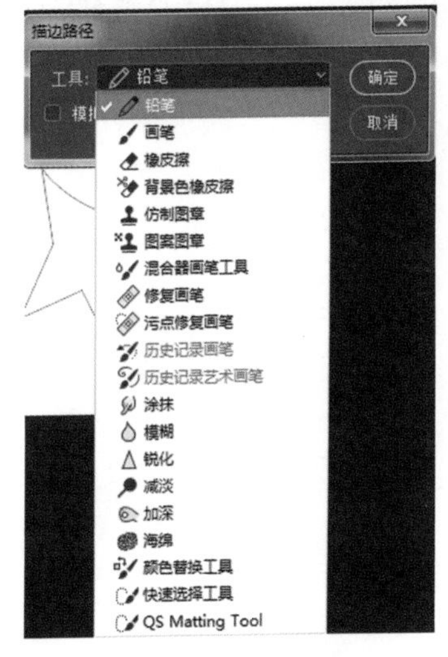

图 8-51 描边路径

在此对话框中，可以选择所使用的工具。选用不同的绘图工具，将导致不同的描边效果。很明显，使用“铅笔”工具与使用“画笔”工具所描绘出的轮廓将完全不同。不仅如此，描边效果也受被选择工具原始的笔头类型的影响。即使是使用同一个工具，笔头设置不同，也将导致不同的描边效果。除了进行描边以外，Photoshop 中提供的“涂抹”工具等，也可以完成沿路径进行涂抹、模糊等操作。

> **注意**
>
> 在用画笔描边路径时，最常用的操作还是 1 像素宽的单线条的描边，但此时会出现问题，即有锯齿存在，影响使用价值。此时不妨先将其路径转换为选区，然后对选区进行描边处理，这同样可以得到原路径的线条，却可以消除锯齿。

8.4.6 课程实例

例 8.2 立体勾选框图标设计

扫码观看案例讲解

(1) 新建文件。执行“文件→新建”命令，在弹出的“新建文档”对话框中创建 3 英寸 ×2 英寸的文档，“背景内容”为“白色”，完成后单击“创建”按钮，如图 8-52 所示。

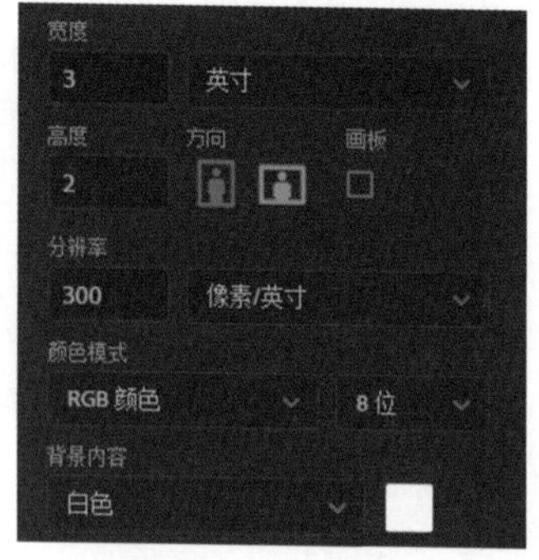

图 8-52 创建文件

(2) 填充渐变颜色。将前景色设为灰色 #e1e1e1，单击工具箱中的渐变工具，在背景图层填充渐变，如图 8-53、图 8-54 所示。

图 8-53 工具选项栏

图 8-54 填充渐变颜色

(3) 绘制矩形。单击工具箱中的矩形工具，在工具选项栏中选择工具的模式为“形状”，设置填充色为白色 #ffffff，绘制形状，如图 8-55、图 8-56 所示。

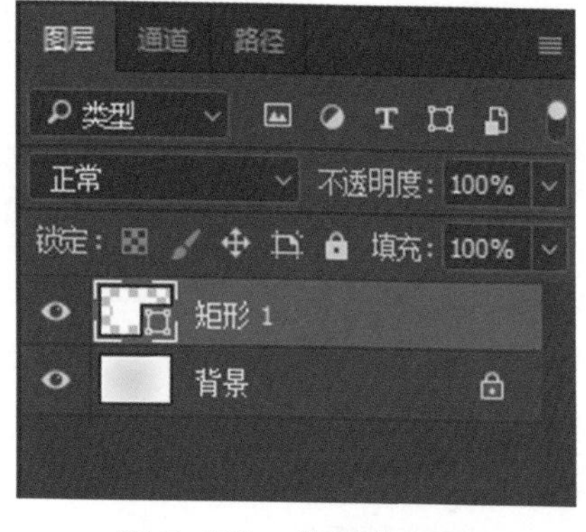

图 8-55 “图层”面板

图 8-56 矩形

(4) 绘制矩形。再次单击工具箱中的矩形工具，在工具选项栏中选择工具的模式为“形状”，设置填充色为白色 #ffffff，绘制形状。选中矩形 1 和 矩形 2 图层，按 Ctrl+E 快捷键合并形状，如图 8-57、图 8-58 所示。

图 8-57 “图层”面板

图 8-58 合并形状

(5) 变形边框。单击工具箱中的直接选择工具，选择内边框，在工具选项栏中单击“减去顶层形状”按钮，得到边框图层。按 Ctrl+T 快捷键，右击，选择“扭曲”工具，对边框进行变形，如图 8-59、图 8-60 所示。

图 8-59 “图形”面板

图 8-60 变形边框

(6) 绘制形状。新建图层，单击工具箱中的钢笔工具，在工具选项栏中选择工具的模式为“形状”，设置填充色为 # a99d9f，绘制形状，如图 8-61、图 8-62 所示。

图 8-61 “图层”面板

图 8-62 绘制形状

(7) 绘制形状。新建图层，单击工具箱中的钢笔工具，在工具选项栏中选择工具的模式为“形状”，设置填充色为渐变，渐变色为 # bfbfbf 到 #e1c1e1，绘制形状，如图 8-63、图 8-64 所示。

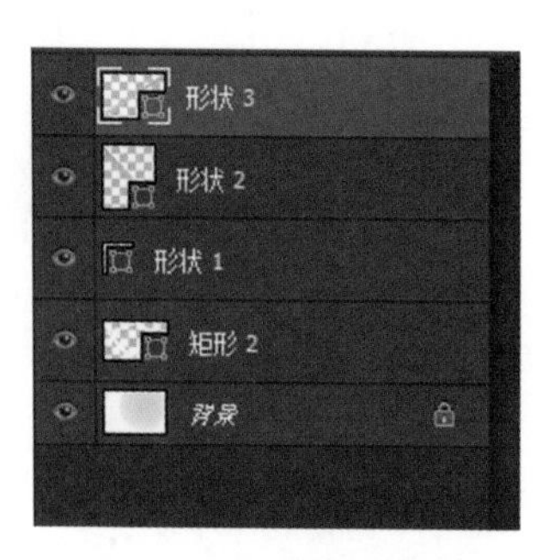

图 8-63　新建图层

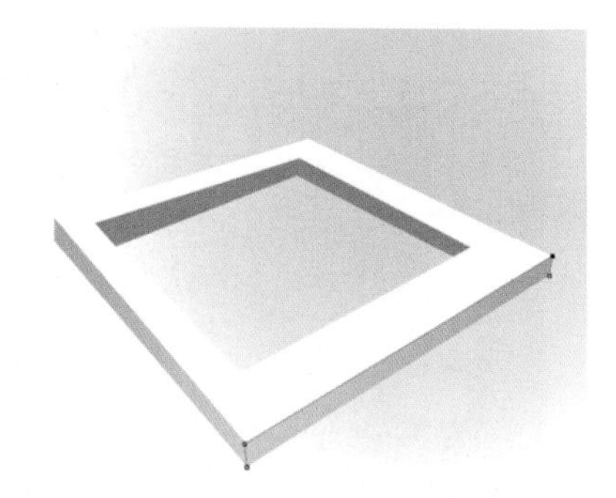
图 8-64　绘制形状

(8) 绘制阴影。选择“背景”图层，单击“创建新图层”按钮新建图层。单击工具箱中的画笔工具，在工具选项栏中选择“柔角画笔”，设置“不透明度”为 10%，绘制阴影，如图 8-65、图 8-66 所示。

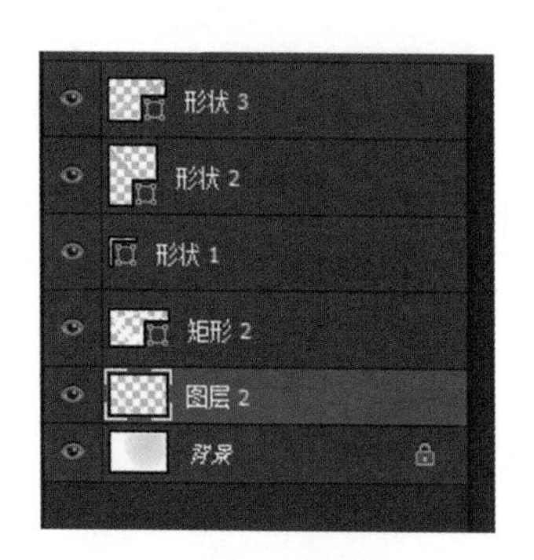

图 8-65　新建图层

图 8-66　绘制阴影

(9) 绘制对勾。新建图层，单击工具箱中的钢笔工具，在工具选项栏中选择工具的模式为“形状”，设置填充色为 #a41e29，绘制形状，得到“形状 4”图层，如图 8-67、图 8-68 所示。

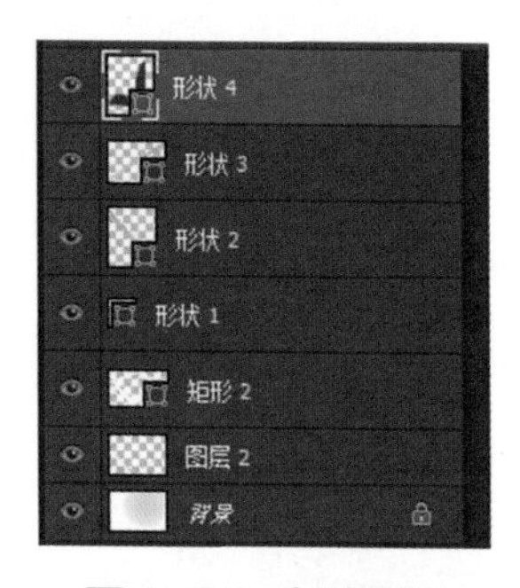

图 8-67　新建图形

图 8-68　绘制对勾

(10) 添加斜面和浮雕。在形状图层上执行“添加图层样式→斜面和浮雕”命令，打开“图层样式”对话框。调整“结构”参数，设置“样式”为“内斜面”，“方法”为“平滑”，“深度”为388%，“方向”为“上”，“大小”为18像素，“软化”为0像素。调整“阴影”参数，设置“角度”为90度，“高度”为42度，“高光模式”为“滤色”，“不透明度”为75%，“阴影模式”为“正片叠底”，“不透明度”为75%，如图8-69、图8-70所示。

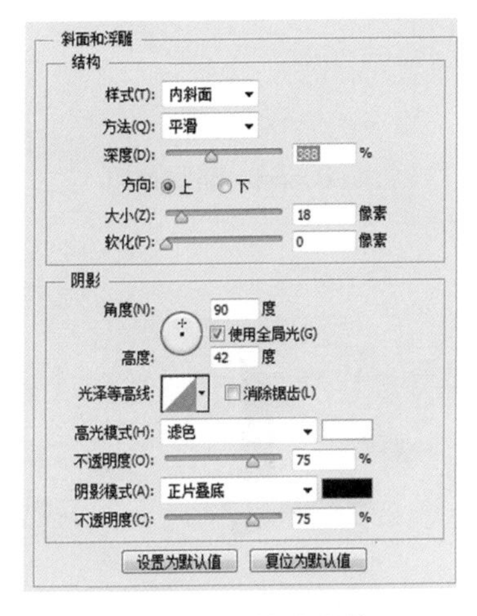

图8-69 修改参数

图8-70 添加图层样式

(11) 添加内阴影。在打开的“图层样式”对话框中，选择“内阴影”。调整“结构”参数，设置“混合模式”为“正片叠底”，“颜色”为#f66b6b，“不透明度”为75%，“角度”为90度，“距离”为36像素，“阻塞”为24%，“大小”为98像素，如图8-71、图8-72所示。

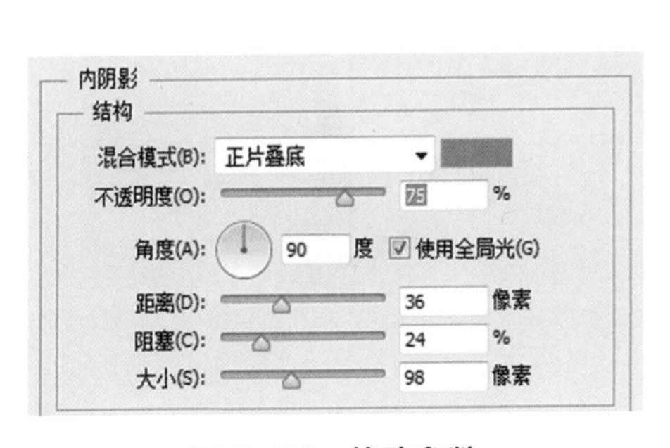

图8-71 修改参数

图8-72 添加内阴影

(12) 添加渐变叠加。在打开的“图层样式”对话框中，选择“渐变叠加”。调整“渐变”参数，设置“混合模式”为“正常”，“样式”为“线性”，“角度”为90度，如图8-73、图8-74所示。

(13) 添加外发光。在打开的“图层样式”对话框中，选择“外发光”。调整“结构”参数，设置“混合模式”为“滤色”，“不透明度”为100%，“颜色”为# e8e8e8，“方法”为“柔和”，“扩展”为0，“大小”为5像素，如图8-75、图8-76所示。

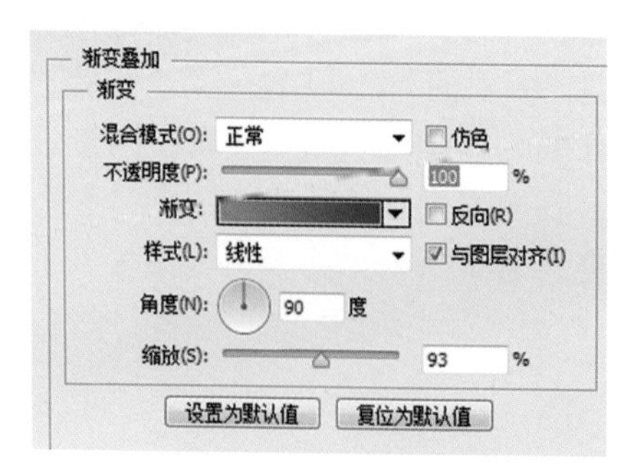

图 8-73 修改参数

图 8-74 渐变叠加

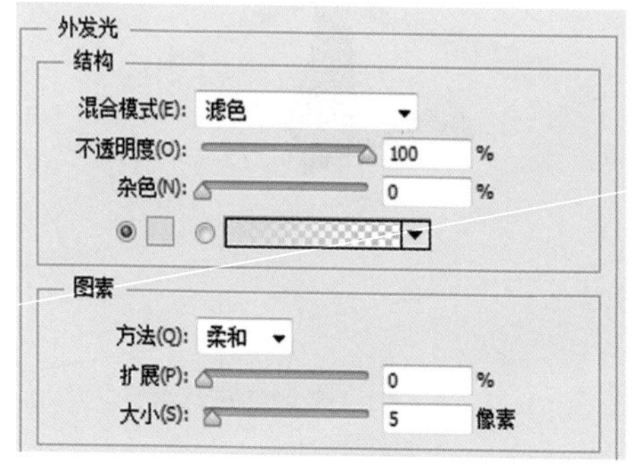

图 8-75 修改参数

图 8-76 外发光

(14) 添加投影。在打开的“图层样式”对话框中，选择“投影”。调整“结构”参数，设置“混合模式”为“正片叠底”，“不透明度”为 30%，“角度”为 90 度，“距离”为 17 像素，“扩展”为 16%，“大小”为 35 像素，如图 8-77、图 8-78 所示。

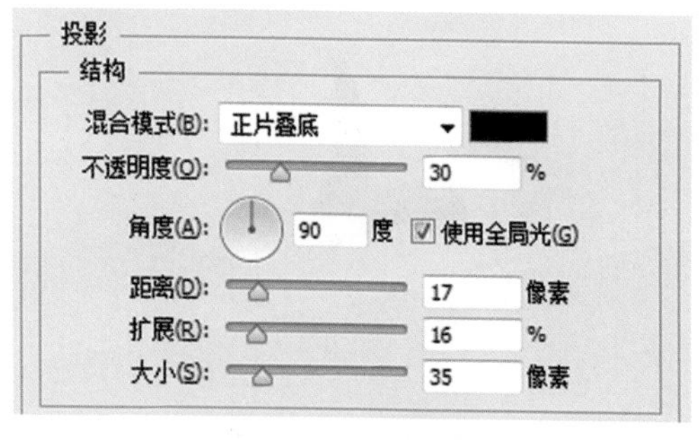

图 8-77 修改参数

图 8-78 投影

(15) 绘制形状。新建图层，单击工具箱中的钢笔工具，在工具选项栏中选择工具的模式为“形状”，设置填充色为 # 96101b，绘制形状，得到“形状 5”图层，如图 8-79、图 8-80 所示。

(16) 盖印图层。关闭“背景”图层前的眼睛图标，选中最上方图层，按 Shift + Alt + Ctrl + E 快捷键盖印所有图层。按 Ctrl + T 快捷键，自由变化图标大小，再移动到右上方，之后打开“背景”图层前的眼睛图标，如图 8-81、图 8-82 所示。

图 8-79 新建图层

图 8-80 绘制形状

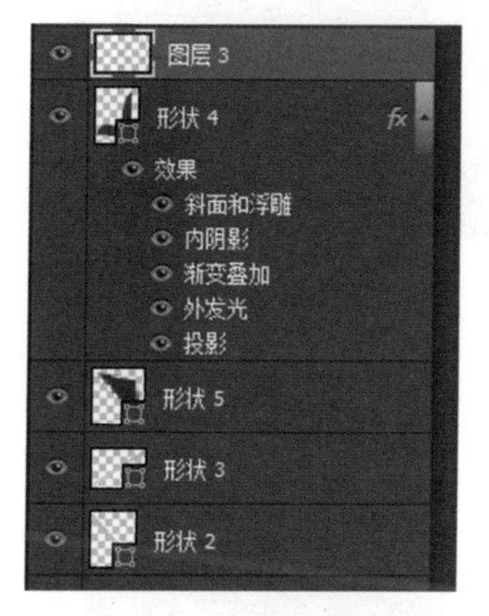

图 8-81 盖印图层

图 8-82 调整图形

8.5 形状工具的基本功能和绘制形状

Photoshop 中的形状工具不仅能绘制常用的几何形状，还可以利用它们直接创建路径，而且用它们创建出的路径可以用路径的所有方法来进行修改和编辑。

8.5.1 形状工具的分类

选择工具箱中的形状工具，按住鼠标不放或右击，就可显示出不同种类的形状工具，从上到下分别是“矩形工具”“圆角矩形工具”“椭圆工具”“多边形工具”“直线工具”和“自定形状工具”，如图 8-83 所示。

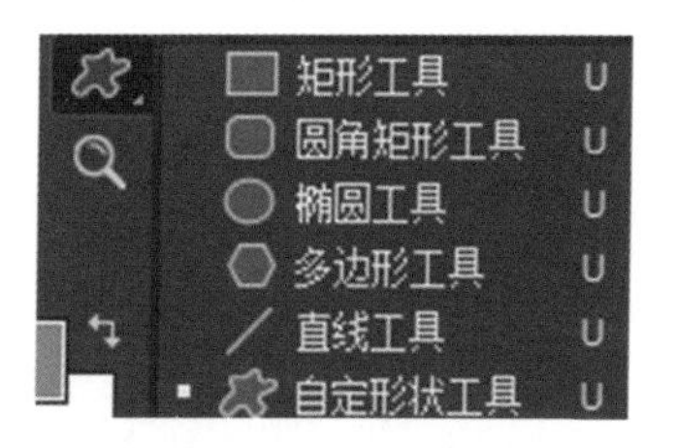

图 8-83 形状工具

单击所需形状，将鼠标指针移动到工作区拖动，就会创建出以相应形状为基础的形状，形状的外轮廓即是形状工具所创建的路径。

当选择好一种形状工具后，工具选项栏会显示出该工具的各种属性及选项，如图 8-84 所示。

图 8-84　形状工具选项栏

在此工具选项栏中提供了众多的选项和按钮，它们的作用分别如下。

1. 创建形状图层

在使用形状工具绘制形状时，选择 形状 创建形状图层，可以在建立一条路径的同时建立一个形状图层，而且在形状内将自动填充前景色，如图 8-85 所示。

图 8-85　形状图层

2. 创建工作路径

在使用形状工具绘制形状时，选择 路径 创建工作路径，会在“路径”面板上产生一条路径，但不会自动建立一个新的形状图层，如图 8-86 所示。

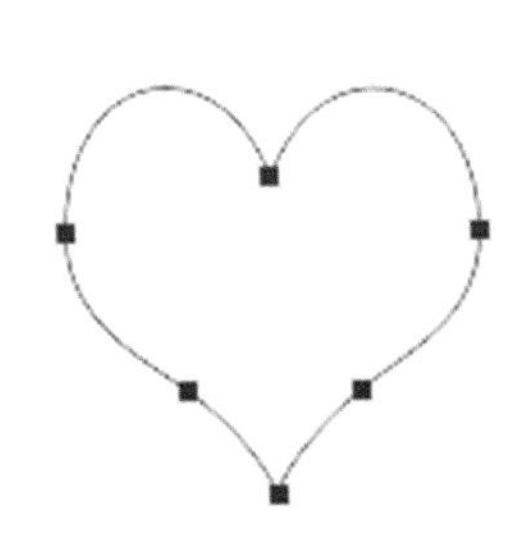

图 8-86　工作路径

3. 填充像素

在使用形状工具绘制形状时，选择 像素 填充像素，会在图像窗口中产生一个以当前前景色填充的新图形，但不会自动创建一个新的形状图层，也不会在“路径”面板上产生新的路径层，如图 8-87 所示。

在工具选项栏中的各形状选项的后面有一个倒三角，选择不同的形状工具创建不同的形状时，各选项的内容不同。

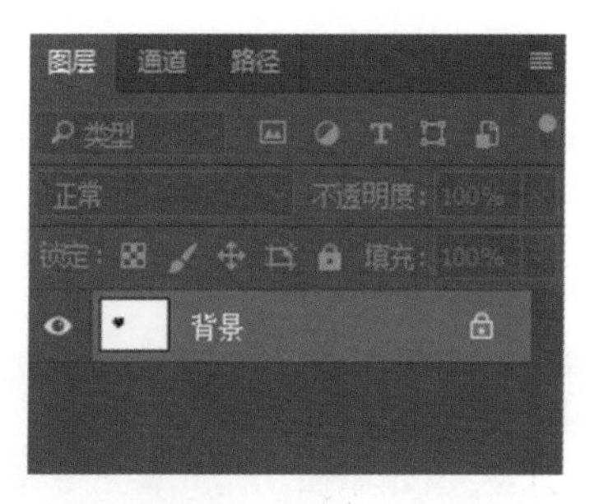

图 8-87 填充像素

8.5.2 绘制各种形状

选择形状工具之后即可开始绘制各种形状，Photoshop 中提供了一些常用的形状，包括矩形、圆角矩形、椭圆、多边形、直线等。

1. 矩形工具

选择矩形工具，在其工具选项栏中设置属性，如图 8-88 所示。

图 8-88 矩形工具选项栏

在“矩形选项”下拉面板中，有 5 个单选项可以进行设置。

(1)“不受约束”：选择该项，可以在图像区域内绘制任意尺寸的矩形。在该状态下要绘制正方形，需要使用 Shift 键。

(2)“方形”：选择该项，可以绘制任意尺寸的正方形。

(3)“固定大小”：选择该项，可以在右边“宽度”和“高度”栏中输入具体的数值来设定所绘矩形的宽、高值(默认情况下宽、高值的单位为厘米，也可更改为像素)。

(4)“比例”：选择该项，可以按照右边“宽度”和“高度”栏中输入的比例来设定所绘制矩形的宽、高之比。

(5)“从中心”：选择此复选项，表示在图像中绘制矩形时的起始点是作为所绘矩形的中心而不再是所绘矩形的左上角。

2. 圆角矩形工具

选择圆角矩形工具，工具选项栏中的设置和直角矩形属性设置基本一样，只是多了一个设置圆角矩形的圆角程度的“半径”栏，在其中输入的半径数值越大，绘制的圆角矩形的圆角程度就越大。

3. 椭圆工具

选择椭圆工具，工具选项栏中的设置和直角矩形基本一样。在“椭圆选项”下拉面板中的设置不再限定所绘制的是正方形而是限定为正圆形。

4. 多边形工具

选择多边形工具，在工具选项栏中可以设置多边形的边数。在“多边形选项”下拉面板中包括各参数，如图 8-89 所示。

图 8-89　多边形选项

(1)“半径”：在其中输入数值，设置多边形外接圆的半径。设置后使用多边形工具在图像中拖动，就可以绘制固定尺寸的多边形。

(2)“平滑拐角”：选择该项，将多边形的夹角进行平滑。

(3)“星形”：选择该项，可绘制星形，并且其下的各个参数也可启用。

(4)“平滑缩进”：选择该项，绘制的星形的内凹部分以曲线的形式表现。

5. 直线工具

选择直线工具，工具选项栏设置如图 8-90 所示。

图 8-90　直线工具选项

在“箭头”下拉面板中，主要设置直线路径起点和终点的箭头属性。

(1)“起点”和“终点”：选择这两项，表示绘制的直线的起点和终点是带有箭头的。

(2)“宽度”：设置箭头的宽度，以线条的粗细作为基础。如，500% 表示箭头的宽度为线条粗细的 5 倍。

(3)“长度”：设置箭头的长度，同样以线条的粗细作为基础。

(4)“凹度”：设置箭头的凹度，以箭头的长度作为基础，数值范围为 -50% ~ 50%。

8.5.3　利用自定形状工具绘制形状

前面所介绍的几种工具都是绘制一些简单形状的工具，但是在设计中常常会遇到需要绘制一些特殊形状的情况，在 Photoshop 中同样提供了自定形状工具，此时工具选项栏如图 8-91 所示。

在工具选项栏的“形状”下拉面板中可以选择系统提供的各种形状，如对该形状不满意，可以使用路径调整工具对其进行调整。

图 8-91 自定形状工具选项栏

如果对系统显示的几种形状不满意，还可以单击下拉面板右上方的 按钮，在面板菜单中选择“载入形状”命令，如图 8-92 所示。

打开“载入”对话框，在其中选择需要的形状，单击“载入”按钮后，将会弹出如图 8-93 所示的对话框，单击“确定”按钮，表示用默认的形状代替当前的形状；单击“追加”按钮，表示将默认的形状添加到当前形状中。

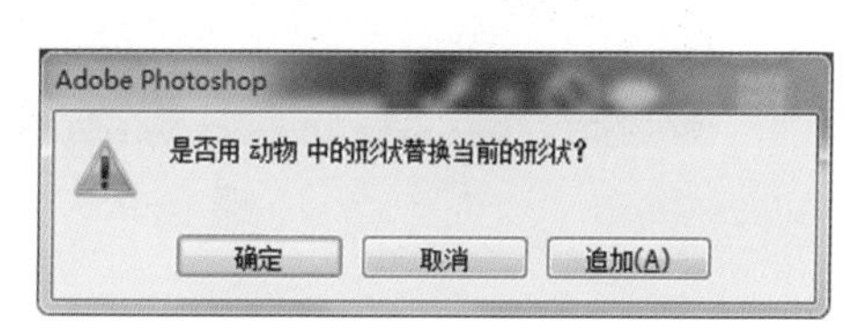

图 8-92 载入形状

图 8-93 载入形状提示框

另外，利用图 8-92 中所示的其他命令，还可以对自定义形状的“形状”下拉面板的浏览方式进行修改，例如，使用“仅文本”方式、“大缩览图”方式、“小缩览图”方式，以及大小列表方式。

在 Photoshop 中，还可以将自己绘制的形状保存在系统中，具体方法如下。

(1) 先制作出需要保存的形状或路径，并配合路径调整工具调整其至合适。

(2) 用路径选择工具选中所绘制路径，在图像上右击，在弹出的快捷菜单中选择“定义自定形状”选项或者执行“编辑→定义自定形状”命令，弹出“形状名称”对话框，在其中输入形状的名称，如图 8-94 所示。

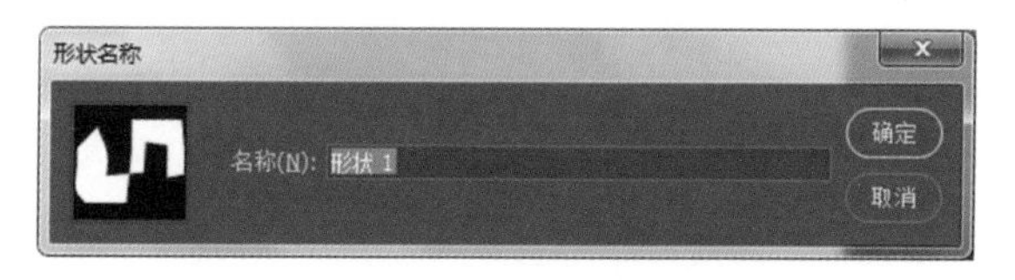

图 8-94 形状名称

(3) 在自定义形状的下拉面板中，就添加了刚才保存的形状。如果对自定义形状的名称或形状不满意，可以在工具选项栏中选择该形状，然后在形状按钮上右击并在弹出的快捷菜单中执行“重命名形状”或“删除形状”命令。

例 8.3 用形状工具绘制微信图标

扫码观看案例讲解

(1) 执行“文件→新建”命令，弹出“新建文档”对话框，新建一个 16 厘米 ×12 厘米的空白文件，单击“创建”按钮，如图 8-95 所示。

(2) 单击工具箱中的椭圆工具，在工具选项栏设置为“填充”颜色为 #43ce81，如图 8-96 所示。按住 Shift 键绘制一个正圆，如图 8-97 所示。

图 8-95 “新建文档”对话框

图 8-96 工具选项栏

图 8-97 绘制圆形

(3) 单击工具箱中的自定义形状工具，选择“会话 1”形状，设置填充色 (#ffffff) 和描边色 (#43ce81)，如图 8-98 所示。在圆上绘制会话框，如图 8-99 所示。

(4) 单击工具箱中的椭圆工具，在工具选项栏设置为“填充”为 #43ce81，按住 Shift 键绘制一个正圆作为小眼睛。选中小眼睛，按 Ctrl+J 快捷键复制形状，并移动到另一个眼睛处，如图 8-100 所示。

(5) 在“图层”面板中选中“形状 1”图层，按住 Ctrl 键把“椭圆 2”和“椭圆 2 拷贝”图层一起选中，如图 8-101 所示。

图 8-98　工具栏

图 8-99　绘制形状

图 8-100　第二个眼睛

图 8-101　选中图层

(6) 把这三个图层移动到下方 (创建新图层) 按钮，复制图层，如图 8-102 所示。

(7) 按 Ctrl+T 快捷键进行变换，在选区内右击，执行“水平翻转”命令，再把图形缩小移动到右下方，调整好位置，最终效果如图 8-103 所示。

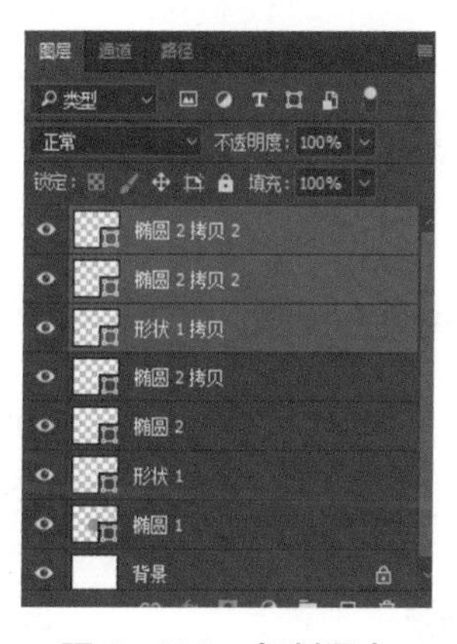

图 8-102　复制图案

图 8-103　效果图

8.6　课后习题

一、选择题

1. 下面工具中，(　　) 不属于钢笔工具组。

　A. 钢笔工具　　B. 自由钢笔工具　　C. 路径选择工具　　D. 添加锚点工具

2. 在“路径”面板中不可以进行 (　　) 操作。

　A. 删除路径　　B. 路径转换为选区　　C. 用画笔描边路径　　D. 修改路径

3. 在使用形状工具绘制形状时，选择 路径 创建形状图层可以建立一条路径并且还可以建立一个(　　)，而且在形状内将自动填充前景色。

A. 普通图层　　B. 形状图层　　C. 填充图层　　D. 文字图层

4. 如果保留当前路径层而仅仅是清除当前路径层中的所有路径时，应先选择当前路径层，然后执行“编辑”菜单中的(　　)命令。

A. 清除　　B. 剪切　　C. 拷贝　　D. 贴入

5. 执行“编辑”菜单中的(　　)命令，弹出“形状名称”对话框。

A. 定义画笔预设　　B. 定义图案　　C. 填充　　D. 定义自定形状

二、填空题

1. (　　)工具主要用于将图像的一部分绘制到同一图像的另一部分或绘制到具有相同颜色模式的任何打开的文档的另一部分。

2. 创建路径后，对路径进行编辑就要用到路径选择工具，路径选择工具包括两部分：(　　)和(　　)。

3. 选择“(　　)→(　　)”命令，可打开“(　　)”面板。在创建路径以后，该面板才会显示路径的相关信息。

4. 锚点增删工具组包括(　　)工具、(　　)工具，它们用于根据实际需要增删路径的锚点。

5. (　　)工具用于平滑点与拐点相互转换及调节某段路径的控制句柄，即调节当前路径曲线的(　　)。

6. 选择工具箱中的形状工具，按住鼠标不放或右击，就可显示出不同种类的形状工具，从上到下分别是(　　)工具、(　　)工具、(　　)工具、(　　)工具、(　　)工具和(　　)工具。

7. 选择形状工具之后，即可开始绘制各种的形状，Photoshop中提供了一些常用的形状，包括(　　)、(　　)、(　　)、(　　)、(　　)等。

三、上机操作题

利用这一章的内容，为素材中的花绘制一个花瓶，效果如图8-104所示。

扫码观看案例讲解

图 8-104　效果图

第 9 章

文字的处理

文字处理是 Photoshop 的一个重要功能，本章将主要介绍如何使用 Photoshop CC 2017 的文字工具进行文字的处理，包括如何在图像文件中输入文字以及编辑单个的和成段的文字，如何使用变形和路径等工具制作变形文字。

学习目标

- 能够在图像文件中输入文字以及编辑单个的和成段的文字
- 能够使用变形和路径等工具制作变形文字

9.1 文字工具

Photoshop 除了可以对图像进行绘制和编辑外，还具有强大的文字处理功能。用户可以在图像中创建各种横排或直排文字，并可以设置文字的字体、大小、颜色以及段落等属性；利用 Photoshop 的路径和变形工具，可将文字制作出多种形状效果；结合滤镜和图层样式等工具，可以制作出诸如火焰、浮雕以及金属等效果的文字。

Photoshop 中的文字由像素组成，并且与图像文件具有相同的分辨率，所以文字的清晰度与图像的分辨率有很大的关系，且文字会有锯齿现象；同时，为了便于编辑文字，Photoshop 保留基于矢量的文字轮廓。因此，在对文字进行缩放、扭曲等操作后，仍能够对文字内容进行编辑。

文字的编辑是通过工具箱中的文字工具来实现的。单击工具箱中的T按钮，选择一种文字工具；如果按住鼠标不放，会弹出文字工具选择菜单，如图 9-1 所示。

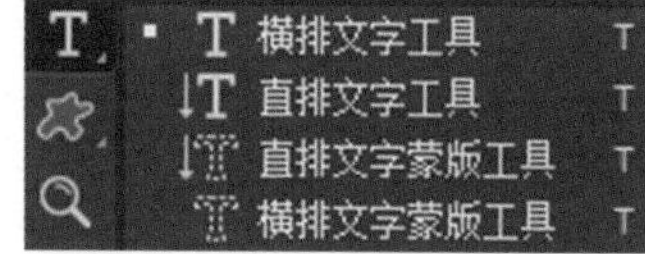

图 9-1　文字工具选择菜单

Photoshop CC 2017 共有 4 种文字输入工具。

(1)“横排文字工具”：在图像中输入标准的、从左到右排列的文字。

(2)“直排文字工具”：在图像中输入从右到左的竖直排列的文字。

(3)“横排文字蒙版工具”：在图像中建立横排文字选区。

(4)“直排文字蒙版工具”：在图像中建立直排文字选区。

在工具箱中单击T按钮，选择“横排文字工具”，此时工具选项栏中显示出相应的文字工具选项，如图 9-2 所示。

图 9-2　横排文字工具选项栏

文字工具选项栏中各选项介绍如下。

(1) （更改文本方向）：单击该按钮，可更改文本方向。只能在文字编辑时使用，编辑之前可直接在工具箱中选择横排或直排工具来确定文字的方向。

(2) 黑体（设置字体系列）：在该下拉列表中选择文本的字体，可以分别对文字图层中的全部或个别文本设置不同的字体。

(3) Regular（设置字型）：在该下拉列表中选择文本的字型，如粗体、斜体等。

Photoshop 中字体和字型的设置同其他文字处理软件一样，大部分英文字体对中文不起作用；除系统自带的个别字体可设置字型外，大部分中文字体无法设置字型。但可以在“字符”和“段落”面板中设置“仿粗体”和“仿斜体”，如图 9-3 所示。

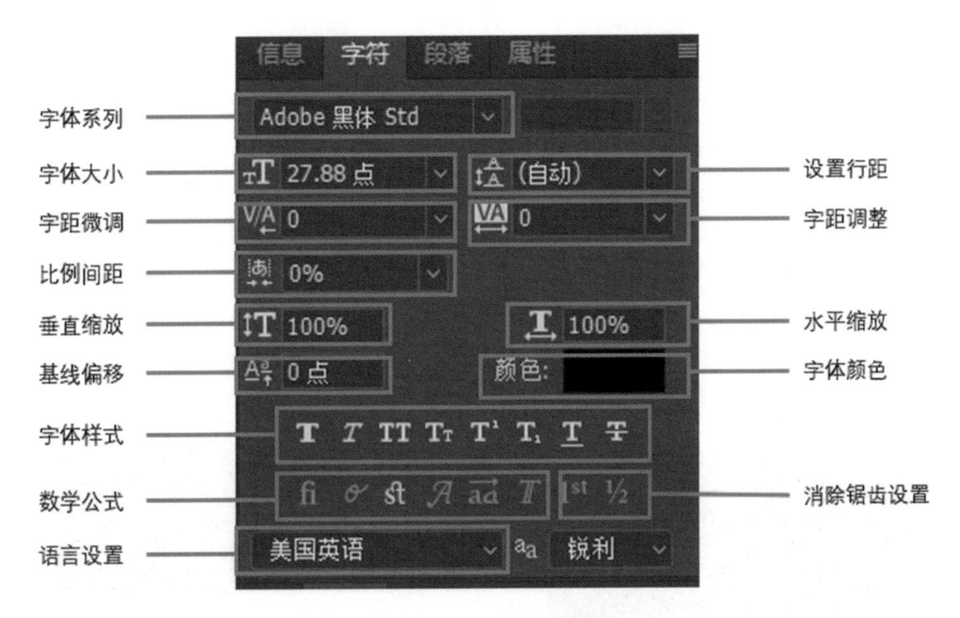

图 9-3 “字符”面板

(4) (设置字体大小)：在该下拉列表中选择文本的大小。

虽然 Photoshop 只有 6 ~ 72 点的字体大小可选，但我们可以直接在列表框中输入数值来设置 6 ~ 72 点以外的字体大小。

(5)(设置消除锯齿方法)：在该下拉列表中可设置消除文本锯齿的方法，如锐利、犀利、浑厚及平滑等。消除锯齿可以通过部分地填充边缘像素来产生边缘平滑的文字，这样，文字边缘就会混合到背景中。

(6) (设置文本颜色)：作用同工具箱中的“设置前 / 背景色”一样，单击该按钮将弹出“拾色器”对话框，用于选取文本颜色。

除了文字的大小、颜色等设置外，还可对文字的间距、行距、拉伸、升降、仿粗体、仿斜体、上下标以及段落缩进等进行设置。

可以在图像中的任何位置创建横排或直排的文字。根据使用文字工具的不同方法，可以输入点文字或段落文字。点文字适合于输入一个字或一行字符，段落文字则适用于输入一个或多个段落的文字。创建文字后，会在“图层”面板中自动添加一个新的文字图层，该图层以字母 T 为标志。

在 Photoshop 中，因为“多通道”“位图”以及“索引颜色”等模式不支持图层，所以不会为这些模式中的图像创建文字图层。在这些图像模式中，文字会直接显示在背景上。

9.2 文字编辑

Photoshop CC 2017 中的文字有点文字和段落文字两种，下面分别介绍这两种文字的输入方法。

9.2.1 输入点文字

要在 Photoshop 图像文件中输入点文字，可执行以下步骤。

(1) 在工具箱中选择横排文字工具或直排文字工具，此时鼠标指针形状呈 I 型，在工具选项栏中设置好文字的字体、字型、大小以及颜色等，如图 9-4 所示。

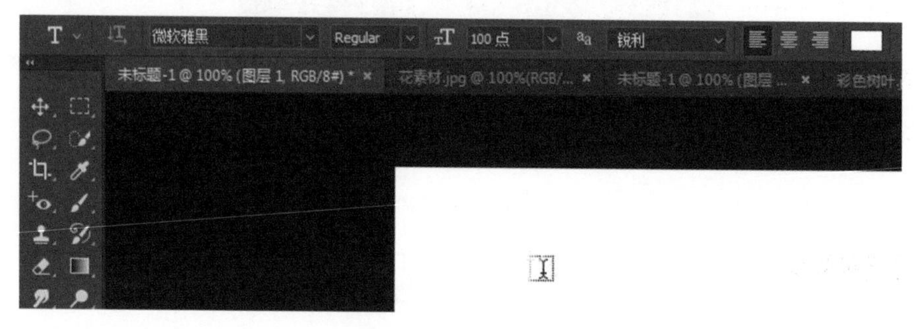

图 9-4 设置选项

(2) 在图像窗口中选择好文字的插入点，单击后即可开始输入文字。如果要输入中文，可调出中文输入法进行中文的输入，输入的文字如图 9-5 所示。

微软雅黑

图 9-5 输入文本

(3) 在点文字的输入过程中，文字不会自动换行，必须通过按 Enter 键手动换行；如果要改变文本在图像窗口中的位置，按住 Ctrl 键的同时拖动文本即可。

(4) 文字输入完毕，可单击文字工具选项栏上的✓按钮；如要放弃已经输入的文本，可单击⊘按钮。

完成和取消文本输入的按钮，即✓和⊘按钮，在文字的编辑过程中才会出现在文字工具选项栏上。另外，在文字输入的过程中，单击工具箱中的其他工具，或者单击“图层”面板中的其他图层，都可以完成文字的输入；同样，按 Esc 键也可以放弃当前文本的输入。

(5) 文字输入完毕后，在“图层”面板中会自动创建一文字图层，该图层以符号 T 显示，表示这是一个文字图层，其内容为刚才输入的文字，如图 9-6 所示。

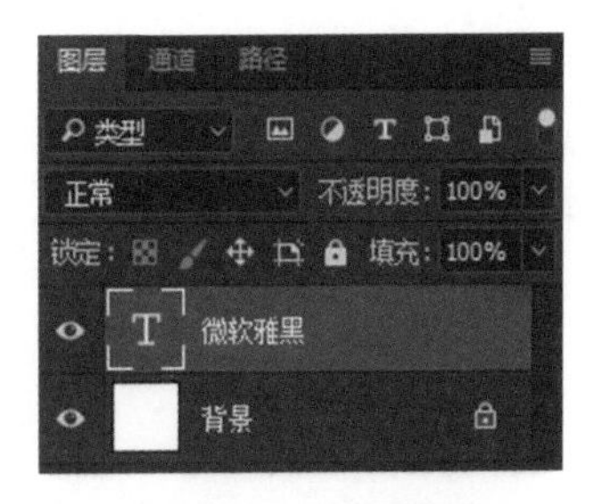

图 9-6　文字图层

9.2.2　输入段落文字

Photoshop CC 2017 除了可以输入点文字以外，还可以输入段落文字。段落文字同点文字的区别在于：段落文字在图像窗口中有一个定界框，文字会基于定界框的尺寸换行；而点文字的输入较随意，且不会自动换行，只能手动回车换行。点文字和段落文字可以执行“文字→转换为点文本 / 转换为段落文本”命令来互相转换。

要在 Photoshop 中输入段落文字，操作步骤如下所示。

(1) 选择横排文字工具或直排文字工具，在工具选项栏中设置好相应的文字大小、颜色等，然后在图像窗口中拖出一个矩形文本框。

(2) 拖文本框时注意，按住 Shift 键的同时可划出正方形的段落文本框。如要对文本框进行调整，如调整大小或旋转等，可通过拖动文本框的控制点缩放或旋转实现，如图 9-7 所示，其操作同变换工具非常相似。

图 9-7　旋转段落文字

(3) 段落文本框设置好之后，就可以在该文本框中输入段落文字，具体的输入方法同点文字的输入方法一致。

注意

可在划出段落文本框的同时按住 Alt 键，这样会弹出“段落文字大小”对话框，如图 9-8 所示。在这里可以精确设置段落文本框的大小。

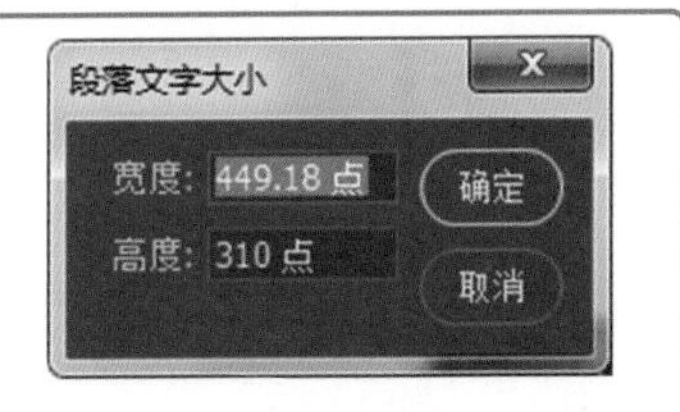

图 9-8　设置段落文字大小

(4) 点文字和段落文字转换方法：执行“文字→转换为点文本”或者“文字→转换为段落文本”命令，即可实现点文字和段落文字的互相转换。

9.2.3　创建文字选区

除了横排文字工具或直排文字工具以外，还有两种文字工具，即横排文字蒙版工具或直排文字蒙版工具。它的具体操作方法和横排文字工具或直排文字工具完全一样。实际上，使用横排文字蒙版工具或直排文字蒙版工具，只是在图像窗口创建一个文字形状的选区，如图 9-9 所示。文字选区出现在图层中，并可像任何其他选区一样进行移动、拷贝、填充或描边。

图 9-9　文字蒙版

注意

大多数情况下，我们完全可以用横排文字工具或直排文字工具替代这两个蒙版工具。具体操作时，先用横排或直排文字工具在图像窗口中输入文字，新建一个文字图层，然后用“按住 Ctrl 键的同时单击文字图层”的方法，同样可以创建具有文字轮廓的选区。

9.2.4　文字的编辑和修改

在文字的编辑过程中，通常会对文字图层的内容反复修改。修改文字图层中的内容，一般要掌握以下几点。

1. 修改文字内容

在“图层”面板中选择要编辑的文字图层，双击上面的 T 型图标（注意：是双击 T 型图标，而不是右边的图层名称），此时 Photoshop 会自动切换为文字工具，而且会将图层中的文字全部选择并处于编辑状态。此时，我们就可以在图像窗口中编辑文字内容了，如图 9-10 所示。

2. 格式段落设置

可以将整个文字图层的文字设置成一种格式，也可以将图层中部分文字设置成某种格式。设置时，先选择要进行格式设置的文字，单击文字工具选项栏中的按钮，打开“字符和段落设置”面板，对所选文字进行格式或段落的设置。除了前面介绍的一些基本设置外，在该面板中还可以设置一些特殊的效果，一些常见格式和段落的效果如图 9-11 所示。

编辑完成之后，单击文字工具选项栏中的按钮，完成文字的编辑。

注意

虽然 Photoshop CC 2017 的文字处理功能已经比较完善，但由于 Photoshop 本身的图像处理软件性质以及对计算机硬件的要求，相比专业的文字处理软件，如 Word 和 WPS 等，无论是方便程度还是反应速度，都无法与之比较。特别是大篇幅的文字，经常不能一次编辑成功。所以，建议大家在编辑大篇幅的文本时，可先在其他的文字处理软件中输入文字，然后粘贴到 Photoshop 的文字图层中来，这样可省去很多麻烦。

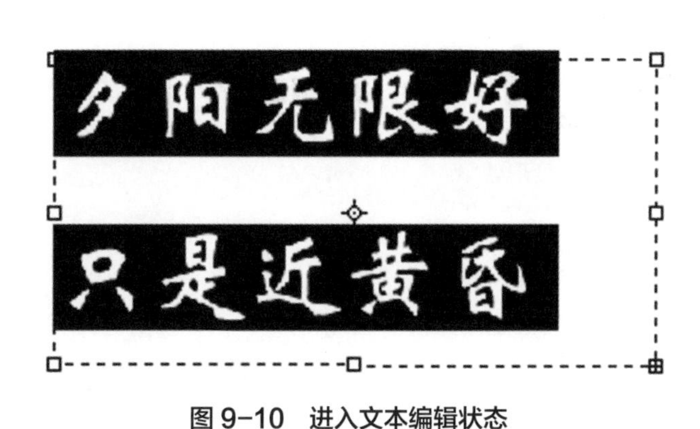

图 9-10 进入文本编辑状态

图 9-11 段落格式效果

9.3 文字效果

文字内容编辑完之后，除了对其进行一些格式和段落的设置之外，一般还会给文字添加一些效果，以达到美化文字的目的。常见的文字效果有变形文字、路径文字以及利用图层样式制作的效果等。

9.3.1 变形文字

设置文字的变形效果，具体步骤如下。

(1) 在“图层”面板中选择编辑好的文字图层(也可以在文字的编辑过程中选择)，单击文字工具选项栏中的 (创建文字变形)按钮，打开“变形文字”对话框，如图 9-12 所示。

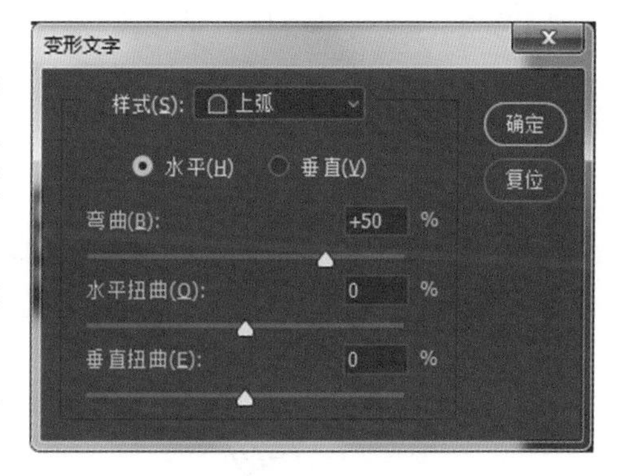

图 9-12 变形文字

- 样式：在此可以选择各种 Photoshop 默认的文字变形效果。
- 水平 / 垂直：在此可以选择使文字在水平方向上扭曲还是在垂直方向上扭曲。
- 弯曲：在此输入数值可以控制文字扭曲的程度，数值越大，扭曲程度也越大。
- 水平扭曲：在此输入数值可以控制文字在水平方向上扭曲的程度，数值越大则文字在水平方向上扭曲的程度越大。
- 垂直扭曲：在此输入数值可以控制文字在垂直方向上扭曲的程度，数值越大则文字在垂直方向上扭曲的程度越大。

(2) 在“变形文字”对话框中，单击“样式”下拉列表框，选择一个样式。选择一个变形的方向，“水平”或是“垂直”；调节下面的“弯曲”“水平扭曲”以及“垂直扭曲”

数值，以达到满意效果。

(3) 单击“确定”按钮，完成变形效果的设置，变形效果如图 9-13 所示。

夕阳无限好 夕阳无限好 夕阳无限好

图 9-13 变形效果

9.3.2 路径文字

将文本放置在路径或形状上是 Photoshop CC 2017 的新增功能之一，可以沿着用钢笔或形状工具创建的工作路径上输入文字。要在路径上输入文字，步骤如下。

(1) 先用钢笔或形状工具在图像区域绘制好路径。然后选择文字工具，将鼠标移至路径上方，此时鼠标指针会变成形状，单击就可以开始文字的输入了。当沿着路径输入文字时，文字沿着锚点添加到路径的方向排列。如果输入横排文字，文字会与路径切线垂直；如果输入直排文字，文字方向与路径切线平行，如图 9-14 所示。

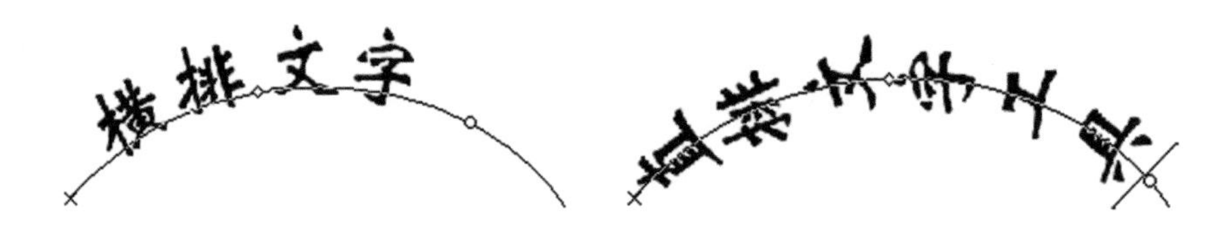

图 9-14 路径文字

(2) 文字输入完毕后，单击文字工具选项栏上的按钮，此时“图层”面板上会新增一路径文字图层。与普通文字图层不同的是，该图层显示为“路径文字”，如图 9-15 所示。

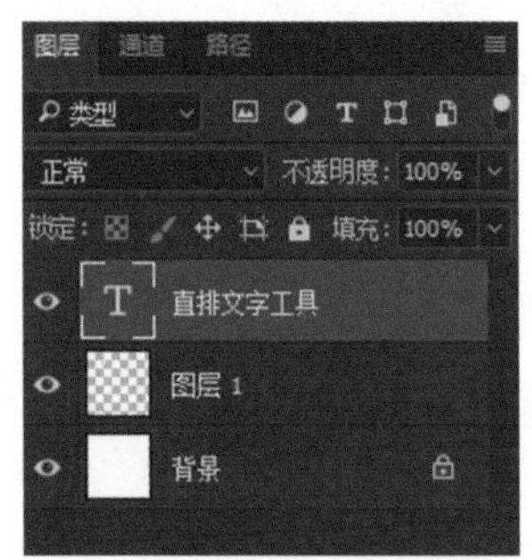

图 9-15 “图层”面板中的路径文字图层

(3) 图像区域中的路径文字上有一条路径，修改这条路径的形状或移动该路径，路径上的文字也会做出相应的更改。

9.3.3 文字图层样式

另外一种常用的文字效果就是使用图层样式，制作出带有阴影、浮雕以及发光等效果的文字。现以发光效果文字为例，介绍怎样为文字应用图层样式。

(1) 新建一背景色为白色的文件。选择横排文字工具，在图层中输入“闪亮”二字，文字颜色为黑色，如图 9-16 所示。

图 9-16　输入文字

(2) 在“图层”面板中选中该文字图层，单击“图层”面板中的fx按钮，打开“图层样式”对话框，在左边的“样式”列表中选择“外发光”选项，将该文字图层设置成外发光效果，发光的颜色为白色，其余参数设置如图 9-17 所示。

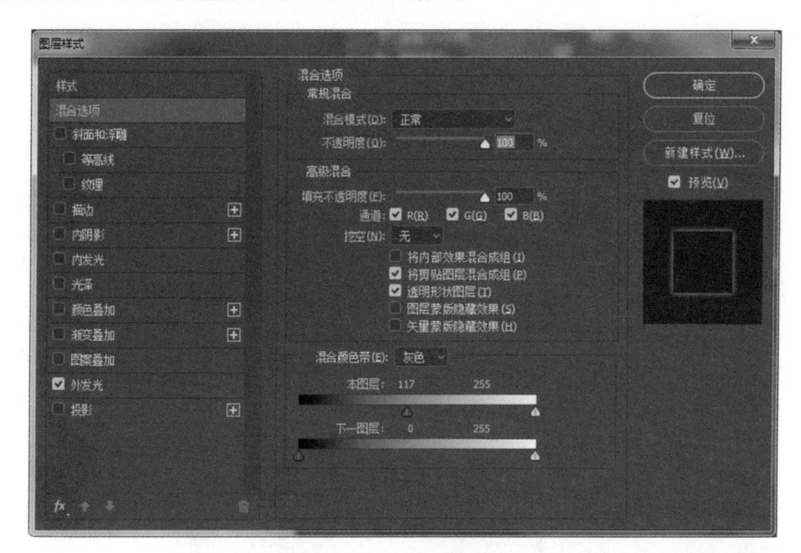

图 9-17　图层样式

(3) 单击“确定”按钮，完成外发光效果的设置。这时看不出任何效果，这是因为光的颜色和背景图层的颜色都是白色。选中背景图层，将前景色设置为黑色，按 Alt+Del 快捷键将背景层填充为黑色，完成发光效果的制作，最终效果如图 9-18 所示。

图 9-18　外发光效果

9.4　本章小结

本章详细介绍了文字处理以及平面设计中文字添加的方法，所含知识点包括：在图像文件中输入文字以及编辑单个和成段的文字，用变形和路径等工具制作变形文字等。

9.5　课后习题

一、选择题

1. 下面（　　）工具不可以输入文字。

A. 横排文字工具　　B. 直排文字工具
C. 横排文字蒙版工具　　D. 画笔工具

2. 下面（　　）工具可以创建文字选区。
A. 横排文字蒙版工具　　B. 横排文字工具
C. 直排文字工具　　D. 选框工具

3. 下面（　　）方法不可以编辑文字内容。
A. 双击上面的 T 型图标
B. 使用文字工具
C. 将鼠标移至文字部分单击进入文字编辑状态
D. 双击文字图层的名称

4. 段落设置要在（　　）面板中设置。
A. “文字”　　B. “段落”　　C. “图层”　　D. “路径”

5. 将文本放置在路径或形状上是 Photoshop CC 2017 的新增功能之一，可以沿着用（　　）创建的工作路径上输入文字。
A. 钢笔工具　　B. 文字工具　　C. 文字蒙版工具　　D. 画笔工具

二、填空题

1. 文字工具包括（　　）、（　　）、（　　）、（　　）。

2. Photoshop 中的文字由（　　）组成，并且与图像文件具有相同的分辨率，所以文字的清晰度与图像的（　　）有很大的关系，且文字会有锯齿现象。

3. 在 Photoshop CC 2017 中输入的文字有（　　）和（　　）两种。

4. 文字输入完毕后，在“图层”面板中会自动创建一个（　　），该图层以符号 T 显示。

5. 常见的文字效果有（　　）、（　　）以及利用（　　）制作的效果等。

三、上机操作题

利用提供的素材，结合学过的知识点，制作学生会的招新海报，效果如图 9-19 所示。

扫码观看案例讲解

图 9-19　效果图

第 10 章

通道和蒙版的应用

本章的主要内容包括通道、蒙版和图像的混合运算。蒙版和通道是Photoshop 中的重要元素，通过它们可以制作出特殊的效果；图像的混合运算主要是对一幅或多幅图像中的通道和图层，通道和通道进行组合运算的操作，其目的是使当前图像或多个图像之间产生丰富多彩的特殊效果，以制作出精美图像。

学习目标

- 了解通道和蒙版的概念
- 熟悉通道和蒙版的使用方法
- 了解通道的分类、蒙版的分类及应用
- 熟悉图像的混合运算

10.1 通道的应用

通道是 Photoshop 图形图像处理软件中的一个重要功能。通道的主要作用是保存图像的颜色信息和存储蒙版。运用通道可以实现许多图像特效，能为从事图形图像处理的工作人员带来创作技巧与思路。希望通过本节内容的学习，能使读者掌握通道的基本知识，了解通道的性质，并能初步运用通道制作文字特效。

10.1.1 通道的概念

在 Photoshop 中，通道是非常独特的，它不像图层那样容易上手。通道是由分色印刷的印版概念演变而来的。例如，我们在生活中司空见惯的彩色印刷品，其实在其印刷的过程中仅仅用了四种颜色。在印刷之前先通过计算机或电子分色机将一件艺术品分解成四色，并打印出分色胶片；一般地，一张真彩色图像的分色胶片是四张透明的灰度图，单独看每一张单色胶片时不会发现什么特别之处，但如果将这几张分色胶片分别着以 C(青)、M(品红)、Y(黄) 和 K(黑) 四种颜色并按一定的网屏角度叠印到一起时，我们会惊奇地发现，这原来是一张绚丽多姿的彩色照片。所以从印刷的角度来说，通道 (Channels) 实际上是一个单一色彩的平面，它是在色彩模式这一基础上衍生出的简化操作工具。譬如说，一幅 RGB 三原色图有三个默认通道：Red(红)、Green(绿)、Blue(蓝)。但如果是一幅 CMYK 图像，就有了四个默认通道：Cyan(蓝绿)、Magenta(紫红)、Yellow(黄)、Black(黑)，如图 10-1 所示。

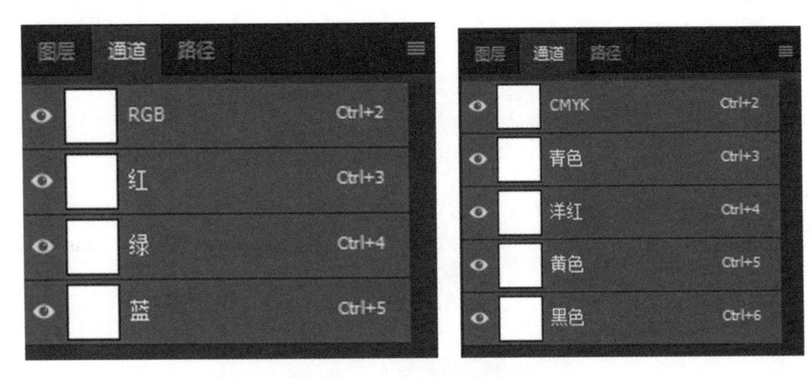

图 10-1 “通道”面板

10.1.2 通道的作用和分类

1. 通道的作用

在图片的通道中，记录了图像的大部分信息。其中通道中白色的部分表示被选择的区域，黑色部分表示没有选中区域。利用通道，一般可以建立精确选区或者利用通道调色。

2. 通道的分类

通道作为图像的组成部分，它是与图像格式密不可分的，图像颜色、格式的不同决定了通道的数量和模式，这些在“通道”面板中可以直观地看到。在 Photoshop 中涉及的通道主要有以下几种。

(1) 复合通道 (Compound Channel)：复合通道不包含任何信息，实际上它只是同时预览并编辑所有颜色通道的一个快捷方式。它通常被用来在单独编辑完一个或多个颜色通道后使“通道”面板返回到它的默认状态。对于不同模式的图像，其通道的数量是不一样的。

在 Photoshop 之中，通道涉及三个模式。对于一个 RGB 图像，有 RGB、R、G、B 四个通道；对于一个 CMYK 图像，有 CMYK、C、M、Y、K 五个通道；对于一个 Lab 模式的图像，有 Lab、L、a、b 四个通道。

(2) 颜色通道 (Color Channel)：在 Photoshop 中编辑图像时，实际上就是在编辑颜色通道。这些通道把图像分解成一个或多个色彩成分，图像的模式决定了颜色通道的数量，RGB 模式有 3 个颜色通道，CMYK 图像有 4 个颜色通道，Bitmap 色彩模式、灰度模式和索引色彩模式只有一个颜色通道，它们包含了所有将被打印或显示的颜色。

(3) 专色通道 (Spot Channel)：专色通道是一种特殊的颜色通道，它指的是印刷上想要对印刷物加上一种专门颜色（如银色、金色等），它可以使用除了青色、洋红（有人叫品红）、黄色、黑色以外的颜色来绘制图像。专色在输出时必须占用一个通道，.psd、.tif、.dcc 2.0 等文件格式可保留专色通道。

(4) Alpha 通道 (Alpha Channel)：Alpha 通道是计算机图形学中的术语，指的是特别的通道。有时，它特指透明信息，但通常的意思是“非彩色”通道。这是我们真正需要了解的通道，可以说我们在 Photoshop 中制作出的各种特殊效果都离不开 Alpha 通道，它最基本的用处在于保存选取范围，并不会影响图像的显示和印刷效果。

(5) 单色通道：这种通道的产生比较特别，也可以说是非正常的。如果在“通道”面板中随便删除其中一个通道，所有的通道都会变成“黑白”的，原有的彩色通道即使不删除也变成灰度的了，这就是单色通道。

10.1.3 通道面板的使用方法

“通道”面板可以创建并管理通道以及监视编辑效果。“通道”面板列出了图像中的所有通道，首先是复合通道（对于 RGB、CMYK 和 Lab 图像），然后是单个颜色通道、专色通道，最后是 Alpha 通道。通道内容的缩览图显示在通道名称的左侧；缩览图在编辑通道时自动更新。执行“窗口→通道”命令，可以显示“通道”面板，如图 10-2 所示。

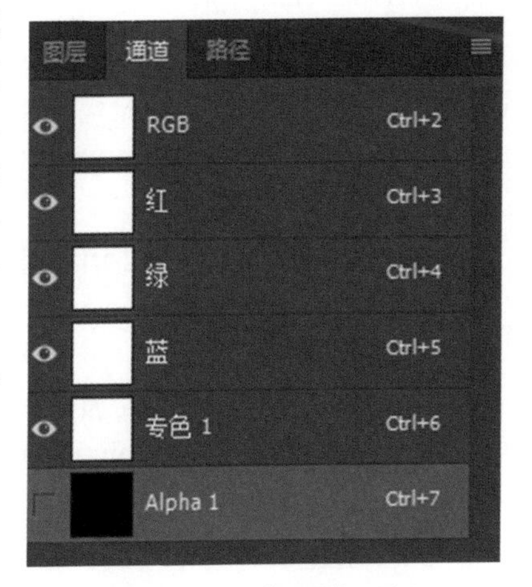

图 10-2 “通道”面板

当新建或打开一个图像文件，在“通道”面板中会根据不同的色彩模式建立当前图像所有通道。

(1) 各类通道在“通道”面板中的堆叠顺序为：① 复合通道；② 颜色通道；③ 专色通道；④ Alpha 通道。

(2) 单击“通道”面板中任意一个通道，就可以将该通道激活，此时被选择的通道颜色为蓝色。按住

Shift 键单击不同的通道，可以选择多个通道。

(3) 单击“通道”面板中第一列中的图标，显示该通道的信息，反之隐藏该通道。

注意

当显示多个通道时，窗口中的图像为所有可见通道的综合效果。在编辑图像时，所有编辑操作将对当前选中的所有通道起作用（包括选中的 Alpha 通道）。

“通道”面板的各项功能具体介绍如下。

1. 通道名称

每一个通道都有不同的名称。在新建 Alpha 通道时，若不为新通道命名，系统自动依次命名为 Alpha 1、Alpha 2，……在新建专色通道时，若不为新通道命名，系统自动依次命名为专色 1、专色 2，……

注意

在任何色彩模式下（如 RGB 模式和 CMYK 模式），“通道”面板中的各颜色通道和复合通道均不能更改名称。

2. 通道缩览图

在通道名称左侧，有一个缩览图，其中显示该通道中的内容。当对某个通道进行编辑修改时，该缩览图中的内容会随之改变。当对图层内容进行编辑修改时，各颜色通道的缩览图也会随之改变。

3. 通道快捷键

在通道名称右侧的 Ctrl+\、Ctrl+1 等为通道快捷键。按下这些快捷键可快速地、准确地选中指定通道。

4. 功能按钮

(1) （将通道作为选区载入）按钮：单击该按钮，可将当前选中的 Alpha 通道中的内容转换为选区载入图像窗口，或者将某一 Alpha 通道拖曳到该按钮上来安装选区。

注意

按住 Ctrl 键单击 Alpha 通道，也可以将当前 Alpha 通道中的内容转换为选区载入图像窗口。

(2) （将选区存储为通道）按钮：单击该按钮，可将当前图像中的选区转换成一个蒙版保存到一个新增的 Alpha 通道中。该功能与执行“选择→保存选区”命令的功能相同，只不过更加快捷。

(3)“创建新通道”按钮：单击该按钮，可快速新建一个 Alpha 通道。将某个通道拖曳到按钮上，可以复制该通道。

(4)“删除当前通道”按钮：单击该按钮，可删除被选择的通道。将某个通道拖曳到按钮上，也可以删除该通道。

5. 通道面板菜单

单击“通道”面板右上角的按钮，弹出“通道”面板菜单。“通道”面板菜单包括所有用于通道操作的命令，如新建、复制和删除通道等，如图 10-3 所示。

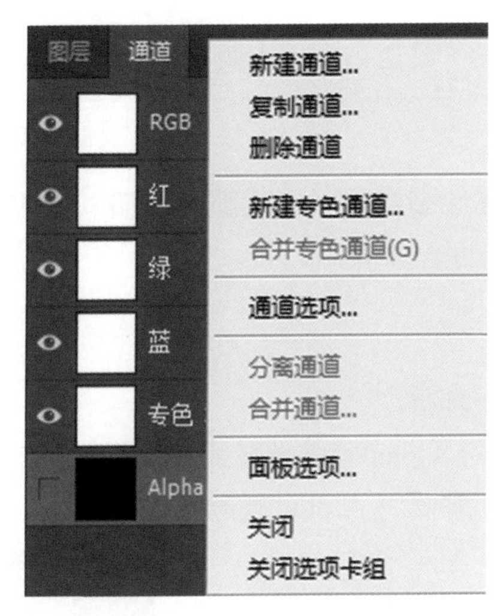

图 10-3 “通道”面板菜单

在“通道”面板菜单中单击“调板选项”命令，可以打开“通道调板选项”对话框，可以设置通道缩览图的大小。

10.1.4 通道的基本操作

无论是颜色通道、Alpha 通道还是专色通道，所有信息都会在“通道”面板中显示，利用通道面板，可以创建新通道、复制通道、删除通道、合并通道以及分离通道等。

1. 创建新通道

在“通道”面板菜单中选择“新建通道”命令，打开“新建通道”对话框，可创建新的 Alpha 通道。该命令与按钮功能相同。若按住 Alt 键再单击按钮，也会弹出“新建通道”对话框，如图 10-4 所示。

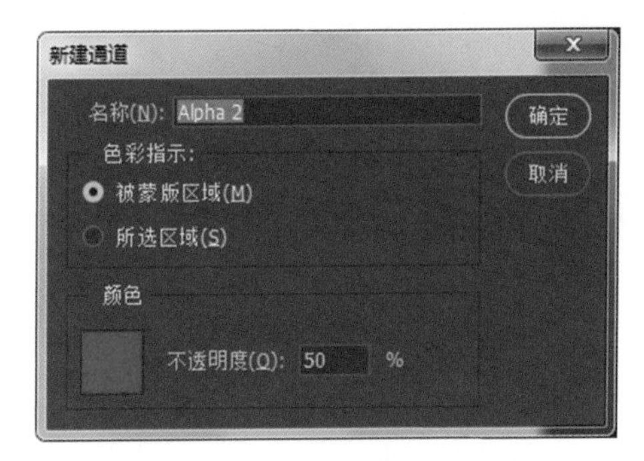

图 10-4 “新建通道”对话框

(1)“名称”：输入新的 Alpha 通道名，若不输入，系统依次自动命名为 Alpha 1、Alpha2，……

(2)“色彩指示”：选择新通道的颜色显示方式。选择“被蒙版区域”单选项，即新建的通道中有颜色的区域为被遮盖的范围，而没有颜色的区域为选取范围(通常的编辑方式)。如果选择“所选区域”单选项，即新建的通道中没有颜色的区域为被遮盖的范围，而有颜色的区域为选取范围。

(3)“颜色”框和“不透明度”：用于显示通道蒙版的颜色和不透明度，默认情况下为半透明的红色。

当一个新通道建立后，在“通道”面板中将增加一个 Alpha 通道。

除了位图模式以外，其他图像色彩模式都可以加入新通道。在一个图像文件中，最多可以有 25 个通道。

2. 复制通道

复制通道通常用于以下两种情况。

(1) 在同一幅图像内，要对 Alpha 通道进行编辑修改前的备份；

(2) 在不同图像文件间，需要将 Alpha 通道复制到另一个图像文件中。

选择要复制的通道，单击按钮，弹出“通道”面板菜单，选择“复制通道”命令，打开“复制通道”对话框，如图 10-5 所示，设置好各选项，单击“确定”按钮就可完成复制通道操作。

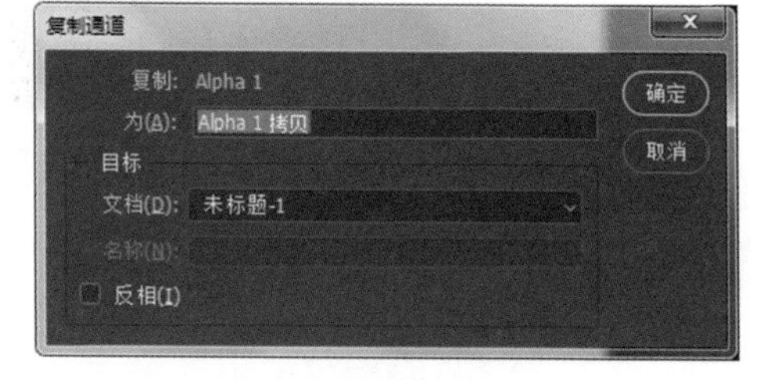

图 10-5 “复制通道”对话框

“复制通道”的参数设置如下。

(1)“为”文本框：可设置复制后的通道名称。

(2)“文档”下拉列表框：选择要复制的目标图像文件。选择不同的图像文件，可将 Alpha 通道复制到另一个图像文件中，选择“新建”选项，可将 Alpha 通道复制到一个新建的图像文件中，此时“名称”文本框被置亮，在其中可输入新图像文件的名称。

(3)“反相”复选框：选择该复选框，功能等同于执行“图像→调整→反相”命令，复制后的通道颜色会以反相显示，即黑变白和白变黑。

(1) 复合通道不能复制。

(2) 在不同图像文件间复制通道，只能在具有相同分辨率和尺寸的图像文件间复制。

3. 删除通道

为了节省硬盘的存储空间，提高程序运行速度，可以把没有用的通道删除。删除通道的方法有以下 3 种。

(1) 在“通道”面板中选择要删除的通道，单击按钮，会弹出提示对话框，可选择是否删除当前选择的通道。

(2) 将某个通道拖曳到🗑按钮上，也可以删除当前选择的通道。

(3) 单击“通道”面板右上角的☰按钮，弹出“通道”面板菜单，从弹出菜单中选择“删除通道”命令，就可以删除当前选择通道。

(1) 如果删除了某个颜色通道，则通道的色彩模式将变为多通道模式。

(2) 不能删除复合通道（如 RGB、通道、CMYK 通道等）。

4. 分离和合并通道

在图像处理过程中，有时需要把几个不同的通道进行合并，有时需要给一幅图像的通道进行分离，以满足图像制作需求。

合并通道是将多个灰度图像合并成一个图像，用户打开的灰度图像的数量决定了合并通道时可用的颜色模式，不能将从 RGB 图像中分离出来的通道合并成 CMYK 模式的图像。

合并通道的操作步骤如下。

(1) 打开想要合并的相同尺寸大小的灰度图像。

(2) 选择其中的一个作为当前图像。

(3) 在灰度图像的“通道”面板菜单中选择“合并通道”命令，弹出“合并通道”对话框，如图 10-6 所示。

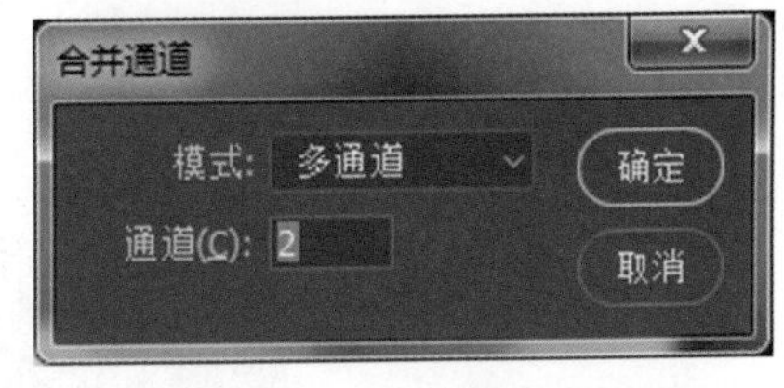

图 10-6 “合并通道”对话框

(4) 在对话框的“模式”下拉列表框中选取想要创建的色彩模式，对应的合并通道数显示在“通道”文本框中。

(5) 单击“确定”按钮，打开对应色彩模式的合并通道对话框。

(6) 单击“确定”按钮，所选的灰度图像即合并成一新图像，原图像被关闭。

注意

分离通道时，除颜色通道（即复合通道和专色通道）以外的通道都将一起被分离出来。分离通道后，可以很方便地在单一通道上编辑图像，可以制作出特殊效果的图像。

分离通道是把一幅图像的各个通道分离成几个灰度图像。如果图像太大，不便于存储时，可以执行分离通道的操作。图像中如果存在的 Alpha 通道也将分离出来成为一幅灰度图像，当这些灰度图像进行通道合并后，图像将恢复到原来效果。分离通道只需单击“通道”面板菜单中的“分离通道”命令即可。

例 10.1 用形状工具创建蒙版效果

扫码观看案例讲解

举例说明如何用通道进行抠图，操作步骤如下。

(1) 打开素材文件，对背景图层按下 Ctrl+J 快捷键进行复制，如图 10-7 所示。

(2) 单击通道面板，观察通道的明暗，选择反差较大的通道来进行操作。

(3) 对比选出绿色通道进行抠图，把绿色通道拖曳到新建通道按钮上，得到绿色副本通道，如图 10-8 所示。

图 10-7　素材文件

图 10-8　复制通道

(4) 选中绿色副本通道，按下 Ctrl+M 快捷键调暗图像，使得对比度进一步加深，如图 10-9 所示。

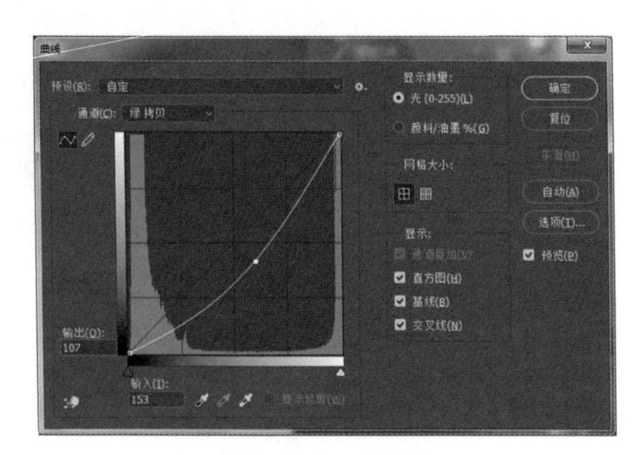

图 10-9　调暗图像

(5) 对绿色副本通道按下 Ctrl+I 快捷键进行反相处理，如图 10-10 所示。

(6) 按下 Ctrl+L 快捷键打开色阶面板，对反相后的绿色副本通道进行相应的调节，如图 10-11 所示。

图 10-10　反相

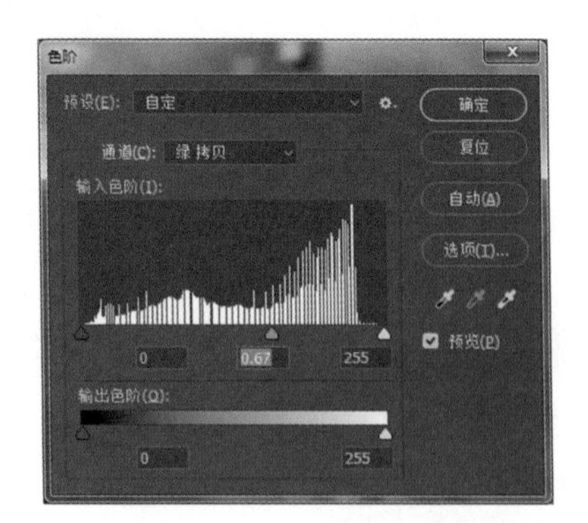

图 10-11　色阶调节

(7) 单击工具栏上的“画笔工具”按钮，选择柔角画笔来对人物进行填充，如图 10-12 所示。

(8) 再次打开色阶来进行调整，按住 Ctrl 键，用鼠标单击绿色副本通道，将其载入选区。得到选区以后，返回到图层面板，选择“图层 1”，按下 Ctrl+Shift+I 快捷键进行反选，按 Delete 键删除选区内容，再把背景层隐藏起来，如图 10-13 所示。

图 10-12　填充

图 10-13　删除选区

(9) 对“图层 1”按下 Ctrl+J 快捷键复制，得到“图层 1 拷贝”，然后创建蒙版，用画笔工具进行涂抹，最后得到如图 10-14 所示的效果。

图 10-14　蒙版效果

10.1.5 Alpha 通道

除了颜色通道，还可以在图像中创建 Alpha 通道，以便保存和编辑选区、蒙版。此外，还可以根据需要随时载入、复制或删除 Alpha 通道。

1. 将选区存储到 Alpha 通道

当将一个选区保存后，在“通道”面板中会自动生成一个新的通道。这个新通道被称为 Alpha 通道，通过 Alpha 通道，可以实现蒙版的编辑和存储，其操作步骤如下。

(1) 打开一幅图像文件，用“快速选择工具”在图像中选择一定的区域，如图 10-15 所示。

(2) 执行“选择→存储选区”命令，打开如图 10-16 所示的“存储选区”对话框。

(3) 在对话框中设置好各选项后，单击“确定”按钮，此时在“通道”面板中将产生名为“Alpha 1”的新通道，如图 10-17 所示。

2. 载入 Alpha 通道

通过将 Alpha 通道载入图像，可以得到已存储的选区，载入 Alpha 通道的方法有两种。

(1) 直接将 Alpha 通道拖曳到“通道”面板下方的按钮上，或者在“通道”面板中选择要载入的 Alpha 通道，单击按钮，即可载入 Alpha 通道。

(2) 执行“选择→载入选区”命令，打开“载入选区”对话框，如图 10-18 所示，选择要载入的 Alpha 通道，将选区载入。

图 10-15　创建选区

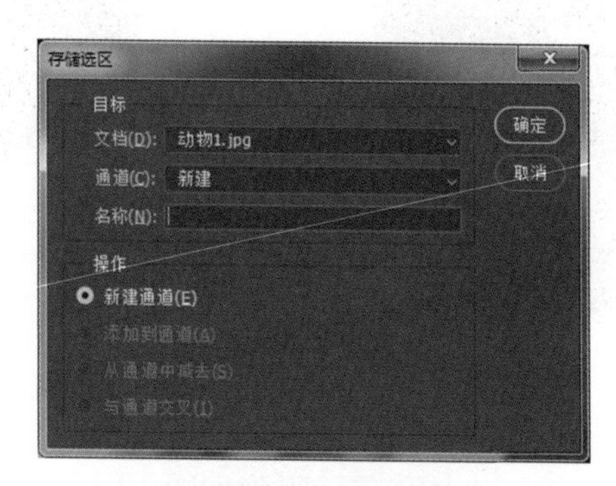

图 10-16　存储选区

图 10-17　“通道”面板

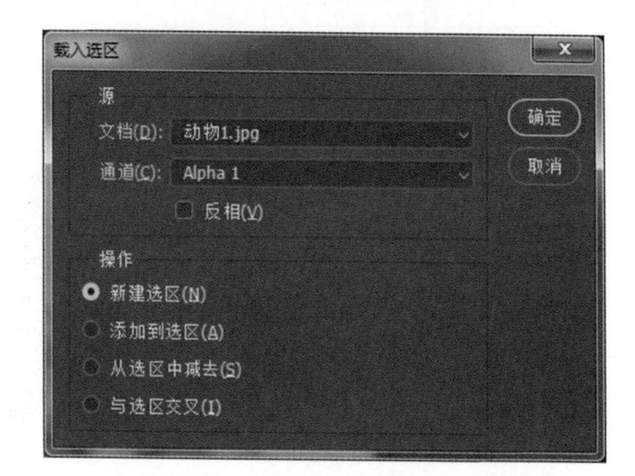

图 10-18　“载入选区”对话框

10.2　蒙版的应用

图像处理中的蒙版是一个比较难理解的概念。本节着重讲解蒙版的基本知识，要求理解并掌握蒙版的建立方法，掌握如何创建快速蒙版，初步了解蒙版与通道之间的关系，本节的实例选用的是蒙版技术与通道知识相结合的综合实例。

10.2.1　蒙版的概念

蒙版就是蒙在图像上，用来保护图像选定区域的一层“版”。当要改变图像某个区域的颜色或对该区域应用滤镜或其他效果时，蒙版可以保护和隔离图像中不需要编辑的区域，只对未蒙区域进行编辑。当选择某个图像的部分区域时，未选中区域将“被蒙版”或被隔离而不被编辑。

在“通道”面板中所存储的Alpha通道就是所谓的蒙版。Alpha通道可以转换为选区，因此可以用绘图和编辑等工具编辑蒙版，蒙版是一项高级的选区技术，它除了具有存放选区的遮罩效果外，其主要功能是可以更方便、更精细地修改遮罩范围。

利用蒙版可以很清楚地划分出可编辑（白色范围）与不可编辑（黑色范围）的图像区域。在蒙版中，除了白色和黑色范围外，还有灰色范围。当蒙版含有灰色范围时，表示可以编辑出半透明的效果。

在Photoshop CC 2017中，主要包括通道蒙版、快速蒙版和图层蒙版3种类型的蒙版，其中图层蒙版又包括普通图层蒙版、调整图层蒙版和填充图层蒙版。

10.2.2 快速蒙版

快速蒙版与Alpha通道蒙版都是用来保护图像区域的，但快速蒙版只是一种临时蒙版，不能重复使用，通道蒙版可以作为Alpha通道保存在图像中，应用比较方便。

1. 创建快速蒙版

建立快速蒙版比较简单：打开一幅图像，使用“工具箱”中的“选择工具”，在图像中选择要编辑的区域，在“工具箱”中单击“快速蒙版模式编辑”按钮，则在所选的区域以外的区域蒙上一层色彩，快速蒙版模式在默认情况下是用50%的红色来覆盖，如图10-19所示。

图10-19　创建快速蒙版

在快速蒙版模式下，可以使用绘图工具编辑蒙版来完成选择的要求，也可以用“橡皮擦工具”将不需要的选区删除，或用“画笔工具”或其他绘图工具将需要选择的区域填上颜色，这样基本上就能准确地选择出所要选择的图像。

2. 设置快速蒙版选项

在蒙版的实际使用过程中，我们可以根据自己的爱好自行设置快速蒙版的各个选项。设置快速蒙版选项的方法是在工具箱中双击“快速蒙版模式编辑”按钮，打开“快速蒙版选项”对话框，如图10-20所示。

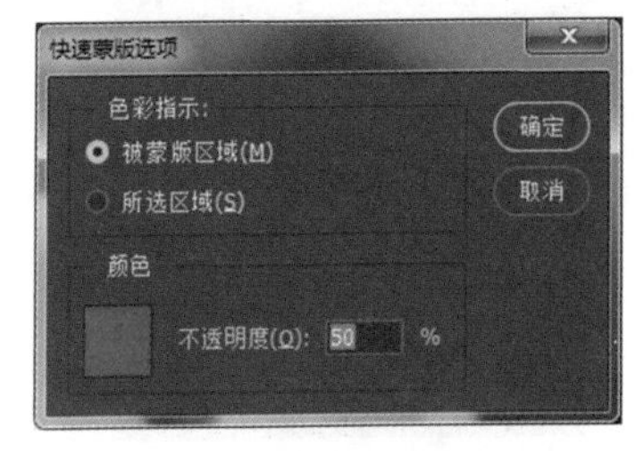

图10-20　“快速蒙版选项”对话框

在“快速蒙版选项”对话框中，“被蒙版区域”是“色彩指示”参数区的默认选项，这个选项使“被蒙版区域”显示为50%红色，使选择区域显示为白色。而“所选区域”选项与“被蒙版区域”选项功能相反。如果用户想改变蒙版的颜色可以通过“颜色”选项修改；如果想改变不透明度，可以在“不透明度”输入框中修改，0% 表示完全透明，100% 表示完全不透明。蒙版的“颜色”与“不透明度”只影响蒙版的外观，对其下的区域如何保护没有影响。如果要结束快速蒙版，单击“标准编辑模式”按钮蒙版就转化为选区了。

创建当前选区的快速蒙版之后，将在通道面板中自动产生一个名为“快速蒙版”的临时通道，其作用与“将选取范围保存到通道中”相同，只不过它是临时的按钮，单击按钮切换为标准模式后，快速蒙版就会马上消失。

10.2.3 剪贴蒙版

创建剪贴蒙版时，选择要创建剪贴蒙版的图层，执行“图层→创建剪贴蒙版”命令，或直接按下 Ctrl+Alt+G 快捷键，或按 Alt 键的同时，移动光标至分隔两个图层空白区域处，当光标变为形状时单击，就能为当前图层创建剪贴蒙版。

1. 剪贴蒙版中的图层结构

在剪贴蒙版中，最下边的图层（箭头指向的图层）叫基层图层，基层上方的图层叫内容图层，基层图层只有一个，内容图层可以有一个或多个；基层图层名称带有下画线，内容图层的缩览图是缩进的，并有一个剪贴蒙版的标志，如图 10-21 所示。移动基层图层，内容图层的显示区域会随之改变。

2. 将图层加入或移出剪贴蒙版

拖动需要创建剪贴蒙版的图层缩览图到基层图层和内容图层之间，或拖动到内容图层上，右击执行“创建剪贴蒙版”命令，可以将图层加入到剪贴蒙版中，如图 10-22 所示。

将剪贴蒙版的内容图层移出剪贴蒙版，或选择要释放的内容图层，右击执行“释放剪贴蒙版”命令，就可以释放该图层，如图 10-23 所示。

图 10-21 剪贴蒙版

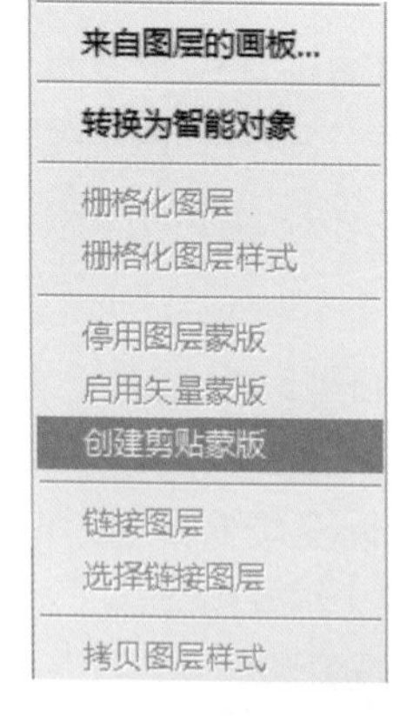

图 10-22 创建剪贴蒙版

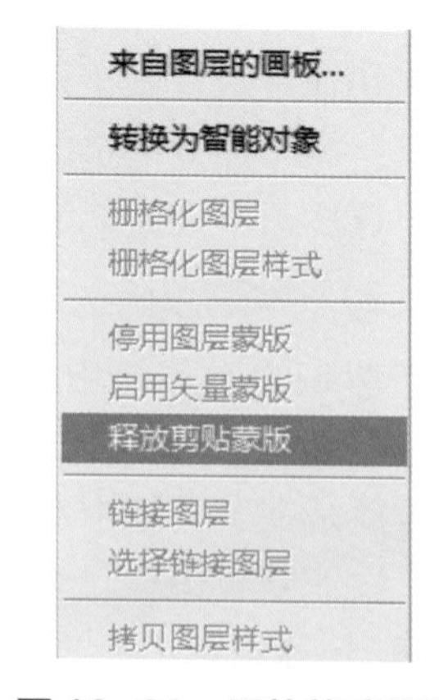

图 10-23 释放剪贴蒙版

注意

由于剪贴蒙版的内容图层是连续的，所以选择内容图层中间部分，右击执行“释放剪贴蒙版”命令时，会将该图层上方的其他内容图层移出，如图10-24所示，释放“图层4”图层，会将“图层4”图层上方的“图层5”内容图层一块移出，如图10-25所示。

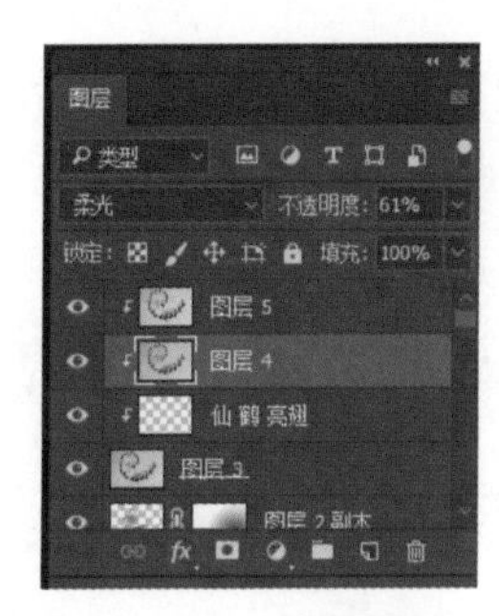
图10-24 移至图层1

图10-25 移至图层2

3. 释放剪贴蒙版

选择剪贴蒙版的内容图层最底层，执行“图层→释放剪贴蒙版”命令，或按下Alt+Ctrl+G快捷键，可以释放全部内容图层，如图10-26、图10-27所示。

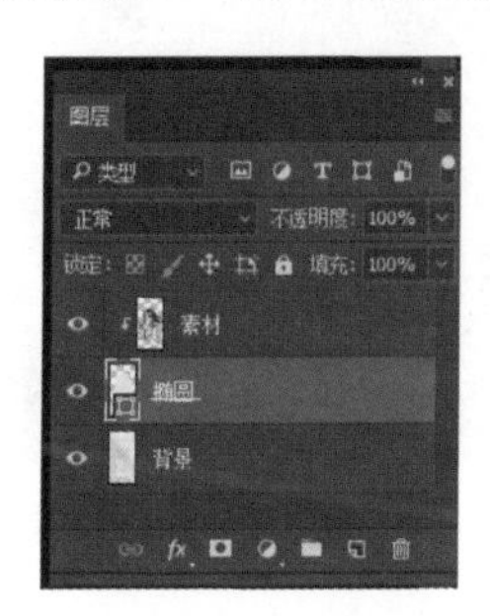
图10-26 释放前

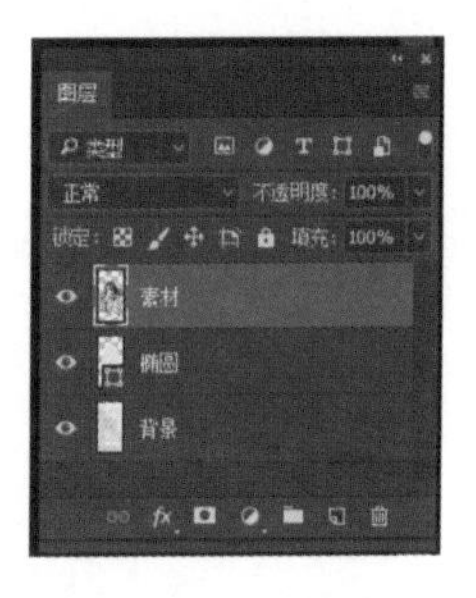
图10-27 释放后

例10.2 制作地面油漆效果艺术字

扫码观看案例讲解

(1) 寻找到一张清晰的沥青地面图片，将它置入Photoshop中，如图10-28所示。

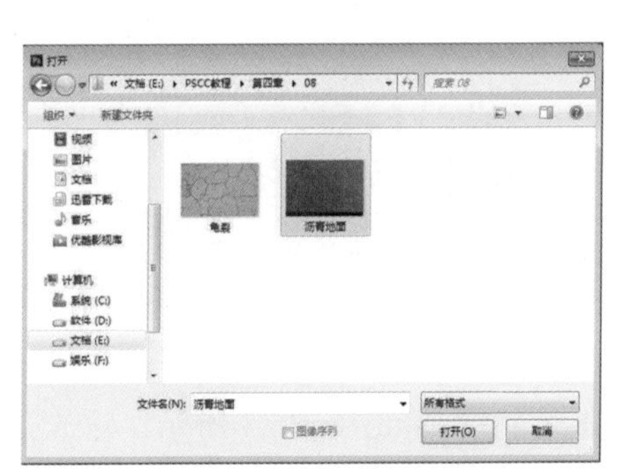
图10-28 打开图片

(2) 按 Ctrl+J 快捷键，将背景图层复制一层，使用“文字工具”，在地面上写上文字。如果是两个文字图层，将它们全选，右击“合并图层”，将两个文字图层合为一层，如图 10-29 所示。

(3) 将准备好的黄色龟裂沥青图片拖曳进文档中，置于文字图层上层，并将文字完全盖住，如图 10-30 所示。

图 10-29　合并文字图层

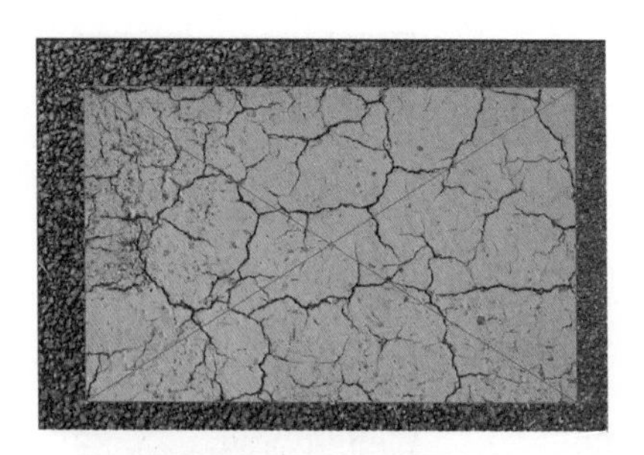

图 10-30　拖入图片

(4) 如图 10-31 所示，右击“创建剪贴蒙版”命令，然后再给文字图层增加剪贴蒙版，如图 10-32 所示。

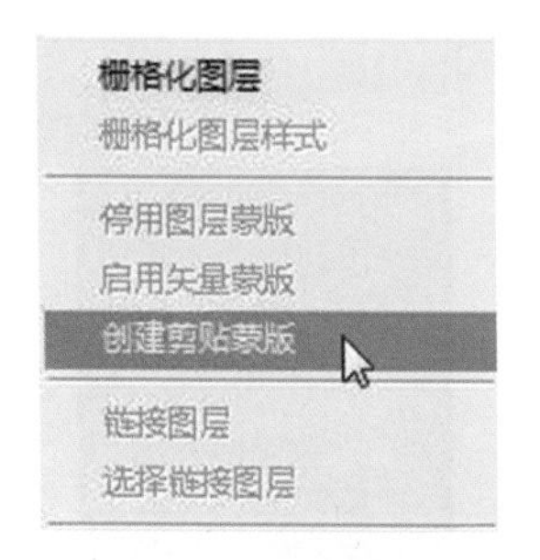

图 10-31　创建剪贴蒙版

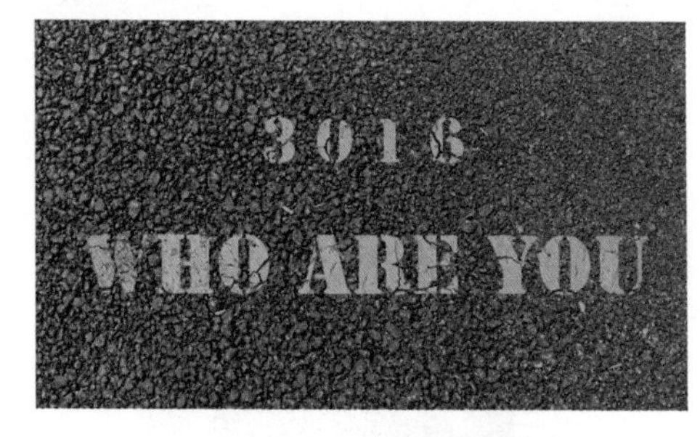

图 10-32　添加剪贴蒙版

(5) 选择沥青图片图层，按住 Ctrl 键不放，单击图层缩略图载入选区，按 Ctrl+C 快捷键复制图像，如图 10-33 所示。

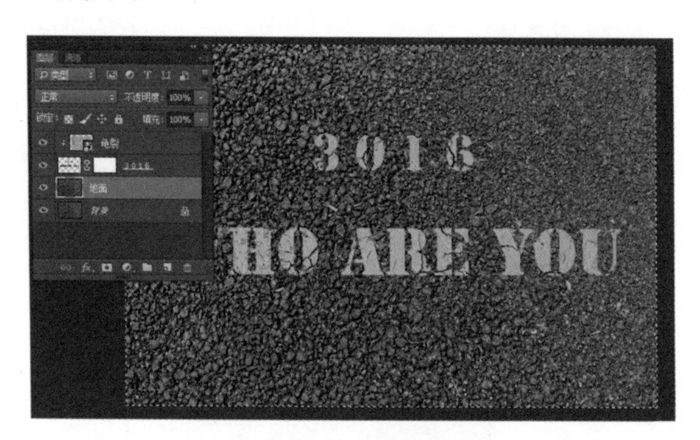

图 10-33　复制图像

(6) 单击文字图层的蒙版缩略图，如图 10-34 所示，进入通道面板，单击通道前方的眼睛图标，按 Ctrl+V 快捷键复制刚才的图像，如图 10-35 所示。

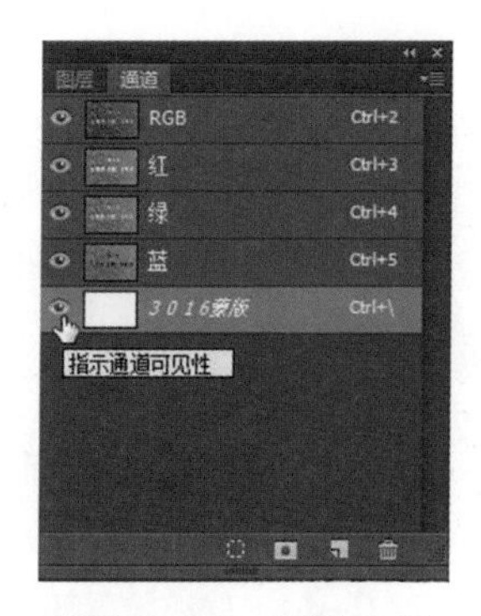

图 10-34 通道可见

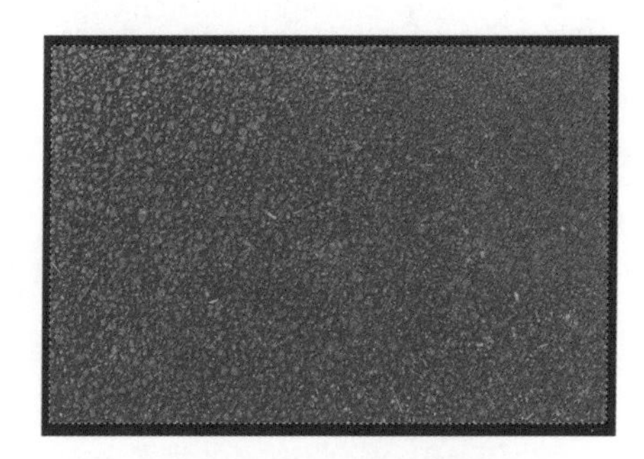

图 10-35 复制图像

(7) 回到图层面板，按 Ctrl+D 快捷键取消选区，单击图层缩略图，可以看到如图 10-36 所示的效果。

(8) 字体颜色太浅，可以通过“图像→调整→亮度 / 对比度”命令，调整文字明暗度，参数如图 10-37 所示。

图 10-36 取消选区

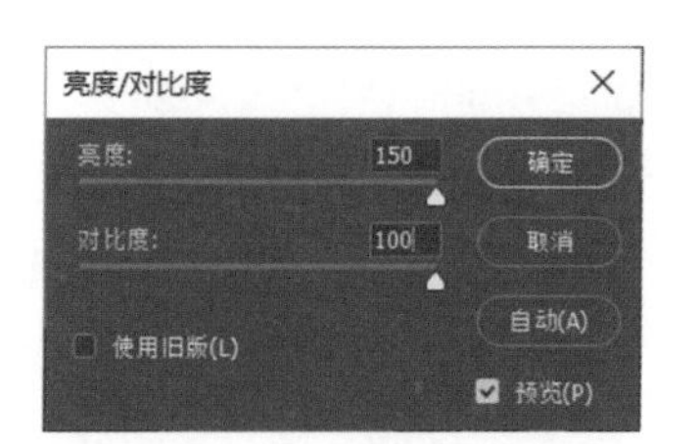

图 10-37 亮度 / 对比度

(9) 新建图层，使用“画笔工具”选择喷溅笔刷，在文字周围画出喷溅效果，如图 10-38 所示。

(10) 按照上文中文字图层的做法，将喷溅图层的效果制作成与文字效果相同样式，如图 10-39 所示。

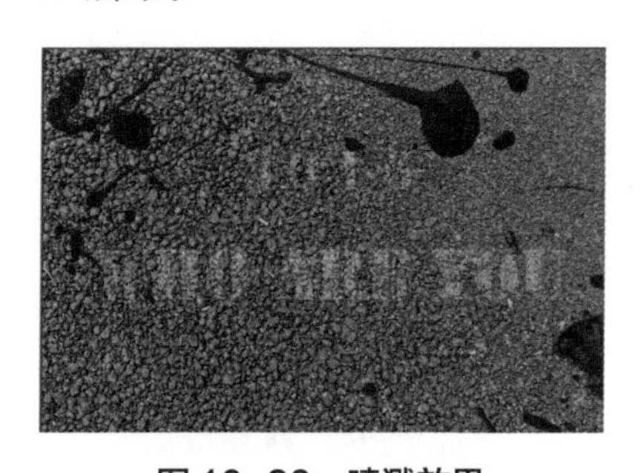

图 10-38 喷溅效果

图 10-39 改变样式

(11) 新建图层，使用“画笔工具”选择脚印笔刷，画上两个脚印。再将脚印图层的混合模式更改为“柔光”，如图 10-40 所示。

(12) 新建图层，使用“矩形工具”，画出白色矩形当作路标，按 Ctrl+J 快捷键，将白色路标复制几个拍成一线，在使用上文中文字图层的调整方法设置一遍，最终效果如图 10-41 所示。

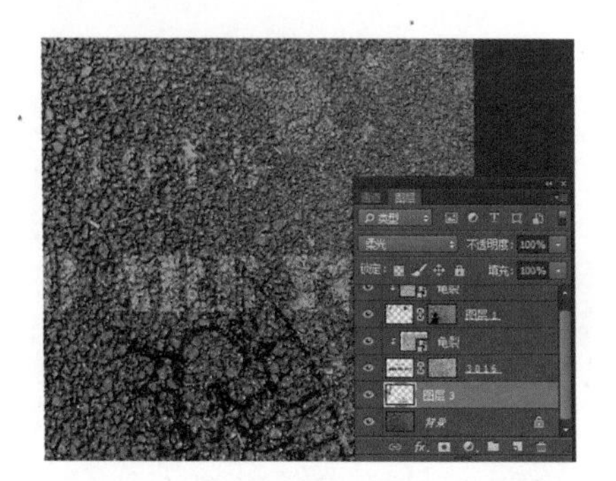

图 10-40　混合模式更改为柔光

图 10-41　最终效果图

10.2.4　图层蒙版

除了可以利用 Alpha 通道和快速蒙版制作蒙版，还可以直接在图层中建立蒙版。图层蒙版的作用是根据蒙版中颜色的变化使其所在层图像的相应位置产生透明效果。

图层中，与蒙版的白色部分相对应的图像不产生透明效果，与蒙版的黑色部分相对应的图像完全透明，与蒙版灰色部分相对应的图像根据其灰度产生相应程度的透明效果。

图层蒙版可以控制当前图层中的不同区域如何被隐藏或显示。通过修改图层蒙版，可以制作各种特殊效果，而实际上并不会影响该图层上的图像。

下面用实例说明图层蒙版的应用。

(1) 打开两幅图像文件，执行“选择→全部”命令，执行“编辑→拷贝”命令。

(2) 回到另一个文件，执行“编辑→粘贴”命令，将该图像文件当前图层复制到另一文件中，如图 10-42 所示。

(3) 按住 Ctrl 键，在“图层”面板中单击“图层 1”缩览图，此时图像窗口中出现一个与“图层 1”中的花外轮廓相同的花形选区。

(4) 单击“图层 1”左侧的按钮，将该层隐藏。选中“图层 2”，单击“图层”面板中的按钮，利用当前选区创建一个蒙版，如图 10-43 所示。

图 10-42　将图像组合在一起

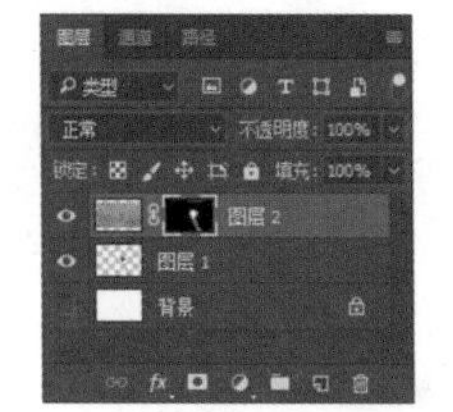

图 10-43　创建蒙版

使用图层蒙版，可以灵活地控制要显示图像的哪一部分，以及要将图像显示的部分移动到什么位置。该功能经常被用来处理相片。例如，可以在一张人物的照片上设置蒙版，让照片只显示人物的部分，然后再添加一个自然风景的背景等。

10.2.5 课程案例

例10.3 制作飞溅的鞋子图片

扫码观看案例讲解

(1) 执行"文件→打开"命令，将准备好的素材置入文档，如图10-44所示。按Ctrl+J快捷键复制背景图层，选择原背景图层，执行"编辑→填充"命令，填充白色，如图10-45所示。

图10-44 打开图片

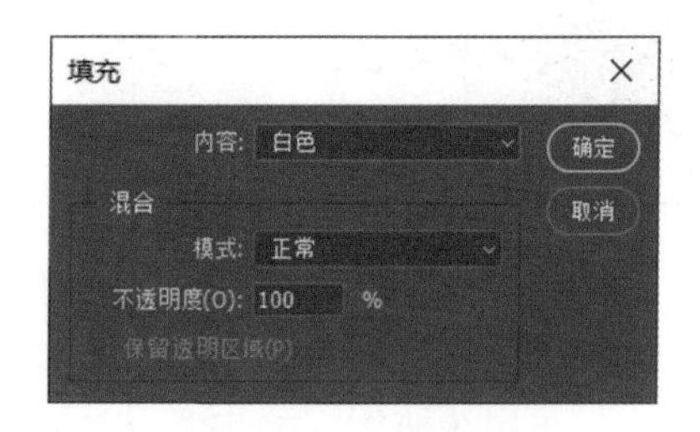

图10-45 填充白色

(2) 如图10-46所示，使用"矩形选框工具"，在图片右侧没有鞋子的部位拉矩形选框，按Ctrl+J快捷键得到复制选区，如图10-47所示。

(3) 选择复制的矩形选区(图层2)，按Ctrl+T快捷键，给矩形色块进行变形，使它遮盖住鞋子的一部分，如图10-48所示。

图10-46 矩形选框

图10-47 复制选区

图10-48 遮盖

(4) 给矩形图层添加图层蒙版，如图10-49所示，使用"渐变工具"给鞋子后半部分增加渐变效果，如图10-50所示。

图10-49 添加图层蒙版

图10-50 渐变效果

(5) 把素材图片置入文档中，执行“编辑→定义画笔预设”命令，如图 10-51 所示，将素材图片定义为喷溅画笔，在图片中调整笔刷大小，单击一下鞋子的后半部分，如图 10-52 所示。

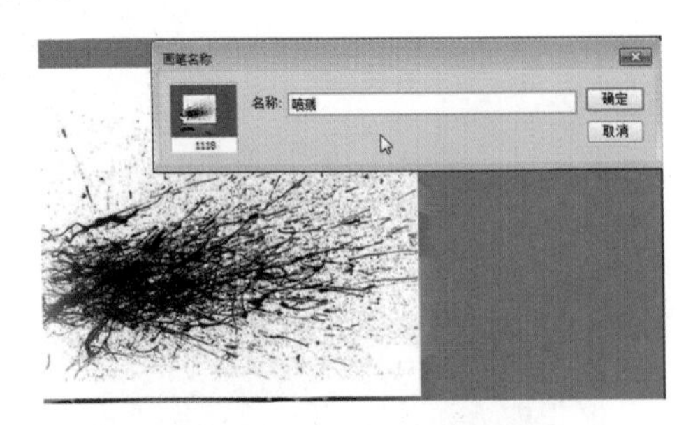

图 10-51　定义画笔预设

图 10-52　喷溅效果

(6) 选择鞋子图层，使用“画笔工具”，颜色为图片灰色背景色，将鞋子后边一部分涂掉。再选择喷溅图层，使用“橡皮擦工具”将标志部分显露出来，如图 10-53 所示。

(7) 为了使画面更加逼真，使用“画笔工具”，选择喷溅型的笔刷，颜色设为黑色，在商标附近点上颜色，效果如图 10-54 所示。

(8) 按 Ctrl+J 快捷键白色喷溅图层，按 Ctrl+T 快捷键，以鞋底为对称轴翻转镜像，制作出喷溅的投影效果，并将该复制图层不透明度调整为 53%，如图 10-55 所示。

图 10-53　显露标志

图 10-54　黑色喷溅

图 10-55　投影效果

(9) 将图标文字图片置入文档中，把图层模式更改为“正片叠底”，效果如图 10-56 所示。

(10) 最终效果如图 10-57 所示。

图 10-56　正片叠底

图 10-57　最终效果图

10.3 本章小结

本章详细介绍了蒙版、通道的原理及使用方法，所含知识点包括：通道和蒙版的概念、通道和蒙版的使用方法、通道的分类、蒙版的分类及应用、图像的混合运算等。

10.4 课后习题

一、选择题

1. 下面几项中（　　）不是通道的作用。

A. 表示选择区域　　B. 表示墨水强度

C. 表示不透明度　　D. 表示选区大小

2. 下面（　　）不属于通道的分类。

A. 混合通道　　B. 普通通道

C. 专色通道　　D. 颜色通道

3. 除了颜色通道，还可以在图像中创建（　　）通道，以便保存和编辑选区和蒙版。

A. Alpha　　B. 专色

C. 单色　　D. 混合

4. 下面不是专色通道的特点的是（　　）。

A. 准确性　　B. 实地性

C. 不透明性和透明性　　D. 选区性

5.（　　）与 Alpha 通道蒙版都是用来保护图像区域的，但它只是一种临时蒙版，不能重复使用，通道蒙版可以作为 Alpha 通道保存在图像中，应用比较方便。

A. 快速蒙版　　B. 图层蒙版

C. 单色通道　　D. 通道蒙版

二、填空题

1.（　　）的主要作用是保存图像的颜色信息和存储蒙版。

2. 在“通道”面板中所存储的 Alpha 通道就是所谓的（　　），Alpha 通道可以转换为（　　）。

3.（　　）面板可以创建并管理通道以及监视编辑效果，该面板中列出了图像中的所有通道。

4. 通过（　　）可以对源图像中的一个或多个通道进行编辑运算，然后将编辑后的效果应用于目标图像，从而创造出多种合成效果。

5. 在 Photoshop CC 2017 中，主要包括（　　）、（　　）和（　　）3 种类型的蒙版，其中图层蒙版又包括普通图层蒙版、调整图层蒙版和填充图层蒙版。

6.（　　）命令可以混合两个来自一个或多个源图像的单个通道。

三、上机操作题

制作如图 10-58 所示的水彩效果动物头像。

图 10-58　水彩效果动物头像

第 11 章 滤镜的应用

本章主要讲解滤镜的使用，包括滤镜的简介、艺术效果滤镜、模糊效果滤镜、画笔描边效果滤镜、扭曲滤镜、像素化滤镜、渲染滤镜等常用滤镜的使用方法。滤镜系列命令是 Photoshop 中功能最丰富、效果最奇特的命令。这些命令经过专门设计并能产生各种特殊的图像效果，它主要用于调节光线、修整色调，使用滤镜可以轻松地改变图像的色彩和形状，极大地丰富处理图像效果的手段。除了使用 Photoshop 提供的各种滤镜外，还可以自己设计滤镜，以及将其他软件商设计的滤镜加入 Photoshop 中供使用。

学习目标

- 了解常用滤镜的概念
- 熟练掌握各种滤镜的使用方法
- 学会在图像处理中合理应用各种滤镜效果

11.1 滤镜的概念

滤镜主要用来实现图像的各种特殊效果，它在 Photoshop 中具有非常神奇的作用。所有的 Photoshop 滤镜都按分类放置在“滤镜”菜单中，滤镜的操作非常简单，使用时只需从该菜单中执行这些滤镜命令即可，但是真正应用起来却很难恰到好处，需要长时间的使用，在实际工作和学习中得到更多的经验，这样才能更有效地使用滤镜功能。

当透过一块彩色玻璃或者一块变形玻璃观看一幅图像时，图像会变色或变形。Photoshop 中的滤镜原理跟这差不多。可以在很短的时间内，执行一个简单的命令就使原来的图像产生许许多多变化万千的特殊效果，极大地丰富了处理图像效果的手段。

使用滤镜时要注意以下几点。

(1) 如果图像窗口中存在选区，那么效果在当前图层的选区中起作用；如果不存在选区，那么效果在整个当前图层起作用。

(2) 所选的滤镜只应用于现在正使用的并且是可见的图层，并且它不能应用于位图模式、索引模式或 16 位通道图像。

(3) 位图模式、索引模式和 16 位通道模式图像不能应用滤镜，应用前需先转换色彩模式。CMYK 模式、Lab 模式的图像也有一部分滤镜不能应用，只有 RGB 图像可以应用所有的滤镜。因此，如果需要对一幅图应用某种滤镜而该滤镜却是灰的，通过执行“图像→模式”菜单中的命令将图像转换为 8 位通道的 RGB 模式即可。

11.2 滤镜库滤镜

使用“滤镜库”命令可以一次性打开多种滤镜组，用户在处理图像时，可以根据需要单独使用某一个滤镜，或使用多个滤镜，或者将某些滤镜多次应用。

11.2.1 滤镜库概览

执行“滤镜→滤镜库”命令，打开滤镜库对话框，如图 11-1 所示，各功能介绍如下。

- “预览区”：可以预览应用滤镜后的效果。
- “滤镜类别”：滤镜库中包含六组滤镜，展开某滤镜后单击其中一种即可使用。
- “当前选择的滤镜缩略图”：显示了当前使用的滤镜。
- “显示 / 隐藏滤镜缩略图”：单击此按钮可以隐藏滤镜的缩略图，将空间留给预览区，再次单击则显示缩略图。
- “弹出式菜单”：单击选项中的按钮，可在打开的下拉菜单中选择需要的滤镜。
- “参数设置区”：在此区域中可以设置当前滤镜的参数。
- “新建效果图层”：单击此按钮可创建滤镜效果图层。新建的图层会应用上一个图层的滤镜，单击其他滤镜就会修改当前效果。
- “删除效果图层”：单击此按钮可删除当前的滤镜效果图层。

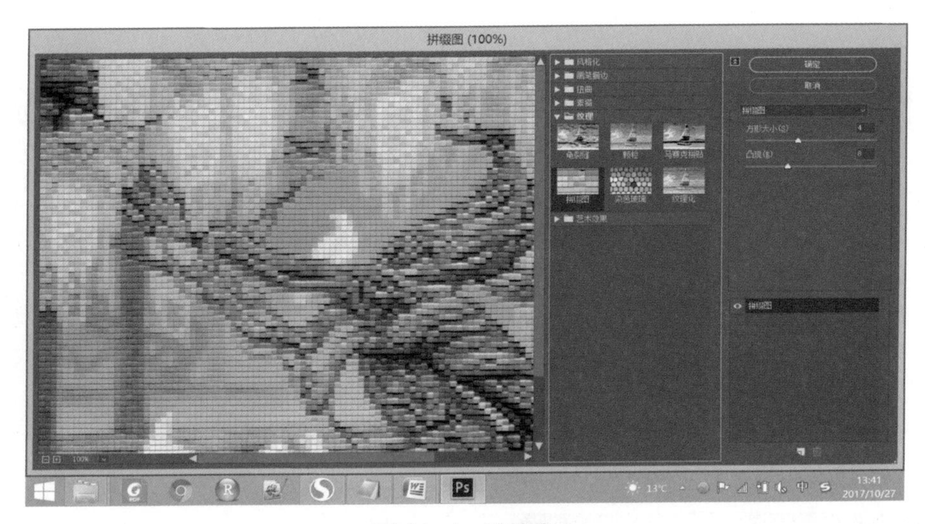

图 11-1　滤镜库

当目标图像在滤镜库中应用多个滤镜后会在滤镜形成效果图层列表，如图 11-2 所示。

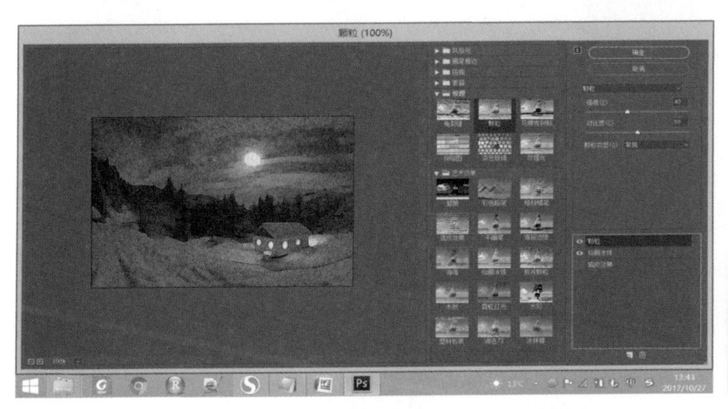

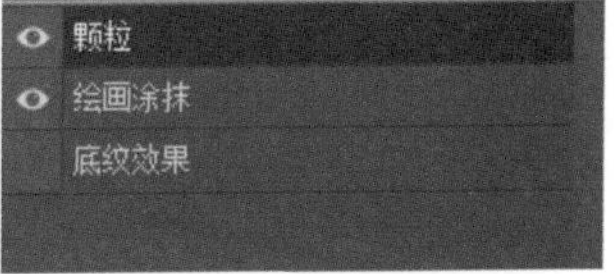

图 11-2　效果图层列表

- “颗粒”：当前选择的滤镜。
- “绘画涂抹”：已应用但未选择的滤镜。
- “底纹效果”：隐藏的滤镜。

11.2.2　课程实例

例 11.1　制作彩铅细腻素描效果女生照片

本案例讲解如何使用滤镜制作彩铅素描效果人物图片。

扫码观看案例讲解

(1) 打开素材图片，按 Ctrl+J 快捷键复制背景图层，如图 11-3、图 11-4 所示。

(2) 选择复制图层“图层 1”，执行“图像→调整→反向”命令，右击选择“转化为智能对象”，如图 11-5 所示。

(3) 选择“滤镜→模糊→高斯模糊”命令，将半径值改为 40 像素，如图 11-6 所示。

图 11-3　打开图片

图 11-4　复制图层

图 11-5　转化为智能对象

图 11-6　高斯模糊

(4) 将复制图层“图层 1”的图层混合模式更改为“颜色减淡”，这时可以看出画面具有了一些纹理效果，如图 11-7 所示。

(5) 单击“新建调整图层”，选择“色阶”，将参数进行更改，使画面颜色微微变深，具体参数如图 11-8 所示。

图 11-7　“混合模式”–“颜色减淡”

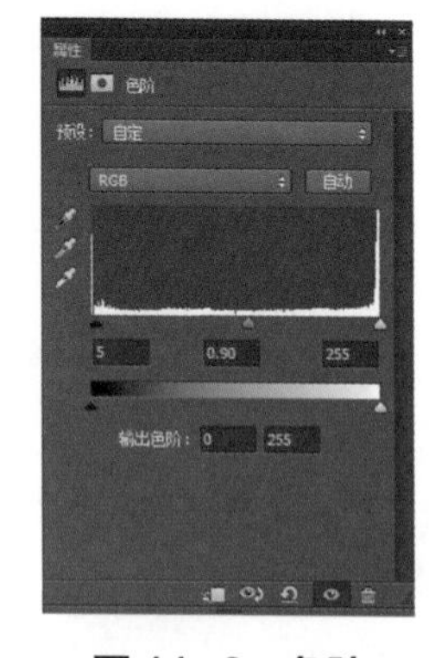

图 11-8　色阶

(6) 再一次新建调整图层，选择“黑白”，画面变为黑白色，素描效果初显现，如图 11-9 所示。

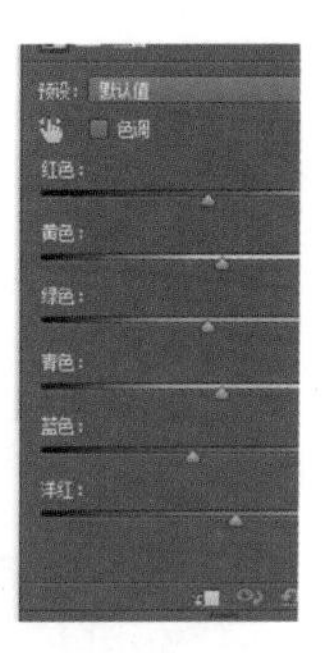

图 11-9　黑白

(7) 按 Ctrl+A 快捷键全选图像，再选择背景副本图层“图层 1”，执行“编辑→合并拷贝”命令，如图 11-10 所示。按 Ctrl+V 快捷键得到背景副本图层“图层 2”，并将“图层 2”置于最顶端，如图 11-11 所示。

图 11-10　合并拷贝

图 11-11　置顶图层

(8) 对“图层 2”执行“滤镜→滤镜库→风格化→照亮边缘”命令，将“边缘宽度”值设为 1，“边缘亮度”和“平滑度”的值调为最大，如图 11-12 所示。

(9) 如图 11-13 所示，执行“图像→调整→反相”命令；将图层混合模式改为“叠加”，并将不透明度调到 50% ~ 60%，如图 11-14 所示。

图 11-12　照亮边缘

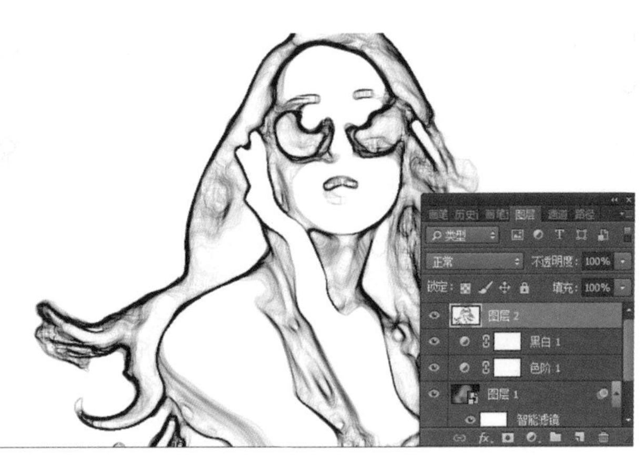

图 11-13　反相

图 11-14 “混合模式”-“叠加”

(10) 按 Shift+Ctrl+N 快捷键新建图层，执行“编辑→填充”命令，给图层填充白色，执行“滤镜→纹理→纹理化”命令，将纹理样式选为“砂岩”， 如图 11-15 所示。

(11) 将图层的混合模式改为“叠加”，将不透明度下调为 52%，如图 11-16 所示。

(12) 为了重新得到图片色彩，在图层面板上单击“黑白”图层前方眼睛图案，将该图层隐藏即可，如图 11-17 所示。

(13) 最终效果如图 11-18 所示。

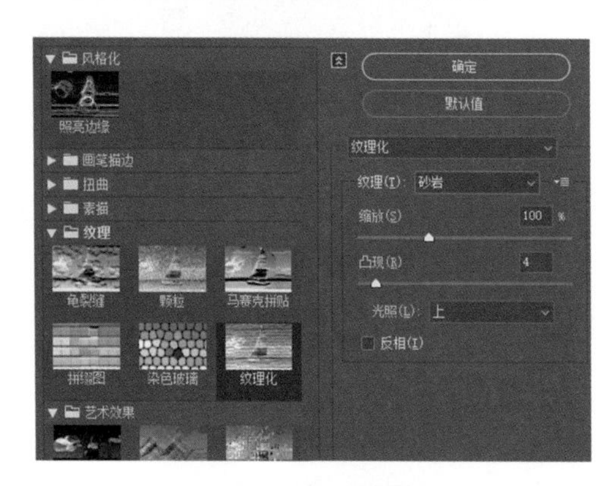

图 11-15 纹理化

图 11-16 “混合模式”-“叠加”

图 11-17 隐藏图层

图 11-18 最终效果图

11.3 特殊滤镜

11.3.1 自适应广角

使用自适应广角时，用户可以根据需要手动调整、纠正广角变形。在广角变形纠正中，可以通过鱼眼、透视、自动三种方式纠正广角镜头畸变，如图 11-19 所示为此滤镜对话框。

图 11-19 自适应广角

- 约束工具：单击图像或拖动端点可添加或编辑约束。
- 多边形约束工具：单击图像或拖动端点可添加或编辑多边形约束。

此滤镜的参数设置如下。

- “校正”：用来选择纠正方式，包括鱼眼、透视、自动和完整球面。
- “缩放”：用来设定图像的比例。
- “焦距”：用来设定焦距的大小。
- “裁剪因子”：用来指定裁剪因子，该值越大原图像保留部分越多。

如图 11-20 所示为原图，图 11-21 所示为修正后的图像。

图 11-20 原图

图 11-21 修正后

11.3.2 镜头校正

“镜头校正”滤镜用于根据 Adobe 对各种相机与镜头的测量进行自动校正，可以轻松地消除桶状枕状变形、照片四边暗角，以及造成边缘出现色彩光晕的色相差。如图 11-22 为此滤镜对话框。

图 11-22　镜头校正

使用此滤镜前后如图 11-23、图 11-24 所示。

图 11-23　滤镜前

图 11-24　滤镜后

11.3.3 液化

液化滤镜的功能十分强大，它可以十分灵活地对图像任意区域进行扭曲、旋转、膨胀等操作。如图 11-25 所示为此滤镜对话框。

使用此滤镜前后效果如图 11-26、图 11-27 所示。

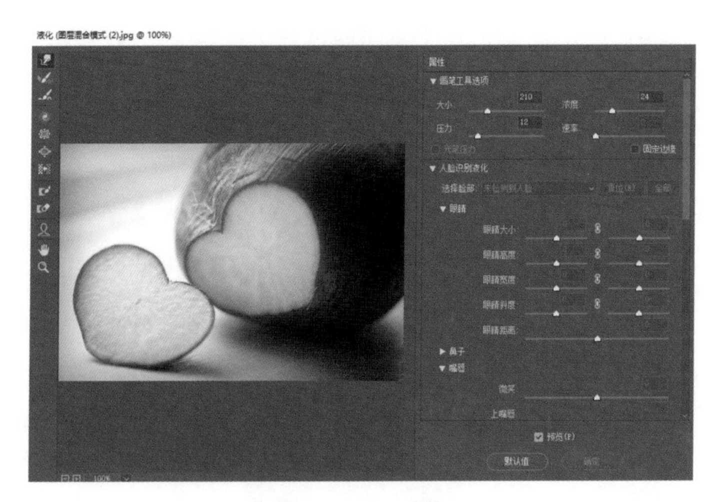

图 11-25 液化

图 11-26 滤镜前

图 11-27 滤镜后

例 11.2 制作风化人物图片

扫码观看案例讲解

液化滤镜可用于“推”“拉”“旋转”“反射”“折叠”和“膨胀”图像的任意区域。本案例就是用液化滤镜来制作。

(1) 如图 11-28 所示，使用 Photoshop 打开人物图像，首先将背景图层转化为普通图层，如图 11-29 所示，按 Shift+Ctrl+N 快捷键新建图层，并置于最底层。

图 11-28 打开图像

图 11-29 新建图层

(2) 由于人物边缘完整分明，所以可以使用“魔棒工具”(见图 11-30)，将白色背景选中，按 Delete 键删除背景，留下人像部分备用，如图 11-31 所示。

图 11-30　魔棒工具

图 11-31　删除白色背景

(3) 新建背景图层，执行“编辑→填充”命令，填充一个适宜的颜色即可，如图 11-32 所示。

(4) 将人物图层复制一层，得到“人物拷贝”图层，选择原本的“人物”图层，如图 11-33，执行“滤镜→液化”命令，画笔大小设为 206，压力设为 100，对人物的左侧部分进行横向拉伸，如图 11-34 所示。

(5) 给“人物”图层增加一个蒙版，并执行“编辑→填充”命令，填充黑色，然后给“人物拷贝”图层增加一个蒙版，默认白色即可，如图 11-35 所示。

图 11-32　填充颜色

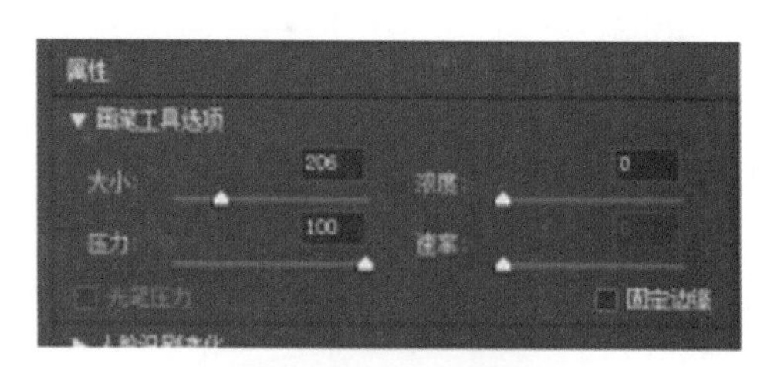

图 11-33　液化

图 11-34　拉伸

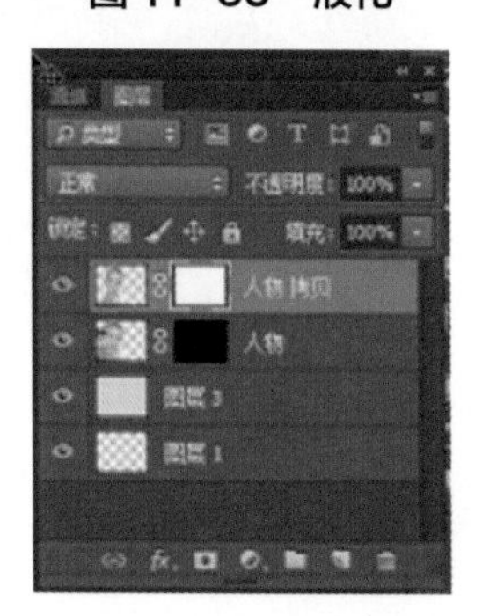

图 11-35　添加蒙版

(6) 选择“画笔工具”里的喷溅笔刷，使用白色画笔在黑色蒙版上绘制，需要注意的是，用喷溅笔刷时要注意尽量使用画笔的尾部去涂抹，这样的效果会比较细碎而明显，如果画笔较大，细节就会比较粗糙，效果如图 11-36 所示。

图 11-36 效果图

11.3.4 消失点

使用“消失点”滤镜命令能够改变平面的角度，制作出立体效果的图像。在消失点对话框中调整时，按下 Alt 键可以任意拖动图像到所需的角度，更改图像的透视效果。

11.4 普通滤镜

11.4.1 风格化

“风格化”滤镜组通过置换图像中的像素和增加图像的对比度使图像产生绘画或印象派的艺术效果。

1. 查找边缘

该滤镜主要用来搜索颜色像素对比度变化剧烈的边界，将高反差区变亮，低反差区变暗，其他区域则介于二者之间，将硬者变为线条，柔边变粗，形成一个厚实的轮廓。如图 11-37 所示为原图像，图 11-38 所示为滤镜效果，该滤镜无对话框。

图 11-37 原图

图 11-38 滤镜效果

2. 等高线

该滤镜与“查找边缘”滤镜相似，它沿亮区和暗区边界绘出一条较细的线，获得与等高线图中的线条类似的效果。如图 11-39 所示为滤镜参数对话框、图 11-40 所示为效果图。

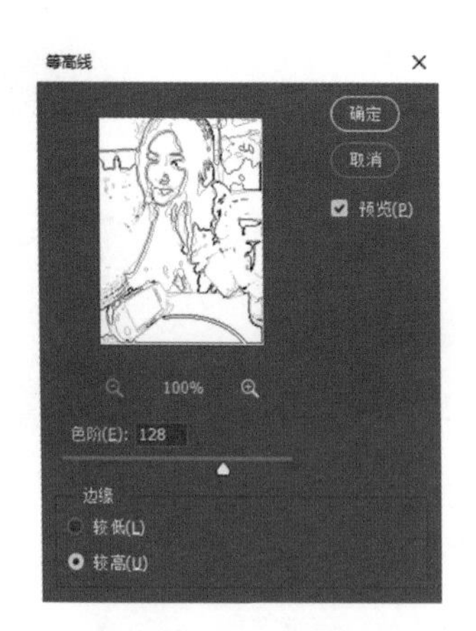

图 11-39　等高线

图 11-40　效果图

- 色阶：用于设置边线颜色的等级。
- 边缘：用来设置处理图像边缘的位置，以及边界的产生方法。选择“较低”时，可在基准亮度等级以下的轮廓上生成等高线；选择“较高”时，则在基准亮度等级以上的轮廓上生成等高线。

3. 风

选择“风”滤镜，可以在图像上设置出风的效果。如图 11-41 所示为滤镜参数，如图 11-42、图 11-43 所示为原图像和效果图。该滤镜只在水平方向起作用，要产生其他方向的风吹效果，需要先将图像旋转，然后再使用此滤镜。

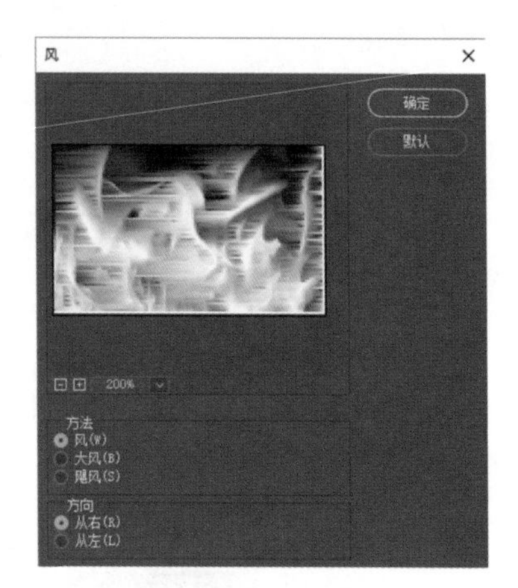

图 11-41　风

图 11-42　原图

图 11-43　效果图

- 方法：用于调整风的强度，包括“风”“大风”和“飓风”。
- 方向：用来设置风吹的方向，即从右向左吹，还是从左向右吹。

4. 浮雕效果

该滤镜可以在图像上应用明暗来表现出浮雕效果，使图像中的边线部分显示颜色，表现出立体感。如图 11-44 所示滤镜参数对话框、图 11-45 所示为效果图。

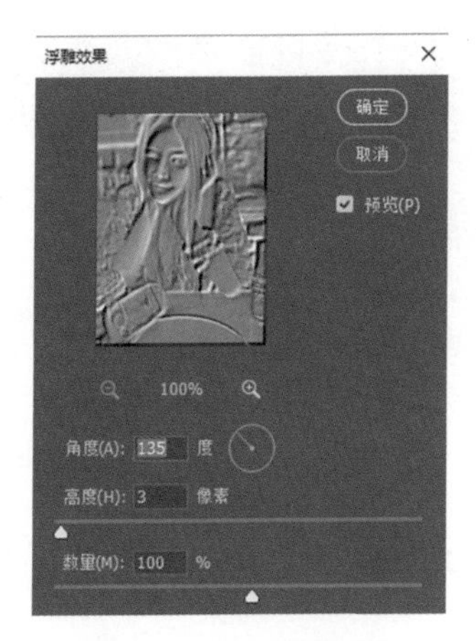

图 11-44　浮雕效果

图 11-45　效果图

- 角度：用来设置照射浮雕的光线角度，光线角度会影响浮雕的凸出位置。
- 高度：用来设置浮雕效果凸起的高度，该值越高浮雕效果越明显。
- 数量：设置“浮雕效果”滤镜的应用程度，设置的参数越大浮雕效果越明显。

5. 扩散

该滤镜可以使图像中相邻的像素按规定的方式有机移动，使图像扩散，形成一种类似于透过磨砂玻璃观察对象时的分离模糊效果，如图 11-46 所示为滤镜参数对话框、如图 11-47 所示为效果图。

图 11-46　扩散

图 11-47　效果图

6. 拼贴

该滤镜可以将图像分割成有规则的分块，并使其偏离原来的位置，从而形成拼图状的瓷砖效果，如图 11-48 所示为滤镜参数对话框、如图 11-49 所示为效果图。

- 拼贴数：设置图像拼贴瓷砖的个数。
- 最大位移：设置拼贴块的间隙。
- 填充空白区域用：设置瓷砖之间空间的颜色处理方法。可选择背景色、前景色、反向图像、未改变的图像四种方法。

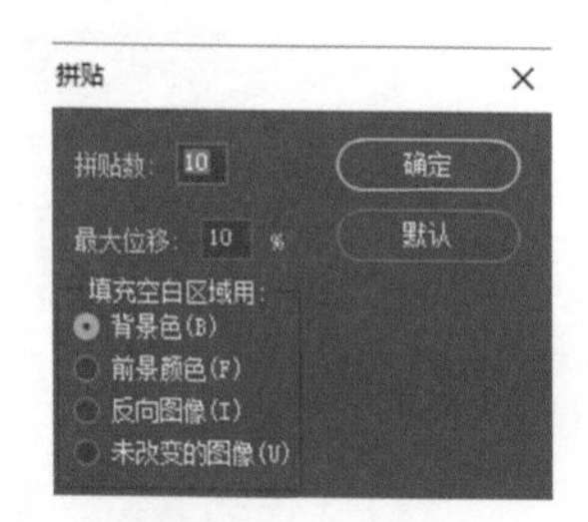

图 11-48　拼贴

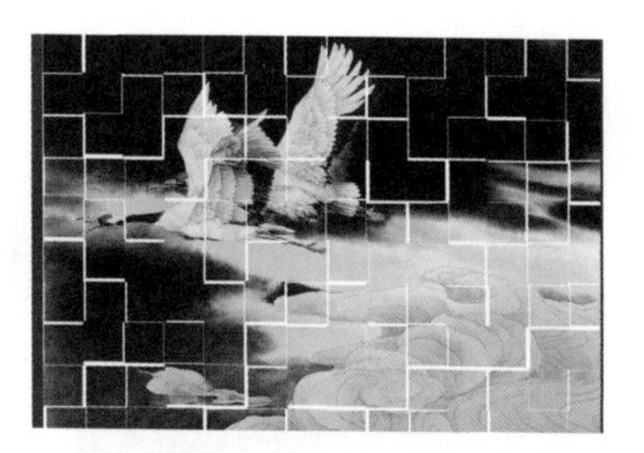

图 11-49　效果图

7. 曝光过度

该滤镜可以产生正片和负片混合的效果，类似于摄影中增加光线强度而产生的过度曝光效果，如图 11-50 所示。该滤镜无对话框。

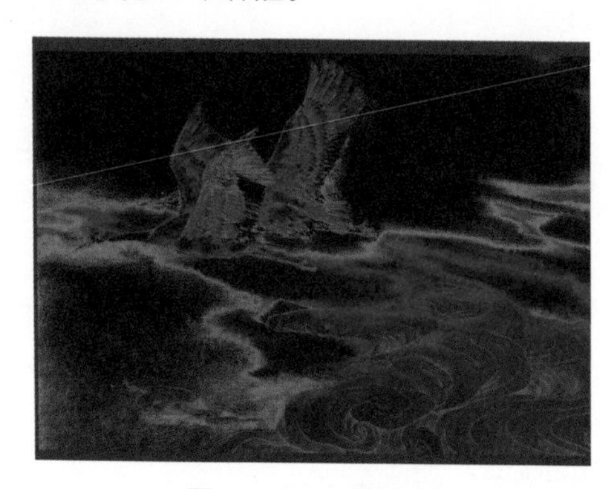

图 11-50　效果图

8. 凸出

该滤镜可以给图像加上叠瓦效果，即将图像分成一系列大小相同且有机重叠放置的立方体或锥体，产生特殊的 3D 效果，如图 11-51 所示为滤镜参数对话框、图 11-52 所示为效果图。

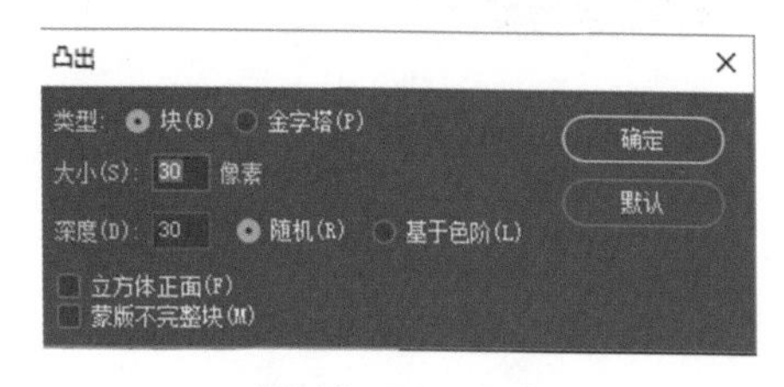

图 11-51　凸出

图 11-52　效果图

- 类型：用来控制三维效果的形状 。选择“块”，可以创建具有一个方形的正面和四个侧面的对象；选择“金字塔”，则创建具有相交于一点的四个三角形侧面的对象。

- 大小：用来设置立方体或金字塔底面的大小。
- 深度：用来控制立体化的高度或从图像凸起的深度，“随机”表示为每个块或金字塔设置一个任意的深度；“基于色阶”则表示使每个对象的深度与其亮度对应，越亮凸出得越多。
- 立方体正面：勾选该选项，图像立体化后超出界面部分保持不变。

9. 油画

该滤镜可以搜索主要颜色变化区域，向其添加类似油画的光亮。如图 11-53 所示为滤镜对话框、图 11-54 所示为效果图。

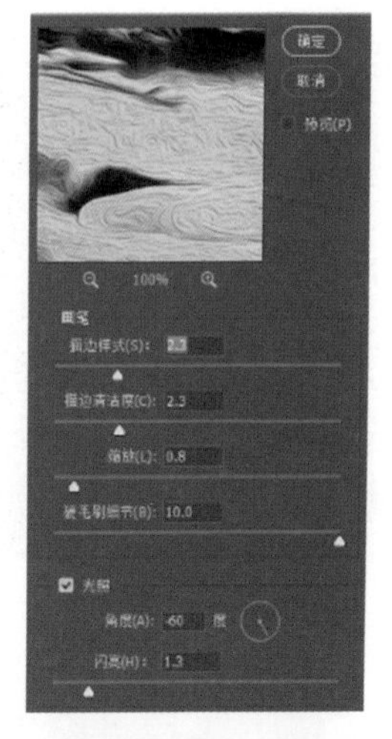

图 11-53 油画

图 11-54 效果图

例 11.3 制作冰封城市效果海报

扫码观看案例讲解

本案例将使用滤镜风格化中的“风”进行冰封效果创作。

(1) 如图 11-55 所示，打开素材图片，按 Ctrl+J 快捷键复制背景图层，如图 11-56 所示。

(2) 执行“图像→调整→去色”命令，将图片变为黑白色，如图 11-57 所示；然后，再把黑白图层复制一层，执行“滤镜→滤镜库→风格化→照亮边缘”命令，具体参数如图 11-58 所示。

(3) 将复制“图层 1 拷贝”图层的混合模式更改为“滤色”， 如图 11-59 所示。

图 11-55 打开图片

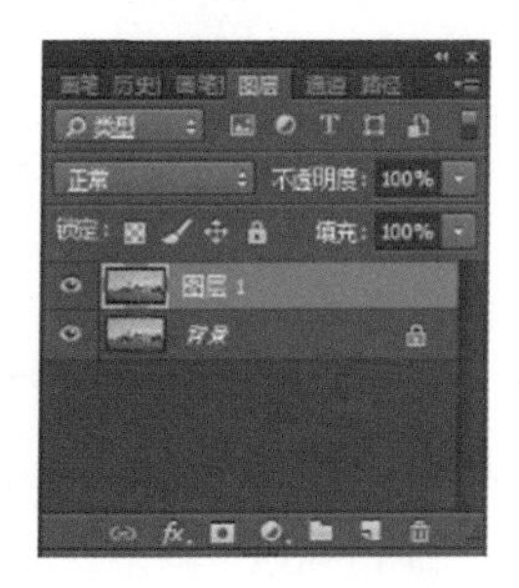

图 11-56 复制图层

图 11-57 去色

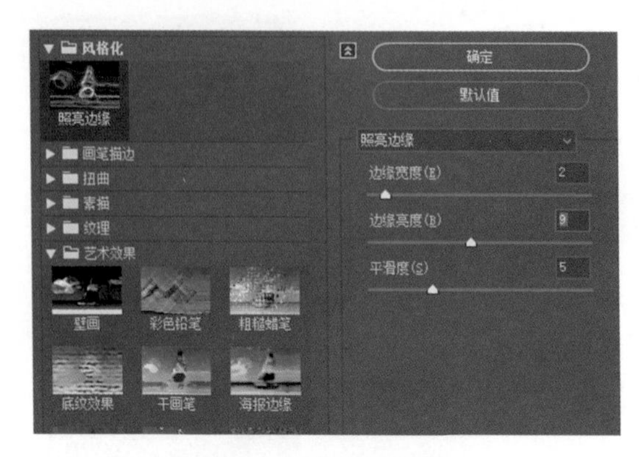

图 11-58　照亮边缘

图 11-59　“混合模式” – “滤色”

(4) 按 Shift+Ctrl+Alt+E 快捷键给图层盖印，执行“图像→图像旋转”命令，选择“顺时针 90 度”，执行“滤镜→风格化→风”命令，如图 11-60 所示，“方法”选择：风，“方向”选择：右。为了增强风的效果，以上操作再进行一遍，如图 11-61 所示。

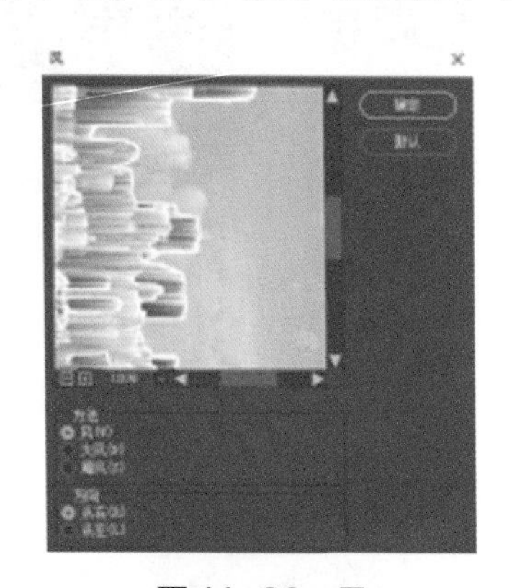

图 11-60　风

图 11-61　再次操作

(5) 执行“图像→图像旋转→逆时针 90 度”命令，将图片旋转回来，将混合模式更改为“浅色”，如图 11-62 所示。

(6) 创建“色相 / 饱和度”命令，具体参数设置如图 11-63 所示。

图 11-62　“混合模式” – “浅色”

图 11-63　色相 / 饱和度

(7) 将准备好的雪地素材图片使用移动工具拖曳进文档中，按 Ctrl+T 快捷键调整好大小，然后添加图层蒙版，如图 11-64 所示；选择蒙版视口，使用黑色“画笔工具”，调整降低画笔的透明度，在不需要的部分涂抹。

图 11-64　添加图层蒙版

(8) 再准备云彩图片并置入文档，调整好图片大小后，添加该图层蒙版，在蒙版视口处，使用黑色“画笔工具”，降低“画笔工具”透明度，在建筑物身上进行涂抹如图 11-65、图 11-66 所示。

图 11-65　放入图片

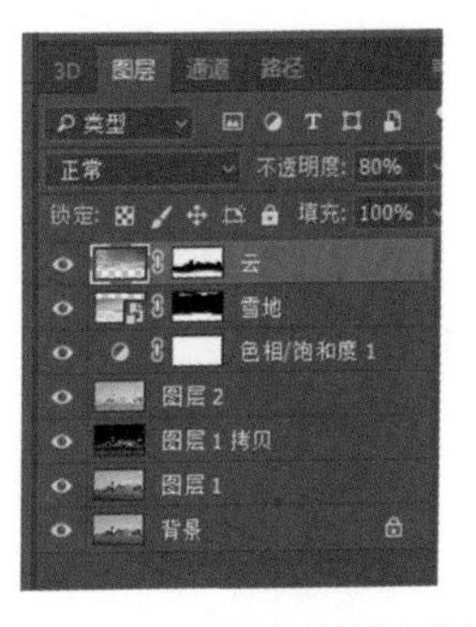

图 11-66　添加图层蒙版

(9) 执行“图像→调整→色相 / 饱和度”命令，将“色相”与“饱和度”进行微微调整，使天空颜色与整体环境搭配和谐，参数如图 11-67 所示。

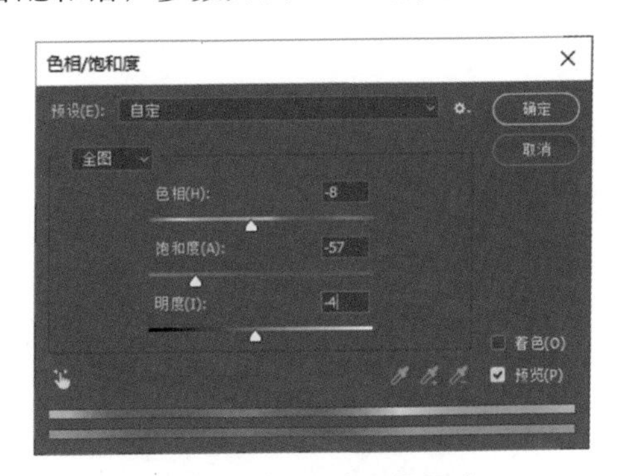

图 11-67　色相 / 饱和度

(10) 创建“照片滤镜调整图层”如图 11-68 所示，“滤镜”选择“冷却滤镜”，“浓度”选择 10，如图 11-69 所示。

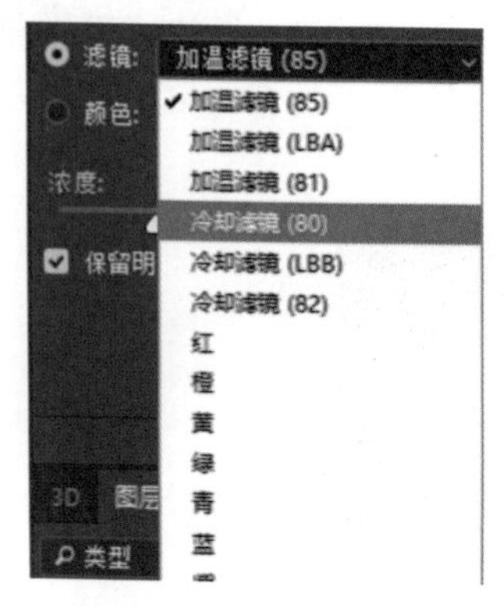

图 11-68　照片滤镜调整图层

图 11-69　浓度

(11) 使用“文字工具”为图片增加气氛，最终海报效果如图 11-70 所示。

图 11-70　最终效果图

11.4.2　模糊滤镜组

在 Photoshop CC 中，“模糊”滤镜组可以削弱相邻像素的对比度，达到柔化图像的效果。

1. 表面模糊

该滤镜可以在保留图像边缘的情况下模糊图像。它的特点是在平滑图像的同时能保持不同色彩边缘的清晰度，常用来消除图像中的杂色或颗粒。如图 11-71 所示为滤镜参数对话框、图 11-72 所示为效果图。

- 半径：用来指定模糊取样区域的大小。
- 阈值：用来控制相邻像素色调值与中心像素值相差多大时才能成为模糊的一部分，色调之差小于阈值的像素将被排除在模糊之外。

2. 动感模糊

该滤镜可以模拟摄像中拍摄运动物体时间接曝光的功能，从而使图像产生一种动态效果。如图 11-73 所示为滤镜参数对话框、图 11-74 所示为效果图。

- 角度：用来设置模糊方向 (-360 度 ~+360 度)。可输入角度数值，也可以拖动指针调整角度。
- 距离：用来控制图像动感模糊的强度 (1 ~ 999 像素)。

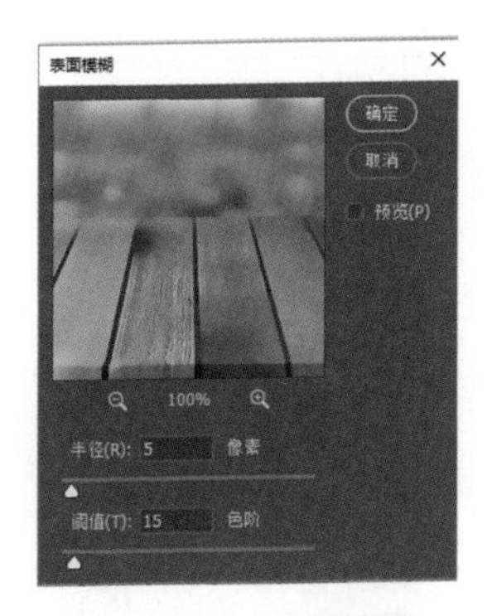

图 11-71　表面模糊

图 11-72　效果图

图 11-73　动感模糊

图 11-74　效果图

3. 方框模糊

该滤镜可以使需要模糊的区域成小方块的形状进行模糊。如图 11-75 所示为滤镜参数对话框、图 11-76 所示为效果图。

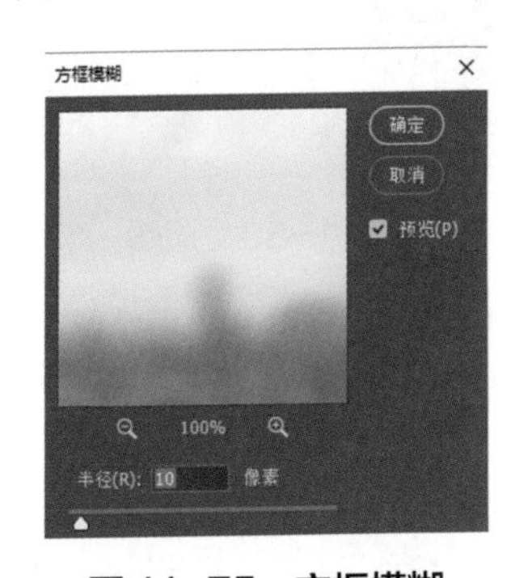

图 11-75　方框模糊

图 11-76　效果图

- 半径：用于计算给定像素的平均值的区域大小。

4. 高斯模糊

该滤镜可以为图像添加低频细节，使图像产生一种雾化效果。如图 11-77 所示滤镜参数，图 11-78 所示为效果图。

- 半径：用来设置模糊的范围，它以像素为单位，数值越高，模糊效果越强烈。

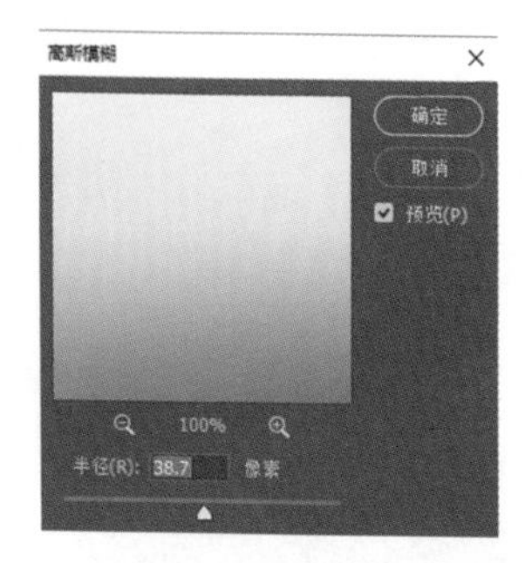

图 11-77　高斯模糊

图 11-78　效果图

5. 模糊和进一步模糊

“模糊”和“进一步模糊”滤镜的模糊效果都较弱，它们可以在图像中有显著颜色变化的地方消除杂色。“模糊”滤镜通过平衡已定义的线条，光滑处理对比度过于强烈的区域，使变化显得柔和；“进一步模糊”滤镜所产生的效果要比“模糊”滤镜强三到四倍。这两个滤镜都没有对话框。

6. 径向模糊

该滤镜可以模拟摄影时旋转相机或聚焦、变焦效果，产生一种柔化模糊。如图 11-79 所示为滤镜参数对话框，图 11-80 所示为原图像。

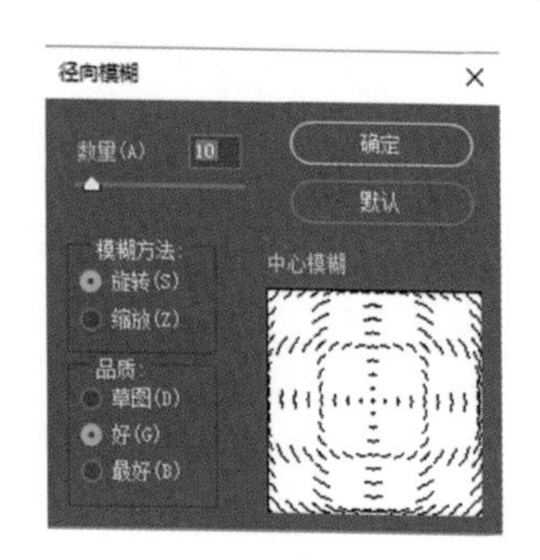

图 11-79　径向模糊面板

图 11-80　原图

- 模糊方法：选择“旋转”时，图像会以中心模糊为基准旋转并平滑图像像素，如图 11-81 所示；选择“缩放”，图像会以中心模糊为基准会产生放射状模糊效果，如图 11-82 所示。

图 11-81　旋转

图 11-82　缩放

- 中心模糊：在该设置框内单击，可以设置基准点，基准点位置不同模糊中心也不相同，如图 11-83、图 11-84 所示为不同基准点的模糊效果（模糊方法为“缩放”）。

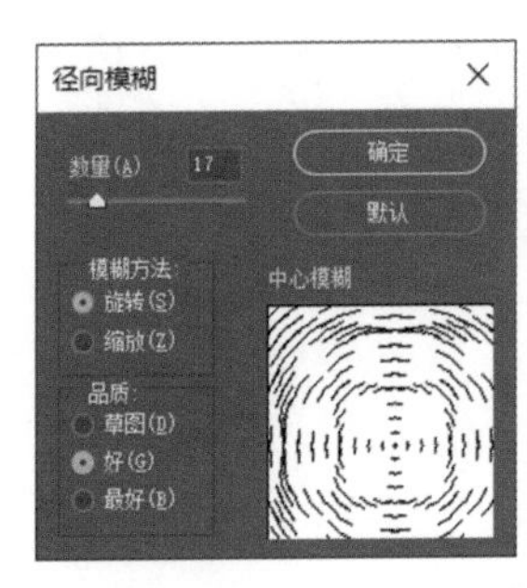

图 11-83　中心模糊 1

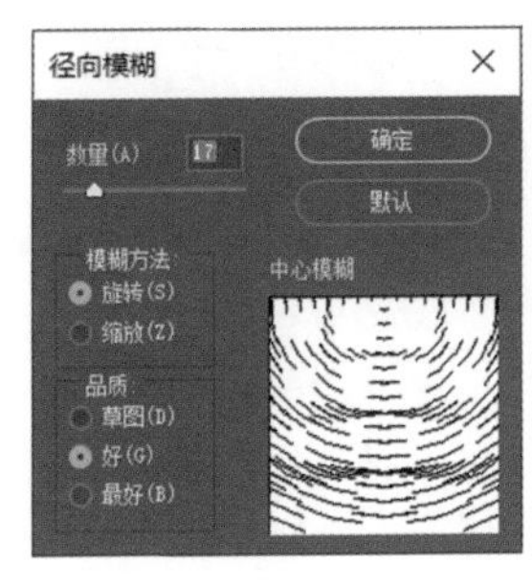

图 11-84　中心模糊 2

- 数量：用来设置模糊的强度，数量越大模糊强度越大。
- 品质：用来设置模糊的平滑程度。选择“草图”，处理的速度最快，但会产生颗粒状效果；选择“好”和“最好”都可以产生较为平滑的效果，但除非在较大选取上，否则看不出这两种品质的区别。

7. 镜头模糊

该滤镜是向图像中添加模糊以产生更窄的景深效果，以便使图像中的一些对象在焦点内，而使另一些区域变模糊。“镜头模糊”对话框如图 11-85 所示。

- 预览：选择“更快”单选按钮，可以提高预览速度。选择“更加准确”单选按钮，可查看图像的最终版本。但预览需要的生成时间较长。
- 深度映射：在“源”选项下拉列表中可以选择使用 Alpha 通道和图层蒙版来创建深度映射，如果图像包含 Alpha 通道并选择了该项，Alpha 通道中的黑色区域被视为位于照片的前面，白色区域被视为位于远处的位置。“模糊焦距”选项用来设置位于焦点内的像素的深度。如果勾选“反相”，可以反转蒙版和通道，然后再将其应用。
- 光圈：在“形状”下拉列表框中选择所需的光圈形状；“半

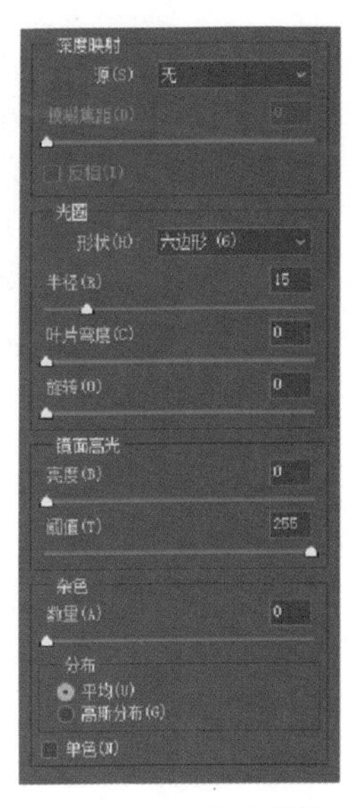

图 11-85　镜头模糊

径”值越大，图像模糊效果越明显；“叶片弯度”是对光圈边缘进行平滑处理；“旋转”用于光圈角度的旋转。

- 镜面高光：“亮度”是对高光亮度的调节；“阈值”是用于选择亮度截止点。
- 杂色：拖动“数量”滑块来增加或减少杂色；选择“平均”单选按钮或“高斯分布”单选按钮，在图像中添加杂色的分布模式。要想在不影响颜色的情况下添加杂色，勾选“单色”复选框。

8. 平均模糊

该滤镜可以找出图像或选区的平均颜色，然后用该颜色填充图像或选区以创建平滑的外观，如图 11-86 所示为原图、图 11-87 所示为效果图，该滤镜无对话框。

图 11-86　原图

图 11-87　效果图

9. 特殊模糊

该滤镜可以将图像进行精确的模糊从而使图像产生一种清晰边界的模糊效果。如图 11-88 所示为滤镜参数对话框，图 11-89 所示为原图像。

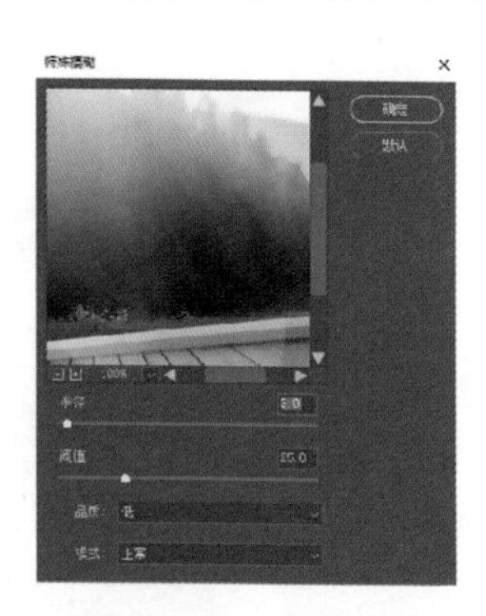

图 11-88　特殊模糊

图 11-89　原图

- 半径：设置的参数越大，应用模糊的像素就越多。
- 阈值：设置应用在相似颜色上的模糊范围。
- 品质：设置图像的品质，包括“低”“中”和“高”三种。
- 模式：设置效果的应用方法。在“正常”模式下，不会添加特殊效果，如图 11-90 所示；选择“仅限边缘”模式，只将轮廓表现为黑白阴影，如图 11-91 所示；选择“叠加边缘”模式则以白色描绘出图像轮廓像素亮度值变化强烈的区域，如图 11-92 所示。

图 11-90　正常

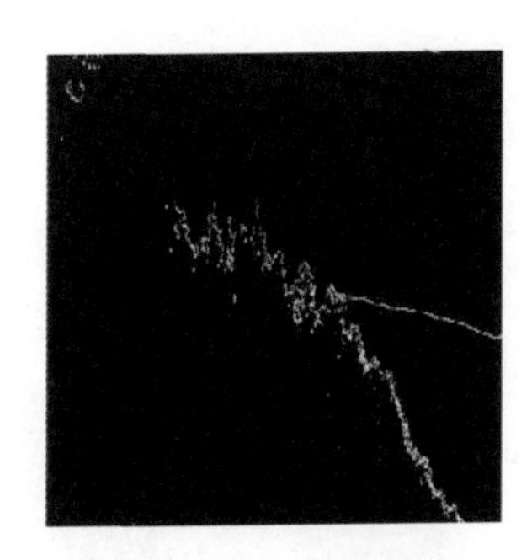

图 11-91　仅限边缘

图 11-92　叠加边缘

10. 形状模糊

该滤镜可以在其对话框中选择预设的形状创建特殊的模糊效果，如图 11-93 所示为滤镜参数对话框、图 11-94 所示为效果图。

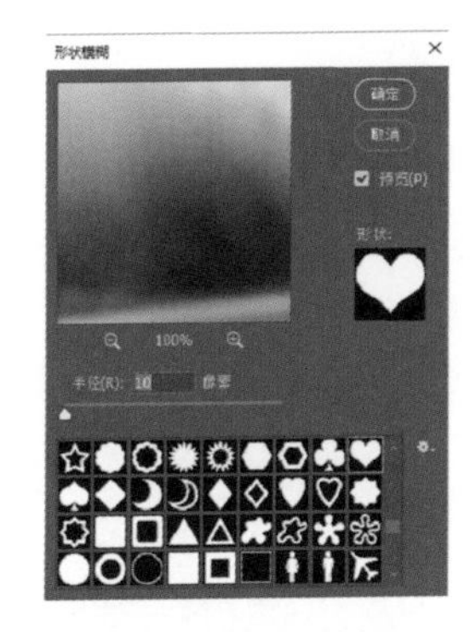

图 11-93　形状模糊

图 11-94　效果图

- 半径：用来设置所选形状的大小，该值越高，模糊效果越好。
- 形状列表：用于选择模糊时的形状。单击列表右侧的按钮，可以在打开的下拉菜单中载入其他形状。

11. 模糊画廊

该滤镜可以通过添加控制点的方式，精确地控制景深形成范围、景深强弱程度，用于建立比较精确的画面背景模糊效果。模糊画廊滤镜有相同的对话框，如图 11-95 所示。

图 11-95　模糊画廊

对于三种滤镜模糊效果的设置参数都是相同的，通过这些选项可以为图像添加主体与背景之间前清后蒙的散景效果。如图 11-96 所示为模糊效果参数设置选项，如图 11-97 和图 11-98 所示为原图像和效果图。

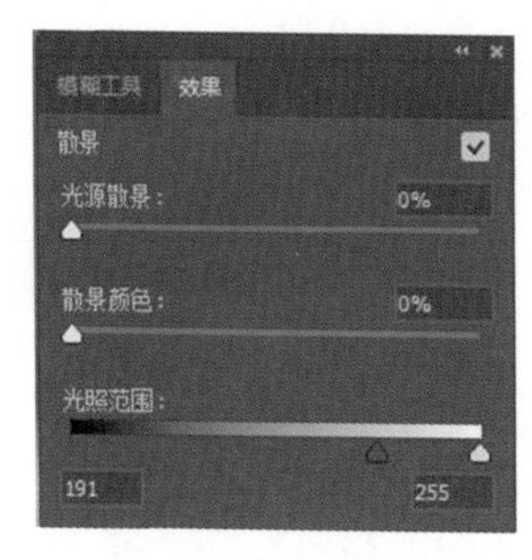

图 11-96　模糊效果参数

图 11-97　原图

图 11-98　效果图

- 光源散景：用来控制模糊中的高光量。
- 散景颜色：用来控制散景的色彩。
- 光照范围：用来控制散景出现处的光照范围

11.4.3　扭曲

该滤镜组中滤镜可以对图像进行各种几何扭曲，创建 3D 或其他整形效果。这些滤镜通常会占用大量内存，因此如果文件较大，可以先在小尺寸的图像上试验。

1. 波浪

该滤镜可以制作出类似于波浪的弯曲图像。如图 11-99 所示为滤镜对话框，如图 11-100 所示为原图像。

图 11-99　波浪

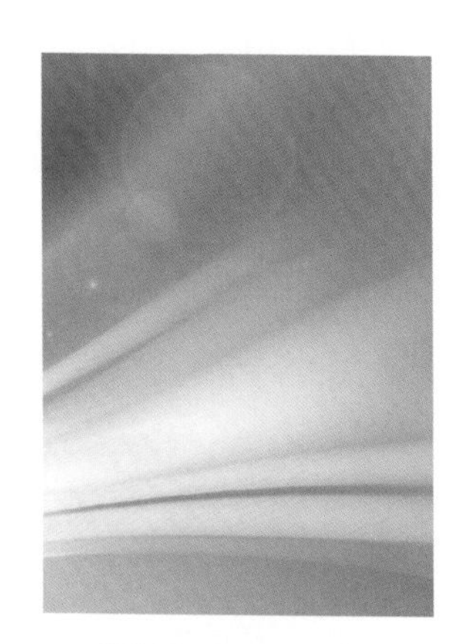

图 11-100　原图

- 生成器数：用来设置产生波的数量。
- 波长：它分为最小波长和最大波长两部分，其最大值和最小值决定相邻波峰之间的距离，最小波长不能超过最大波长。
- 波幅：它分为最大和最小的波幅，最大值与最小值决定波的高度，其中最小的波幅不能超过最大的波幅。

- 比例：控制水平和垂直方向的波动幅度。
- 类型：它包括“正弦”“三角形”和“方形”三种，用来设置波浪的形态，如图 11-101 所示，分别为正弦、三角形和方形。

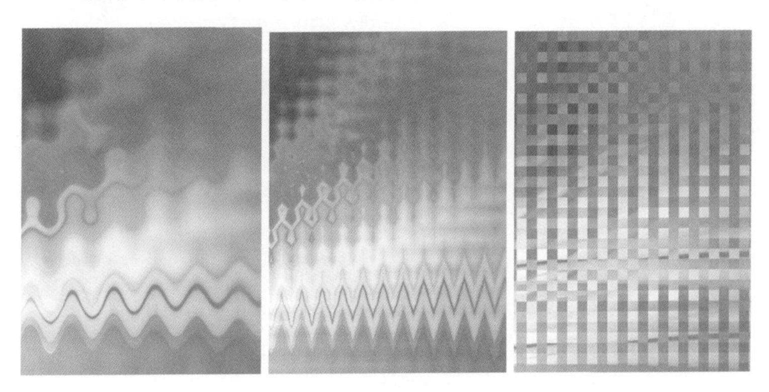

图 11-101 类型

- 随机化：单击一下此按钮，可以为波浪指定一种随机效果。
- 折回：将变形后超出图像边缘的部分反卷到图像的对边。
- 重复边缘像素：将图像中因为弯曲变形超出图像的部分分布到图像的边界上。

2. 波纹

该滤镜能在图像上创建波状起伏的图案，像水池中的波纹一样。如图 11-102 所示为滤镜参数对话框，图 11-103 所示为效果图。

图 11-102 波纹参数对话框

图 11-103 效果图

- 数量：控制产生波的数量。
- 大小：设置波纹的大小，提供了“大”“中”和“小”三个选项。

3. 极坐标

该滤镜是将图像在“平面坐标”和“极坐标”之间进行转换。如图 11-104 所示为滤镜对话框，图 11-105 和图 11-106 所示为两种极坐标效果。

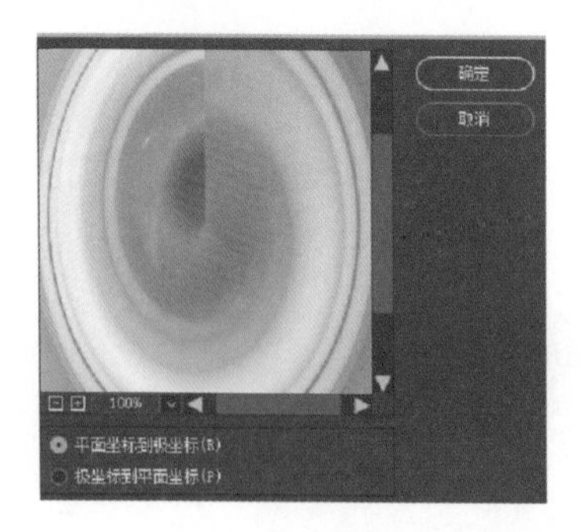

图 11-104　极坐标滤镜对话框

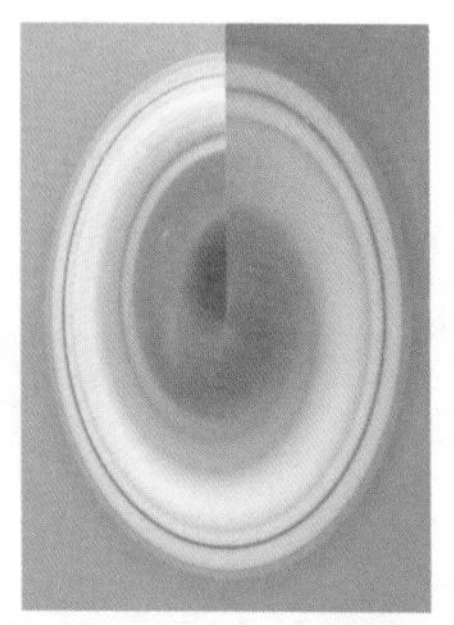

图 11-105　平面坐标

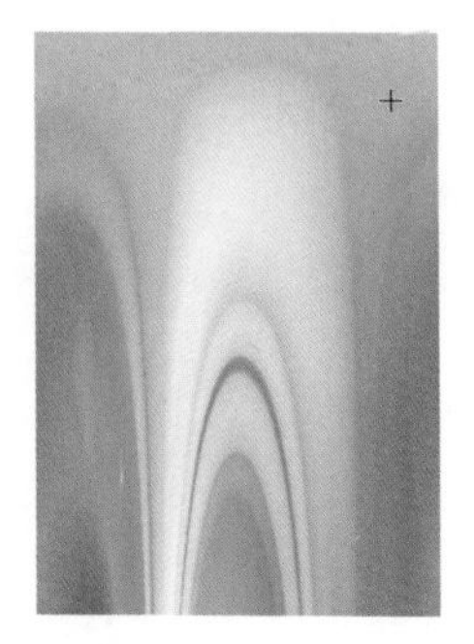

图 11-106　极坐标

4. 挤压

该滤镜可以使图像的中心产生凸起或凹下的效果。如图 11-107 所示为“挤压”对话框。“数量”用于控制挤压程度，该值为负值时图像向外凸出，如图 11-108 所示；为正值时图像向内凹陷，如图 11-109 所示。

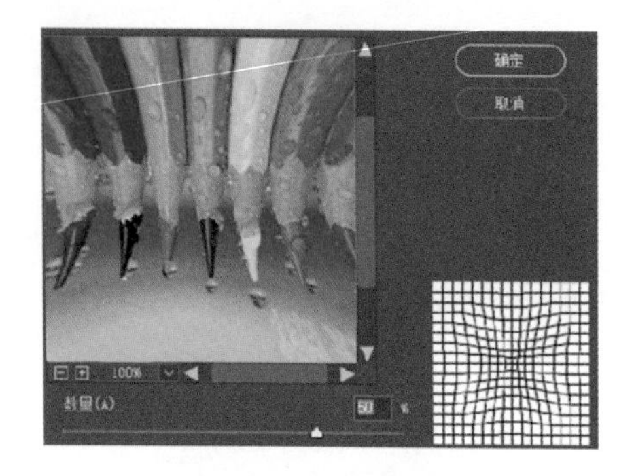

图 11-107　挤压

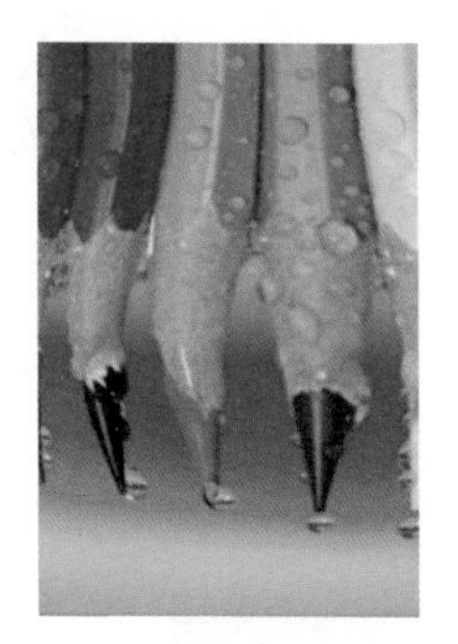

图 11-108　图像外凸

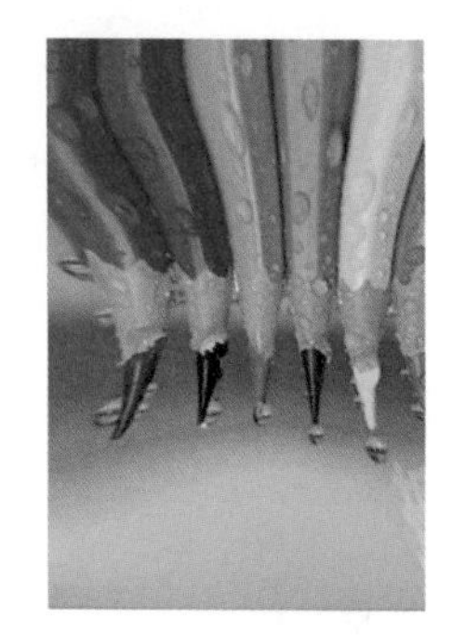

图 11-109　图像内陷

5. 切变

该滤镜能沿一条自定曲线的曲率扭曲图像。切变对话框中提供了曲线的编辑窗口可以通过单击并拖动鼠标的方法来改变曲线，如果要删除某个控制点，将它拖至对话框外即可。如图 11-110 为滤镜参数对话框、图 11-111 所示为原图。

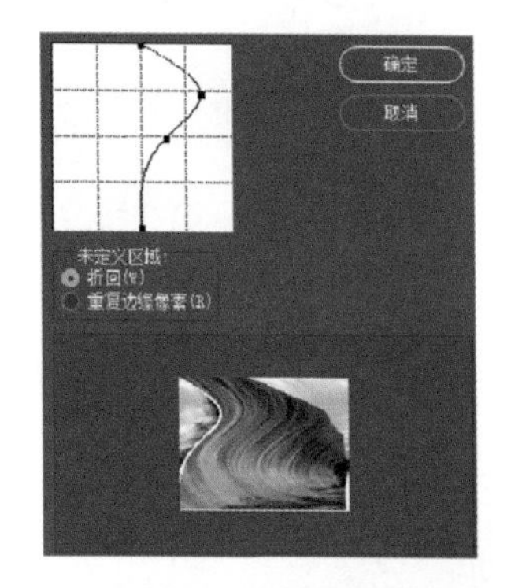

图 11-110　切变参数对话框

图 11-111　原图

- 折回：将图像左边切变出图像边界的像素填充于图像右边的空白区域，如图 11-112 所示。
- 重复边缘像素：在图像边界不完整的空白区域填入扭曲边缘的像素颜色，如图 11-113 所示。

图 11-112　折回

图 11-113　重复边缘像素

6. 球面化

该滤镜可以通过立体球形的镜头扭曲图像，使图像产生 3D 效果。如图 11-114 所示为滤镜参数对话框、图 11-115 所示为原图像。

图 11-114　球面化参数对话框

图 11-115　原图

- 数量：用来控制图像的变形强度，该值为正值时，图像向外凸起，如图 11-116 所示；为负值时向内收缩，如图 11-117 所示。
- 模式：用来设置图形的变形方式，包括“正常”“水平优先”和“垂直优先”。

图 11-116　图像外凸

图 11-117　图像内缩

7. 水波

该滤镜可以在图像上设置水面上出现的同心圆的水波形态，产生类似于向水池中投入石子的效果。如图 11-118 所示为“水波”对话框，图 11-119 所示为在图像中创建的选区。

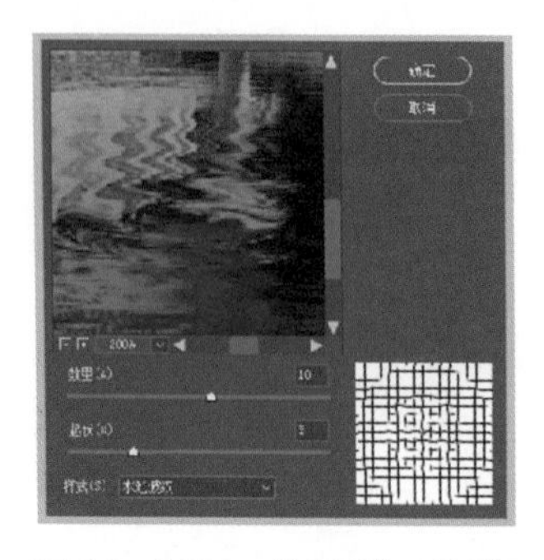

图 11-118　“水波”对话框

图 11-119　选区

- 数量：用来设置水波效果的密度，负值产生下凹的波纹，正值产生上凸的波纹。
- 起伏：用来设置水波方向从选区的中心到其边缘的反转次数，范围为 1~20。该值越高，起伏越大效果越明显。
- 样式： 用来设置水波的不同形式。选择“围绕中心”，可以围绕图像的中心产生波纹，如图 11-120 所示；选择“从中心向外”，波纹从中心向外扩散，如图 11-121 所示；选择“水池波纹”，可产生同心状波纹，如图 11-122 所示。

图 11-120　围绕中心

图 11-121　从中心向外

图 11-122　水池波纹

8. 旋转扭曲

该滤镜是按照固定的方式旋转像素使图像产生旋转的风轮效果，旋转时会以中心为基准点，而且旋转的程度比边缘大，如图 11-123 所示为滤镜参数对话框、图 11-124 所示为原图像。

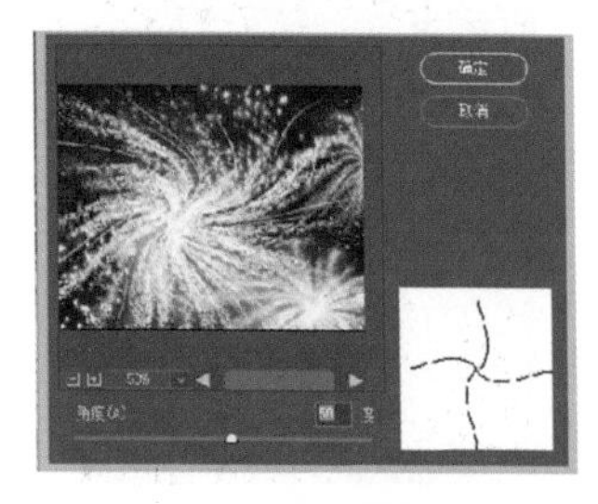

图 11-123　旋转扭曲

图 11-124　原图

- 角度：用来设置图像扭曲方向，值为正值时沿顺时针方向扭曲，如图 11-125 所示；为负值时沿逆时针方向扭曲，如图 11-126 所示。

图 11–125　顺时针方向扭曲

图 11–126　逆时针方向扭曲

9. 置换

该滤镜可用一幅 PSD 格式的图像中的颜色和形状来确定当前图像中图形改变的形式。如图 11-127 所示为用于置换的 PSD 图，图 11-128 所示为原图，图 11-129 所示为“置换”对话框。选择置换图并单击“确定”按钮，即可使用它扭曲图像，效果如图 11-130 所示。

图 11–127　置换图

图 11–128　原图

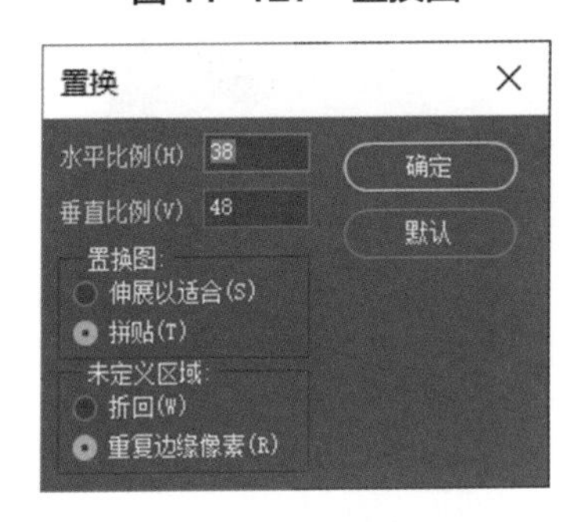

图 11–129　置换对话框

图 11–130　效果图

11.4.4　锐化

“锐化”滤镜组中包含 5 种滤镜，它们主要通过增强相邻像素间的对比度来减弱或消除图像的模糊，从而达到清晰图像的效果。

1. 锐化与进一步锐化

这两个滤镜的主要功能都是通过增加像素间的对比度使图像变得清晰，锐化效果不是很明显。不同之处在于“进一步锐化”比“锐化”滤镜的效果强烈些，相当于应用了 2 ~

3次“锐化”滤镜。

2. 锐化边缘与USM锐化

“锐化边缘”滤镜是查找图像中颜色发生显著变化的区域，然后将其锐化。该滤镜只锐化图像的边缘，同时保留总体的平滑度。“USM锐化”滤镜则提供了选项，如图11-131所示，对于专业的色彩校正，可以使用该滤镜调整边缘细节的对比度。如图11-132所示为原图像，图11-133所示为使用“锐化边缘”滤镜锐化的效果，图11-134所示为使用“USM锐化”滤镜锐化的效果。

图11-131　USM锐化

图11-132　原图

图11-133　锐化边缘

图11-134　USM锐化

- 数量：用来设置锐化效果的强度。该值越高，锐化效果越明显。
- 半径：用来设置锐化的半径。
- 阈值：用来设置相邻像素间的比较值，该值越高，被锐化的像素就越少。

3. 智能锐化

该滤镜可以通过固定的锐化算法对图像进行整体锐化，也可以控制阴影和高光区域的锐化量，更加细致地控制图像锐化效果如图11-135所示为“智能锐化”对话框，

- 数量：用来设置锐化数量，较大的值可增强边缘像素之间的对比度，从而看起来

更加锐利。

图 11–135 智能锐化对话框

- 半径：用来设置边缘像素周围受锐化影响的像素数量，该值越高，受影响的边缘就越宽，锐化的效果也就越明显。
- 移去：提供了“高斯模糊”“镜头模糊”和“动感模糊”三种锐化算法。选择“高斯模糊”，可使用“USM 锐化”滤镜的方法进行锐化；选择“镜头模糊”，可检测图像中的边缘和细节，并对细节进行更精细的锐化，减少锐化的光晕；选择“动感模糊”，可通过设置“角度”来减少由于相机或主体移动而导致的模糊效果。

11.4.5 像素化

该滤镜可以通过使单元格中颜色值相近的像素变形并进行重构来清晰地定义一个选区，可用于创建彩块、点状、晶格和马赛克等特殊效果。

1. 彩块化

该滤镜可以在保持原有轮廓的前提下找出主要色块的轮廓，然后将近似颜色兼并为色块。此滤镜可以使扫描的图像看起来像手绘的图像，也可以使现实主义图像产生类似抽象派的绘画效果。此滤镜没有参数设置。

2. 彩色半调

该滤镜可以使图像表现出放大显示彩色印刷品所看到的效果。它先将图像的通道分解为若干个矩形区域，再以和矩形区域亮度成比例的圆形替代这些矩形，圆形的大小与矩形的亮度成正比，高光部分生成的网点较小，阴影部分生成的网点较大。如图 11-136 所示为滤镜参数，如图 11-137、图 11-138 所示为原图像及效果图。

- 最大半径：用来设置半调网屏的最大半径。
- 网角(度)：灰度模式只能使用“通道 1”；RGB 模式，可以使用 1、2、3 通道，分别对应红色、绿色和蓝色通道；CMYK 模式，可以使用所有通道，分别对应青色、洋红、黄色和黑色通道。

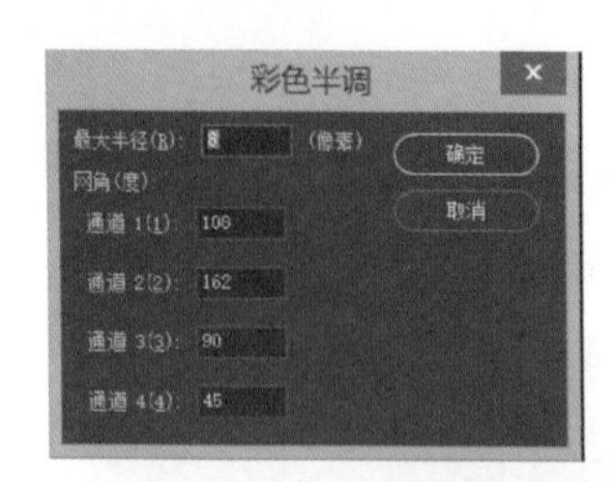

图 11-136　滤镜参数

图 11-137　原图

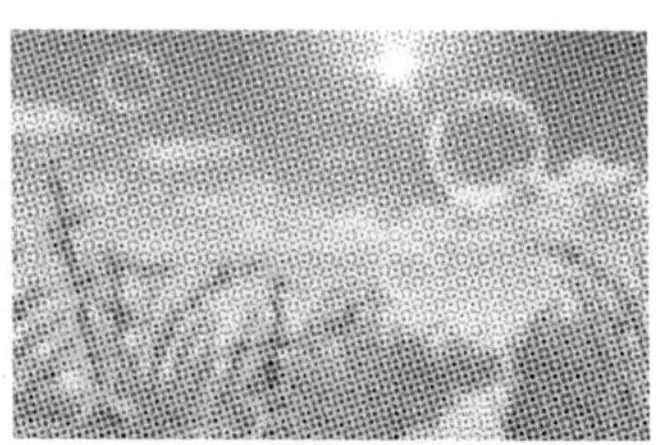

图 11-138　效果图

3. 点状化

该滤镜可以将图像中的像素分解为随机分布的网点，模拟点状绘图的效果。使用背景色填充网点之间的空白区域。如图 11-139 所示为滤镜参数对话框、图 11-140 所示为效果图。

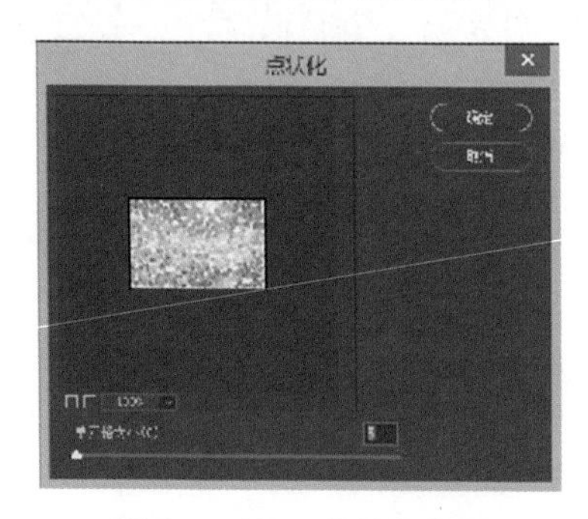

图 11-139　点状化参数

图 11-140　效果图

- 单元格大小：用来设置网点的大小。

4. 晶格化

该滤镜可以用多边形纯色结块重新绘制图像，产生类似结晶的颗粒效果。如图 11-141 所示滤镜参数对话框、图 11-142 所示为效果图。

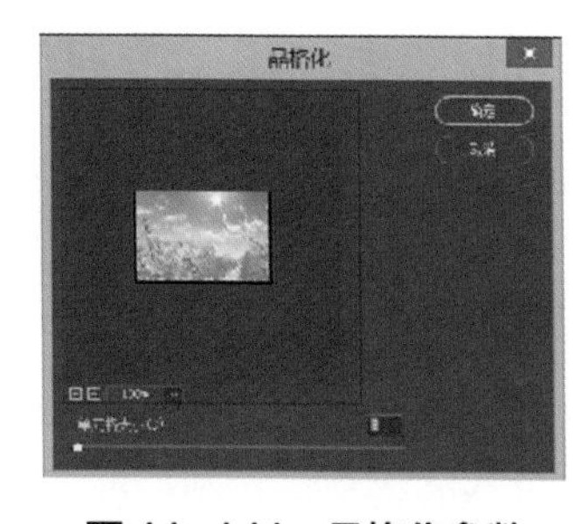

图 11-141　晶格化参数

图 11-142　效果图

- 单元格大小：用来设置多边形色块的大小。

5. 马赛克

该滤镜可以将图像分解成许多规则排列的小方块，创建出马赛克效果。如图 11-143 所示为滤镜参数对话框、图 11-144 所示为效果图。

- 单元格大小：用来调整马赛克的大小。

图 11-143　马赛克参数

图 11-144　效果图

6. 碎片

该滤镜可以把图像的像素进行 4 次复制，再将它们平均，并使其相互偏移，使图像产生一种类似于相机不聚焦的重影效果，如图 11-145 所示。此滤镜没有参数设置。

图 11-145　效果图

7. 铜版雕刻

该滤镜使用黑白或颜色完全饱和的网点重新绘制图像，使图像产生年代久远的金属板效果，如图 11-146 为所示滤镜参数对话框、图 11-147 所示为效果图。

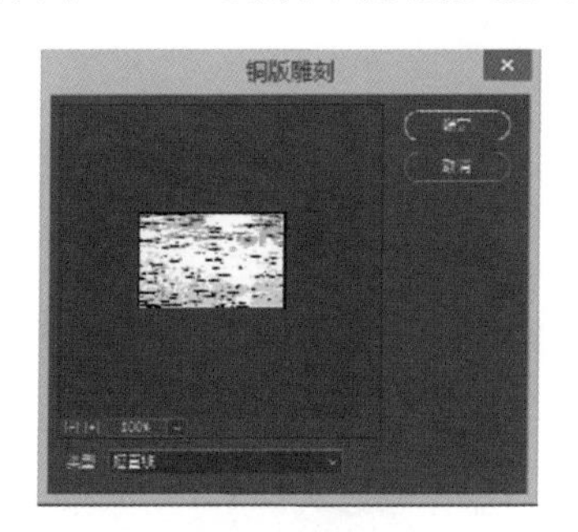

图 11-146　铜版雕刻参数

图 11-147　效果图

● 类型：用来选择网点图案。

11.4.6　渲染

该滤镜组中包含五种滤镜，这些滤镜可对图像创建 3D 形状、云彩图案、折射图案和模拟的光反射。

1. 分层云彩

该滤镜使用前景色、背景色和原图像的色彩造型，混合出一个带有背景图案的云的造型。第一次使用滤镜时，图像的某些部分被反相为云彩图案，多次应用滤镜之后，就会创建出与大理石纹理相似的凸缘与叶脉图案，效果如图 11-148 所示。

2. 光照效果

该滤镜可以改变 17 种光照样式、3 种光照类型和 4 套光照属性，可以在 RGB 图像上产生无数种光照效果，还可以使用灰度文件的纹理（称为凹凸图）产生类似 3D 效果，并存储自己的样式以在其他图像中应用。如图 11-149、图 11-150 所示为原图像及滤镜效果。

图 11-148　效果图

图 11-149　原图

图 11-150　光照效果

3. 镜头光晕

该滤镜可以模拟亮光照射到相机镜头所产生的折射。通过单击图像缩览图的任意位置或拖动十字线来确定光晕中心的位置。如图 11-151 所示为对话框，图 11-152、图 11-153 所示为原图像和效果图。

图 11-151　镜头光晕

图 11-152　原图

图 11-153　效果图

- 亮度：用来控制光晕的强度。
- 镜头类型：用来选择产生光晕的镜头类型。

4. 纤维

该滤镜可以使用前景色和背景色随机创建编织纤维的外观。应用此滤镜时当前图层上的图像数据会被替换。如图 11-154 所示为滤镜参数对话框、图 11-155 所示为效果图。

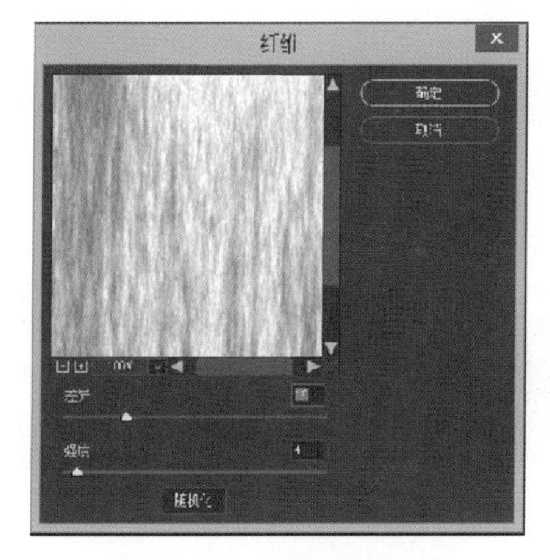

图 11-154　纤维滤镜参数

图 11-155　效果图

- 差异：用来设置颜色的变化方式，该值较低时会产生较长的颜色条纹；该值较高时会产生较短且颜色分布变化更大的纤维。
- 强度：用来控制纤维的外观，该值较低时会产生松散的织物效果，该值较高时会产生短的绳状纤维。
- 随机化：单击该按钮可随机生成新的纤维外观。

5. 云彩

该滤镜用介于前景色与背景色之间的随机值生成柔和的云彩图案。如果按住 Alt 键，然后执行“云彩”命令，则可以生成对比更加鲜明的云彩图案。该滤镜没有选项设置。

11.4.7　杂色

该滤镜组能添加或移去杂色或带有随机分布色阶的像素。这有助于将选区像素混合到周围的像素中。“杂色”滤镜可创建与众不同的纹理或移去有问题的区域，如灰尘和划痕。

1. 减少杂色

该滤镜在基于影响整个图像或各个通道的用户设置保留边缘，同时减少杂色。图像杂色会以两种形似出现：灰度杂色及颜色杂色。如图 11-156 所示为“减少杂色”对话框，如图 11-157、图 11-158 所示为原图像及减少杂色后的效果。

- 强度：控制应用于所有图像通道的明亮度杂色减少量。
- 保留细节：用来设置图像边缘和图像细节(如头发或纹理对象)的保留程度。如果值为 100，则会保留大多数图像细节，但会将明亮度杂色减到最少。
- 减少杂色：移去随机的颜色像素。值越大，减少的颜色杂色越多。
- 锐化细节：对图像进行锐化。

- 不自然感：移去由于使用低 JPEG 品质设置存储图像而导致的斑驳的图像伪像和晕。如果明亮度杂色在一个或两个颜色通道中较明显，请单击“高级”按钮，然后从“通道”菜单中选取颜色通道。使用“强度”和“保留细节”控件来减少该通道中的杂色。

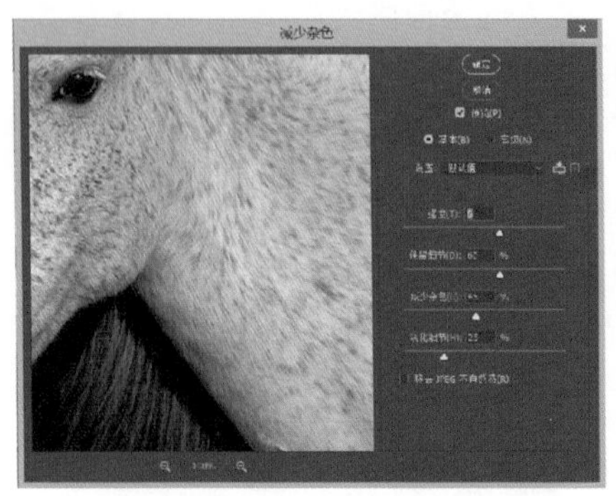

图 11-156　减少杂色

图 11-157　原图

图 11-158　效果图

2. 蒙尘与划痕

该滤镜通过更改不同的像素减少可视色。如图 11-159 所示为滤镜参数对话框、图 11-160 所示为效果图。

- 半径：用来设置捕捉差异像素的范围。
- 阈值：用来控制像素的差异达到多少时会被消除。

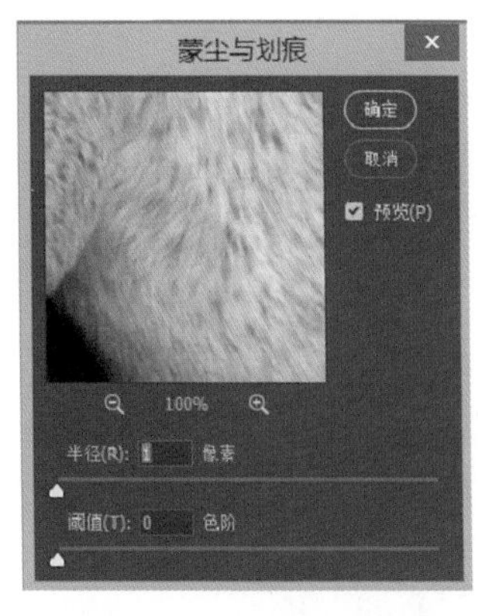

图 11-159　蒙尘与划痕

图 11-160　效果图

3. 去斑

该滤镜可以检测图层的边缘（发生显著颜色变化的区域）并模糊除那些边缘外的所有选区。该模糊操作会移去杂色，同时保留细节。该滤镜没有设置选项，效果如图 11-161 所示。

4. 添加杂色

该滤镜将随机像素应用于图像，从而模拟在高速胶片上拍摄图片的效果。还可用于减少羽化选区或渐变填充中的条纹，为过多修饰的区域提供更真实的外观，或创建纹理图层。如图 11-162 所示为滤镜参数对话框、图 11-163 所示为效果图。

图 11–161　效果图

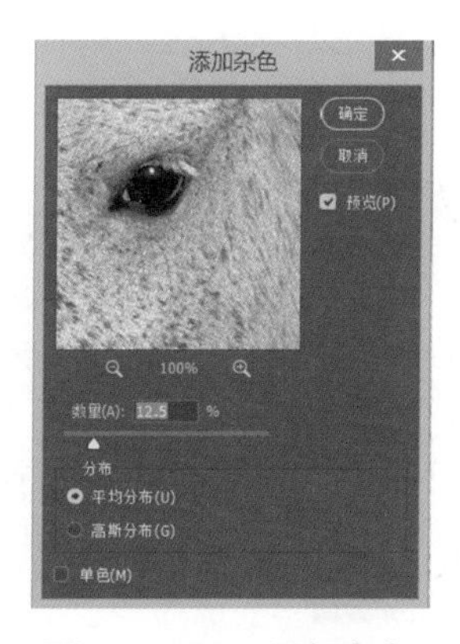

图 11–162　添加杂色

图 11–163　效果图

- 数量：用来设置添加杂色的百分比。
- 平均分布：随机地在图像中加入杂点，生成的效果比较柔和。
- 高斯分布：沿一条钟形曲线分布的方式来添加杂点，杂点效果较为强烈。
- 单色：勾选该项，杂点只影响原有像素的亮度，像素的颜色不会改变。

5. 中间值

该滤镜通过混合选区内像素的亮度减少图层中的杂色。此滤镜搜索亮度相近的像素，从而扔掉与相邻像素差异较大的像素，并用搜索到的像素的中间亮度值替换中心像素。该滤镜对于消除或减少图像上动感的外观或可能出现在扫描图像中不理想的图案非常有用。如图 11-164 所示为滤镜参数对话框、图 11-165 所示为效果图。

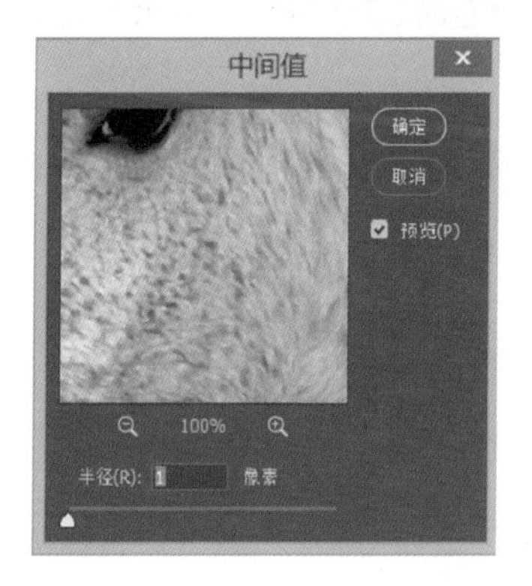

图 11–164　中间值参数

图 11–165　效果图

11.4.8　课程案例

扫码观看案例讲解

例 11.4　使用滤镜制作阳光投射效果的唯美图片

制作光影投射的方法有许多，本案例将会讲解一个使用滤镜制作阳光投射效果的方法，过程主要是通过色彩范围将高光部分选出来，通过模糊制作效果光，最后再对整体进行统一色调调整。

(1) 如图 11-166 所示，打开要制作的素材原图，执行“选择→色彩范围”命令，将颜色容差设置为 100 ~ 150，使用吸管工具选择高光区，选择“选择范围”单选项，如图 11-167 所示。

图 11-166　打开图片

图 11-167　色彩范围

(2) 单击“确定”按钮后，可以发现图像上出现了如图 11-168 所示的选区，按 Ctrl+J 快捷键复制选区，得到新的图层“图层 1”如图 11-169 所示。

图 11-168　选区

图 11-169　复制图层

(3) 再保持选择“图层 1”的状态下，执行“滤镜→模糊→径向模糊”命令，如图 11-170 所示，将径向的中心点向正上方移动，数量为“71”，选择“缩放”和“好”单选项。

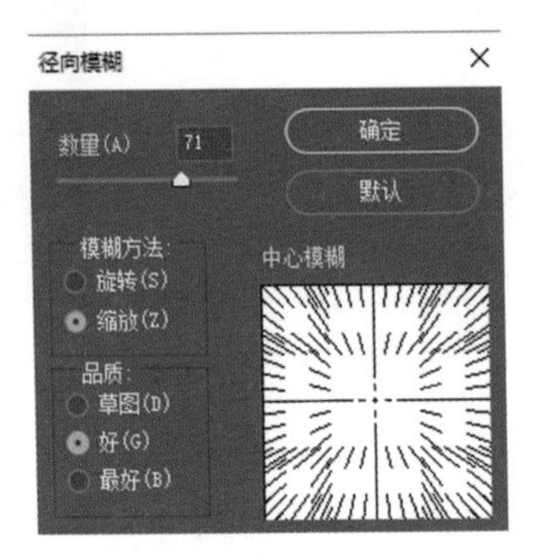

图 11-170　径向模糊

(4) 为了让光线更柔和些，执行“滤镜→模糊→高斯模糊”命令，半径为 3.9 像素，如图 11-171 所示，此时图像效果如图 11-172 所示。

图 11-171　高斯模糊

图 11-172　效果图

(5) 按住 Ctrl 键的同时单击当前图层，再次载入选区，执行“图像→调整→曲线”命令，如图 11-173 所示，将选区内提亮，效果如图 11-174 所示。

图 11-173　曲线

图 11-174　效果图

(6) 按 Shift+Ctrl+Alt+E 快捷键盖印，执行“滤镜→迷糊→高斯模糊”命令，半径为“9”，将该图层的图层样式改为“滤色”，不透明度改为“20%”；增加曲线调整图层如图 11-175 所示，更改饱和度为“-31”。

图 11-175　调整图层

(7) 再增加一个曲线调整图层，压低图像的暗部，如图 11-176 所示。

图 11-176　曲线调整图层

(8) 在最新的曲线图层中，使用黑色柔性画笔在光线的地方进行涂抹，如图 11-177 所示；增加“亮度 / 对比度”调整图层，将亮度改为“-1”、对比度改为“43”，如图 11-178 所示。

图 11-177　曲线图层

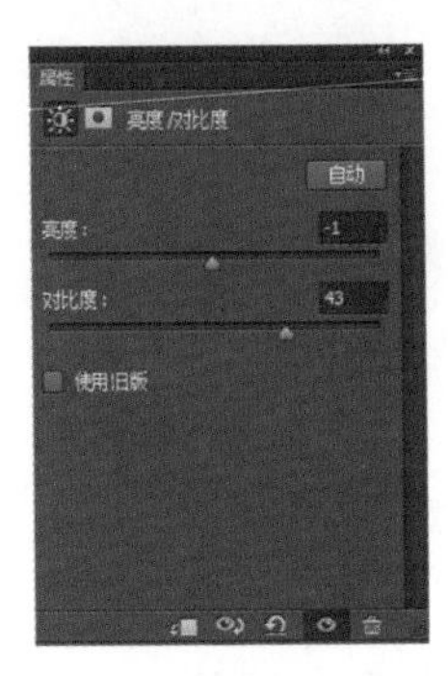

图 11-178　亮度 / 对比度

(9) 选择盖印的“图层 2”，使用“套索工具”将草地框选起来，执行“图像→调整→曲线”命令，压低草地的暗部，如图 11-179 所示。

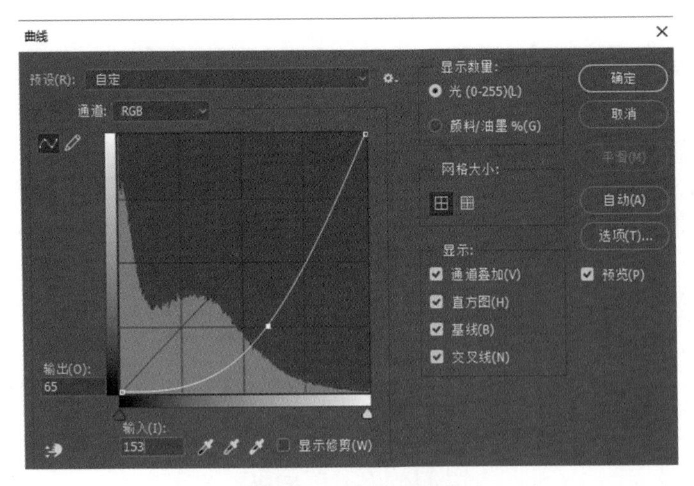

图 11-179　曲线

(10) 最终效果图如图 11-180 所示。

图 11-180　最终效果图

11.5　本章小结

本章主要讲解了常用滤镜的概念，经过本章的学习与练习，读者应能熟练掌握各种滤镜的使用方法，特别是在图像处理中合理应用各种滤镜，制作出丰富多彩的效果。所含知识点包括：滤镜的介绍、艺术效果滤镜、模糊效果滤镜、画笔描边效果滤镜、扭曲滤镜、像素化滤镜和渲染滤镜等。

11.6　课后习题

一、选择题

1. 下面哪种方法不能提高性能 (　　)。
   A. 在处理大图像时，先在图像局部添加滤镜效果
   B. 如果图像很大，且有内存不足的问题时，可以将滤镜效果应用于单个通道
   C. 在使用滤镜之前，先执行“编辑→清除”命令释放内存
   D. 打开多个图像文件

2. (　　) 与喷枪的效果一样，产生一种喷水的图像效果。
   A. 阴影线滤镜　　B. 彩块化滤镜
   C. 喷溅滤镜　　D. 马赛克滤镜

3. 球面化滤镜通过将选区折成球面、扭曲图像以及伸展图像以适合选中的曲线，使对象具有 (　　) 效果。
   A. 突出　　B. 3D
   C. 玻璃　　D. 晶格化

4. (　　) 使用前景和背景色间变化的随机值生成云彩图案。
   A. 波纹滤镜　　B. 碎片滤镜

C. 镜头光晕滤镜　　　　D. 云彩滤镜

5. (　　) 滤镜通过平衡图像中已定义的线条，遮蔽清晰边缘旁边的像素，降低图像像素间的对比度，柔化选区或图像，可以起到修饰作用，还可以模拟物体运动的效果。

A. 模糊　　　　B. 球面化

C. 喷溅　　　　D. 玻璃

二、填空题

1. (　　) 主要用来实现图像的各种特殊效果，它在 Photoshop 中具有非常神奇的作用。

2. 在为图像添加滤镜效果时，通常会占用计算机系统的大量 (　　)，特别是在处理高分辨率的图像时就更加明显。

3. (　　) 组中的滤镜可以在图像中创建 3D 变换、云彩、光照效果和镜头光晕，还可以从 (　　) 文件中创建纹理填充来制作类似三维的光照效果。

4. “干画笔”效果滤镜使画面产生一种 (　　)、(　　)、(　　) 的油画效果。

5. 在使用滤镜之前，先执行“(　　) → (　　)”命令释放内存。

三、上机操作题

利用文件中的素材，制作粉笔艺术字，效果如图 11-181 所示。

扫码观看案例讲解

图 11-181　效果图

第 12 章

动作与批处理功能

动作是 Photoshop 中一种可将一连串命令或操作集中处理的工具，本章将主要介绍动作的操作方法以及自动批处理命令。

学习目标

- 了解动作的录制、编辑
- 熟悉动作的应用
- 学会对批量文件应用动作，从而起到自动化操作的目的

12.1 动作的基本概念

在Photoshop CC中，动作就是对某个或多个图像文件做一系列连续处理的命令的集合，就像DOS命令中的批处理和Word中的宏一样。例如，可以创建一个这样的动作：它先用图像大小命令更改图像大小，然后应用USM锐化滤镜锐化细节，最后利用存储命令将文件存储为所需的格式。

通常我们会将一些常用的效果（如投影效果和浮雕效果等）的制作过程录制成动作，这样，在以后每次制作该效果时就不必从头开始，只需应用该动作即可自动完成。另外，动作还是一种非常不错的学习工具，参照某个动作，可以轻而易举地还原出某种复杂效果或实例的制作方法。

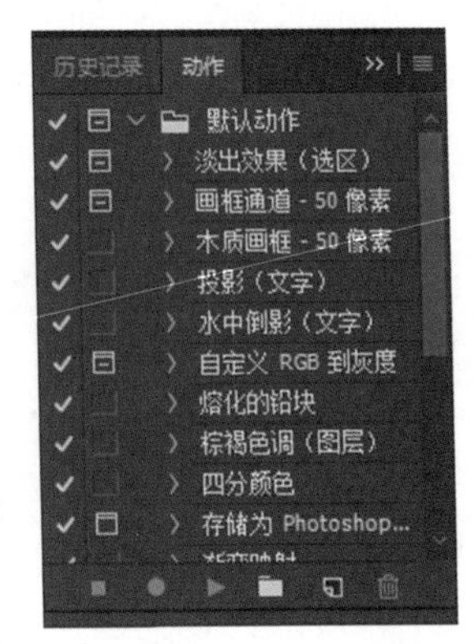

图 12-1　动作面板

在Photoshop中，动作的功能主要是通过动作面板来实现的。使用动作面板可以记录、播放和编辑动作，还可以存储和载入动作文件。为了便于管理动作，可将动作组合为序列的形式，用序列管理动作就像用目录管理文件一样方便。

下面首先介绍动作面板，执行“窗口→动作”命令，显示动作面板，如图12-1所示。

(1) “动作”列表：默认情况下，动作面板以列表模式显示动作，可以展开和折叠序列、动作或命令。

(2) “序列”：默认情况下，只有一个序列，即Photoshop自带的默认动作序列。序列是一系列动作的集合，而每一组动作又是一系列操作和命令的集合。

(3) “切换项目开 / 关”按钮：最左边的一组方框，表示该序列或动作是否可执行。如果序列前的“项目开关”打上了“√”并呈黑色显示，则该序列中的所有动作和命令都可以执行；如果没有打“√”，则表示当前该序列中所有动作和命令都不可执行。

(4) “切换对话开 / 关” 按钮：对话框显示项。

(5) （展开）按钮和（折叠）按钮：单击序列中的展开按钮可以展开序列中的所有动作，单击动作中的展开按钮可以展开所有记录下的命令或操作，而且还会显示每个命令的参数设置。展开后可以单击“折叠”按钮将序列或动作折叠起来，只显示序列或动作的名称。

(6) （停止播放 / 记录）按钮：单击该按钮可停止执行动作（如果正在执行动作），或者停止录制动作（如果正在录制动作）。

(7) （开始记录）按钮：单击该按钮可开始录制动作。

(8) （播放选区）按钮：单击该按钮可执行动作。

(9) （创建新组）按钮：单击该按钮可创建新的动作序列。

(10) （创建新动作）按钮：单击此按钮可创建新的动作，新建的动作会出现在当前选定的序列中。

(11) “删除”按钮：单击此按钮可删除当前选中的动作或序列。

(12) “动作”面板菜单：单击“动作”面板右上角的三角按钮，打开面板菜单，从中可以执行与动作有关的命令。

注意

大多数动作菜单命令在动作面板中都有快捷按钮，所以本书不再对动作菜单详细叙述，一些不常用的菜单命令可以参阅 Photoshop CC 帮助。

12.2 动作的编辑

本节将着重介绍动作的编辑，包括动作的录制、修改以及应用等。用户可以在动作中记录大多数(而非所有，比如绘画工具以及一些辅助工具等)命令。

12.2.1 动作的录制

在动作的录制过程中，Photoshop 会把全部操作的过程及其设置记录下来，通过一个例子来介绍动作录制的过程。

(1) 单击动作面板中的 (创建新动作)按钮，此时将打开“新建动作”对话框。在该对话框中输入动作的名称，另外还可以选择该动作所对应的功能键以及将所录制的动作放在哪个动作序列中，如图 12-2 所示。

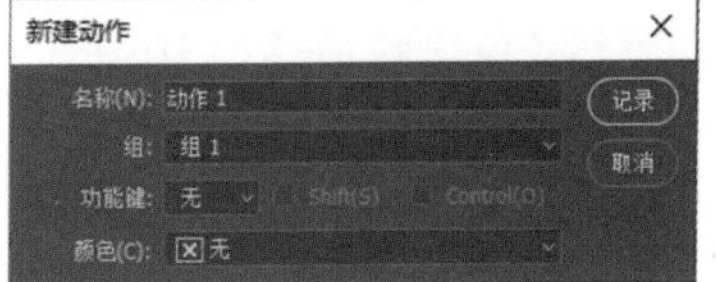

图 12-2 新建动作对话框

注意

这里的功能键是指键盘上的 F1 至 F12 等按键，是启动动作的快捷键。

(2) 单击“开始记录”按钮后立即开始录制动作，此时可以发现录制按钮是按下去的，且呈红色显示。首先打开图像文件，该图像只有一个图层，如图 12-3(a) 所示。此时“打开”命令被记录至动作中，如图 12-3(b) 所示。

(a) 打开文件开始录制

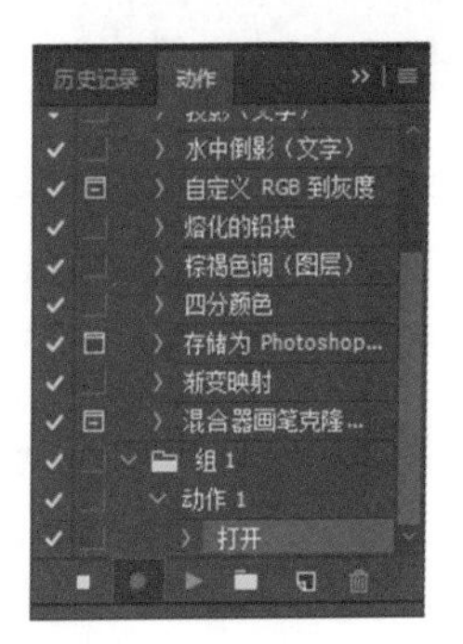

(b) 打开文件开始录制

图 12-3 文件录制

(3) 执行“图像→画布大小”命令，在“画布大小”对话框中设置图像的“宽度”和“高度”

等数值后，单击“确定”按钮，如图 12-4 所示。“画布大小”命令也被记录到动作当中。

(4) 接下来录制滤镜效果。执行“滤镜→渲染→镜头光晕”命令，对图像图层做“镜头光晕”处理，在弹出的对话框中设置滤镜的参数，如图 12-5 所示。

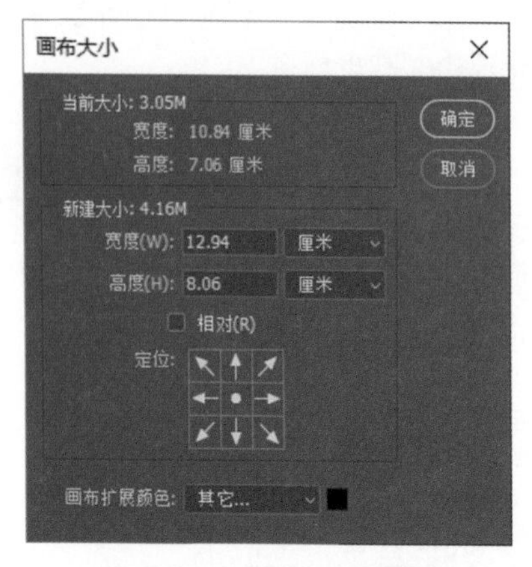

图 12-4　画布大小对话框

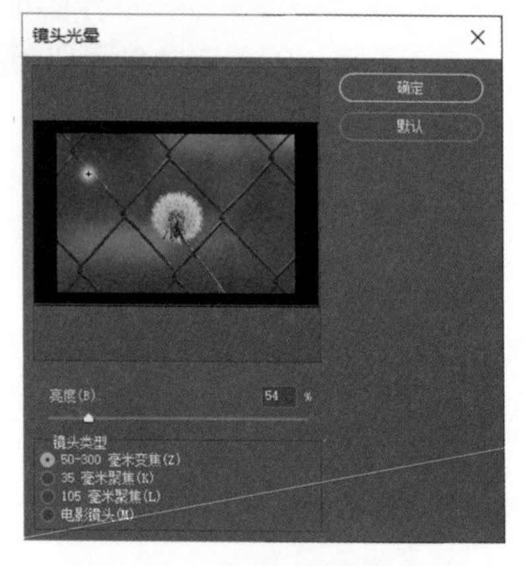

图 12-5　镜头头晕对话框

(5) 单击“确定”按钮，完成“镜头光晕”效果，如图 12-6 所示。

(6) 在动作面板中单击“停止播放 / 记录”按钮，结束动作的录制。至此，完成该动作录制的操作。

动作录制完成后，在动作面板中可以看到所录制的动作名称、操作命令名称以及其参数设置等，如图 12-7 所示。

图 12-6　执行镜头光晕后的效果

图 12-7　动作中的各录制命令

12.2.2　动作的编辑

动作的录制通常很难做到一次成功，通常会对其进行编辑，其中包括移动、复制、删除以及重新录制等。下面介绍一些常用的编辑操作。

1. 调整动作的顺序

可以在已录制好的动作中任意调整命令的先后顺序，还可将命令拖至其他动作中，具体操作方法和改变图层的顺序一样，直接在动作面板中拖动即可，如图 12-8 所示。

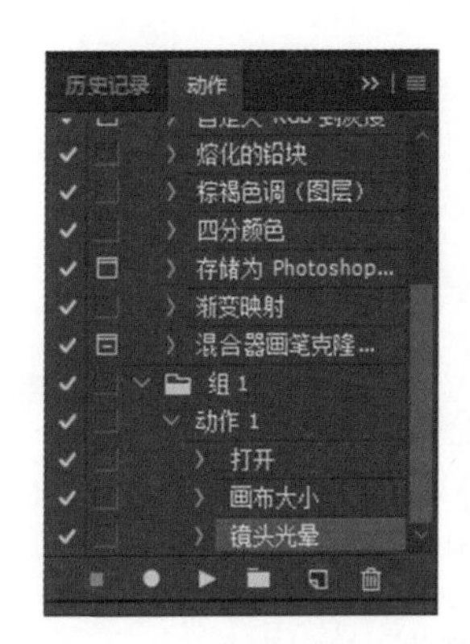

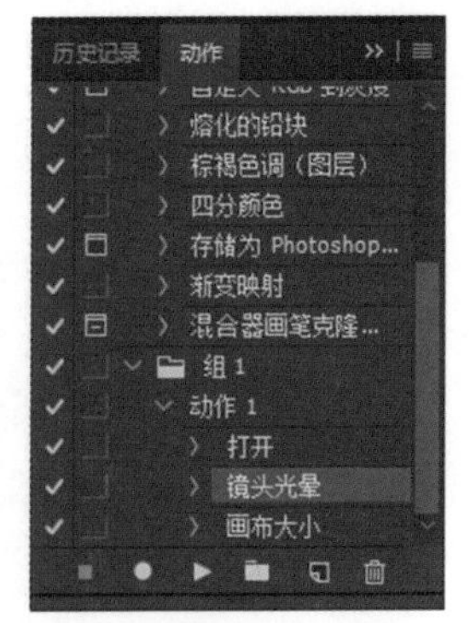

图 12-8　调整动作中的顺序

2. 在动作中添加命令

对于已经建立好的动作，有时需要添加其他命令。添加命令时首先选择需添加命令的位置，然后单击“开始记录”按钮进行录制，所录制的命令会插入在当前选中的命令之后，如图 12-9 所示。

3. 重新录制动作中的命令

如果要修改动作中某个命令的设置，可先选择该命令，然后单击动作面板右上角的 按钮，打开动作菜单，从中执行“再次记录”命令，此时 Photoshop 将重新执行并录制该命令，如图 12-10 所示。

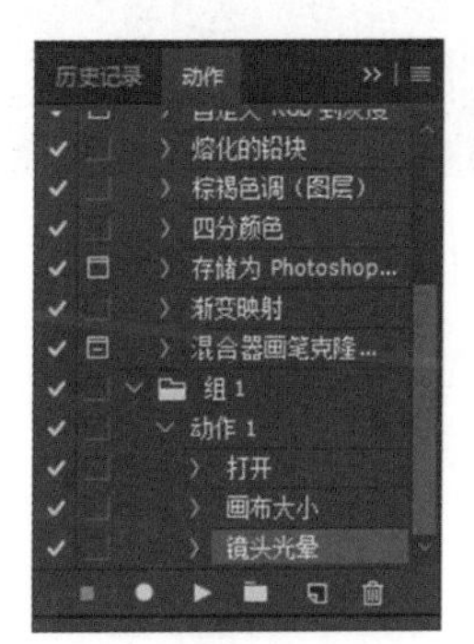

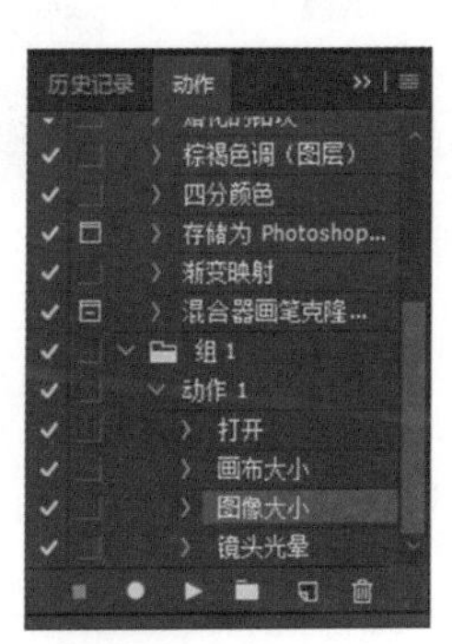

图 12-9　在动作中添加命令

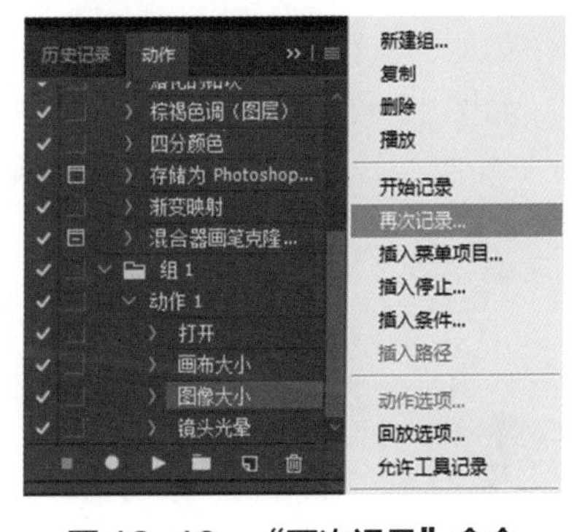

图 12-10　“再次记录”命令

4. 复制动作

如果要复制动作到其他的序列或将命令复制到其他的动作中，只要在按住 Alt 键的同时将动作或命令拖曳至需要复制的位置即可，如图 12-11 所示。

5. 删除动作

如要删除某个动作或动作中的某个命令，可先选择该动作或命令，然后单击动作面板中的 （删除）按钮，此时将弹出警告对话框，确认后即可删除该动作或命令。另外，也可直接将动作或命令拖至 （删除）按钮上将其删除。

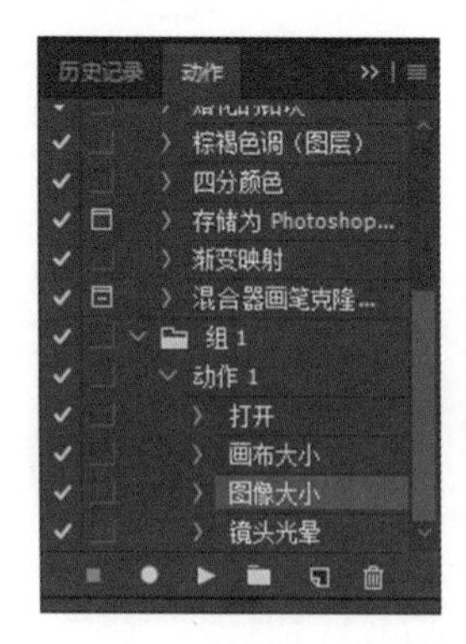

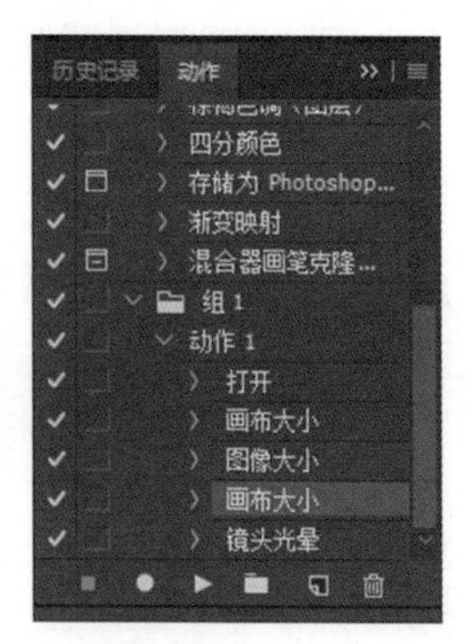

图 12-11　在动作中复制命令

12.3　执行动作

录制完动作后就可以执行动作了。执行动作时，先选中要执行的动作，然后单击动作面板上的“播放选区”按钮，或者执行“动作→播放”命令。这样，动作中记录的操作命令就应用到图像中了。

当执行一个包含较多命令的动作时，可能经常会提示一些注意或错误，这时需要改变动作执行的速度。改变动作执行速度的操作如下：单击“动作”面板右上角的 按钮，打开动作菜单，执行“回放选项”命令，打开“回放选项”对话框，如图 12-12 所示。该选项中有 3 个单选项。

图 12-12　“回放选项”对话框

(1)“加速”：为动作播放默认选项，执行速度越来越快。

(2)“逐步”：一步一步执行动作中的命令。

(3)“暂停”：设置一动作播放暂停时间，单位为秒，每执行一步，暂停一下。

12.4　批处理

除了动作以外，Photoshop CC 还提供了文件自动化操作功能，这就是批处理。动作的使用主要是应用于一个文件或一个效果，批处理可实现对多个图像文件的成批处理，如更改图像的大小、变换色彩模式以及执行滤镜功能等。在实际应用中，动作往往和批处理配合使用。例如数码相机中的照片通常尺寸比较大，分辨率比较高，导入到计算机后一般会更改其尺寸和分辨率。看似很简单的一个处理，只需对照片文件做一个“图像大小”命令就可以了。但是，如果现在不是一张照片，而是一百张照片。那么我们是不是要做一百次相同的操作呢？肯定不需要，通过 Photoshop 提供的“批处理”调用某个动作，可以一次对这些照片自动处理。

利用批处理命令，可以对指定文件夹内的多个图像文件执行同一个动作，从而实现文件处理的自动化。需要注意的是，在进行文件批处理操作前，必须先将待处理的文件放在同一个文件夹内。若要将图像处理完后另存到其他文件夹，也必须先建立一个文件夹。Photoshop 提供的文件自动化处理功能可通过执行“文件→自动→批处理”命令打开“批处理”对话框，如图 12-13 所示。

图 12-13 “批处理”对话框

对话框中一些参数的含义介绍如下。

(1) “播放”选项区：在该选项区中指定将用于批处理操作的动作序列与动作。

(2) “源”选项区：在“源”下拉列表框中，包括“文件夹”“输入”“打开的文件”和“文件浏览器”等 4 个选项，用于选择待处理图片的来源。

① 选择“文件夹”选项，则动作将处理的是某个文件夹内的全部图像文件，同时单击下面的“选取”按钮，在弹出的对话框中可指定来源文件所在的文件夹。

② 选择“输入”选项，则可以选择从其他数码或扫描设备中获取图像。

③ 选择“打开的文件”选项，则动作将处理当前所打开的文件。

④ 选择“文件浏览器”选项，则动作将处理从“文件浏览器”中打开的文件。

(3) 覆盖动作中的“打开”命令：选择该复选框，则将打开上面“选取”命令中所设定文件夹中的文件，并且忽略动作中的“打开”文件操作。

(4) “包含所有子文件夹”：选择该复选框，则将对“选取”按钮所设定文件夹以及所有子文件夹中的图片执行该动作。

(5) “禁止颜色配置文件警告”：选择该复选框，则对图像文件执行动作时忽略颜色配置文件警告。

(6) “目标”：在“目标”下拉列表框中，可指定经动作处理后的文件的存储方式。

① “无”表示不存储。

② “存储并关闭”表示以原文件名存储后关闭。

③ “文件夹”表示可指定其他文件夹来存储文件，并且在下面的“选择”按钮中选择目的文件夹。

(7) 覆盖动作中的“存储为”命令：选择该复选框，表示将按照“选择”按钮指定的文件夹保存文件，并且忽略动作中的“存储”操作。

(8) “错误”：在“错误”下拉列表框中可设置批处理操作发生错误时的处理方式。

① “由于错误而停止”表示发生错误时立即停止批处理。

② “将错误记录到文件”表示将错误信息记录在指定的文件中，并且批处理操作不会因此被中断，同时在下面的“存储为”按钮中指定存储文件。

注意

在“文件→自动”下有个“创建快捷批处理”命令，它可以将设置好的批处理以应用程序的形式存储在磁盘上。

例 12.1 批量添加苹果水印图片

扫码观看案例讲解

(1) 执行“文件→打开”命令，打开素材图像“苹果 1.jpg”，如图 12-14 所示。

(2) 在“动作”面板中单击创建新动作按钮，为图片建立一个名为 apple 的新动作，并记录。

(3) 对第一幅图片进行操作：在图片右下角添加粉红色文字 apple，大小为 50pt，图层名称为“apple1”；将该图层复制一层，命名为“apple2”，如图 12-15、图 12-16 所示。

(4) 回到“图层”面板，对“apple2”图层进行设置。单击添加图层样式按钮，并进行下列设置：投影为粉白色 (R240、G210、B210)、距离 16 像素，扩展 0%，大小 2 像素，混合模式为“正片叠底”“外发光”“内发光”均为默认值。然后单击“确定”按钮，则原图变为如图 12-17 所示的效果。

图 12-14 打开图像

图 12-15 添加文字

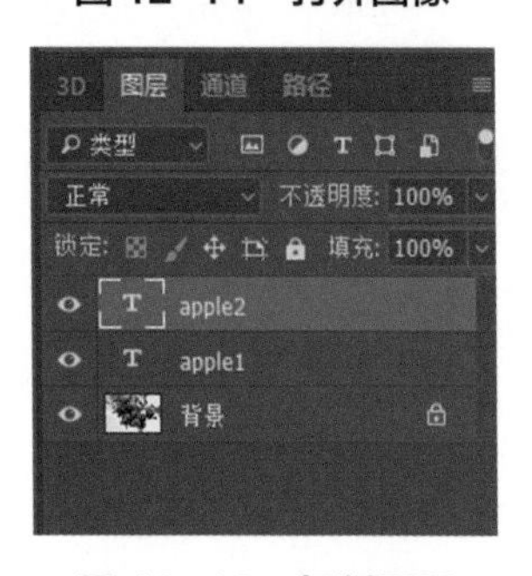

图 12-16 复制图层

图 12-17 效果图

(5) 执行“文件→自动→批处理”命令，弹出如图 12-18 所示的对话框，单击“选择”按钮，选择源文件的位置；在“播放”选项中的组、动作中，分别选择刚录制好的组和动作，并勾选“包含所有子文件夹”复选框，“目标”设置为“无”，单击“确定”按钮。

(6) 接下来就会自动处理文件夹中的其他文件，如图 12-19 所示。

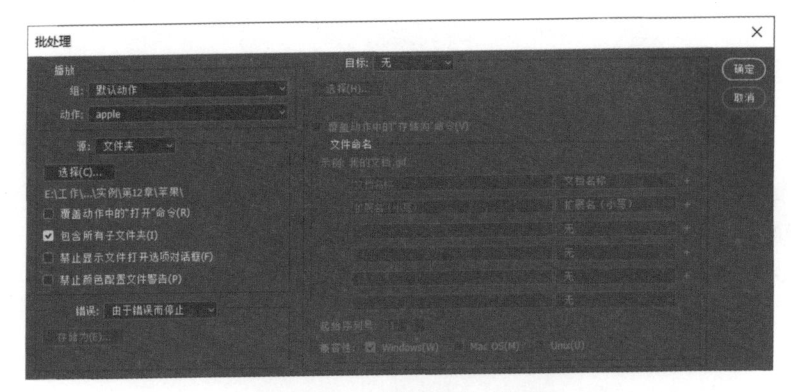

图 12-18 “批处理”对话框

图 12-19 批处理效果图

12.5 本章小结

本章主要介绍了动作和批处理的操作方法。读者可以通过动作面板进行动作的录制、编辑以及动作的应用；同时，结合批处理，可以对批量文件应用动作，从而起到自动化操作的目的。

12.6 课后习题

一、选择题

1. 下列关于动作的描述中，错误的是 (　　)。

A. 所谓动作就是对单个或一批文件回放一系列命令

B. 大多数命令和工具操作都可以记录在动作中，动作可以包含暂停，这样可以执行无法记录的任务

C. 所有的操作都可以记录在动作面板中

D. 在播放动作的过程中，可在对话框中输入数值

2. 在 Photoshop CC 中，当在大小不同的文件上执行动作时，可将标尺的单位设置为下列哪种显示方式，动作就会始终在图像中的同一相对位置回放 (例如，对不同尺寸的图像执行同样的裁切操作)(　　)。

A. 百分比　　B. 厘米
C. 像素　　D. 和标尺的显示方式无关

3. 执行“窗口→动作”命令或单击（　）键，可显示动作面板。

A. F6　　B. F7　　C. F8　　D. F9

4. 在动作面板菜单中，单击（　）命令，可能将各个动作以按钮模式显示。

A. 按钮模式　　B. 重置动作　　C. 载入动作　　D. 替换动作

5. 要选择几个不连续的动作，可在按住键盘中（　）键的同时，依次单击各个动作的名称。

A. Tab　　B. Alt+B　　C. Shift　　D. Ctrl

6. 一个动作是一系列命令，按下 Ctrl+Alt+Z 快捷键，只能还原动作的（　）命令。

A. 第一个　　B. 中间一个　　C. 最后一个　　D. 所有的

7. 动作序列之间切换对话开 / 关（对勾）由黑色转为红色，表示（　）。

A. 该序列中有被关闭的动作　　B. 该序列中某动作的对话框被关闭
C. 该序列不可执行　　D. 序列在重录

8. 可以将动作保存起来，保存后的文件扩展名为（　）。

A. alv　　B. acv　　C. atn　　D. ahu

9. 要展开当前所选序列中所有动作中的内容，可以（　）。

A. 按住 Shift 键单击展开按钮　　B. 按住 Alt 键单击展开按钮
C. 按住 Ctrl 键单击展开按钮　　D. 以上都不对

二、填空题

1. 在 Photoshop CC 中，（　）就是对某个或多个图像文件做一系列连续处理的命令的集合，就像 DOS 命令中的批处理和 Word 中的宏一样。

2. 在 Photoshop 中，“动作”的功能主要是通过（　）来实现的。

3. 使用动作面板可以（　）、（　）和（　）动作，还可以存储和载入动作文件。

4. 动作的录制通常很难做到一次成功，一般会对其进行编辑，其中包括（　）、（　）、（　）以及（　）等。

5. 录制完动作后就可以执行动作了。执行动作时，先选中要执行的动作，然后单击动作面板上的“播放选区”按钮，或者执行“（　）→（　）”命令。

6. 动作的使用主要是应用于一个文件或一个效果，（　）可实现对多个图像文件的成批处理，如更改图像的大小、变换色彩模式以及执行滤镜功能等。

三、上机操作题

现有很多文件格式为 JPG 的照片烟花图片，要将这些照片文件全部改为尺寸为正方形，存储格式仍然为 JPG。

扫码观看案例讲解

提示：在本例中，可以通过执行“批处理”命令，对照片文件进行批量处理。在此之前，我们先要录制一个动作，其作用是改变图像尺寸和分辨率；然后在批处理中调用这个动作来对照片文件进行处理。